U0155521

UnRead
—
生活家

DK家装设计全书

[英]克莱尔·斯蒂尔(CLARE STEEL)———著　　王尔笙———译

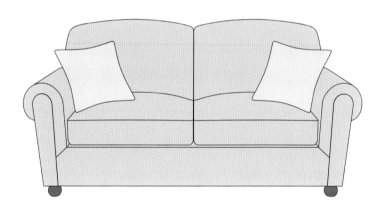

北京联合出版公司
Beijing United Publishing Co.,Ltd.

DK家装设计全书

[英]克莱尔·斯蒂尔 著
王尔笙 译

图书在版编目（CIP）数据

DK 家装设计全书 /（英）克莱尔·斯蒂尔著；王尔
笙译 . — 北京：北京联合出版公司，2019.5
　ISBN 978-7-5596-3052-0

Ⅰ . ①D… Ⅱ . ①克… ②王… Ⅲ . ①住宅－室内装饰
设计 Ⅳ . ① TU241

中国版本图书馆 CIP 数据核字 (2019) 第 057529 号

Original Title: Step by Step Home Design & Decorating
Copyright ©2012 Dorling Kindersley Limited
A Penguin Random House Company
Simplified Chinese edition copyright © 2019 by United Sky
(Beijing) New Media Co., Ltd.
All rights reserved.

北京市版权局著作权合同登记号 图字:01-2019-1675 号

选题策划	联合天际·艺术生活工作室
责任编辑	宋延涛
特约编辑	桂 桂 金 瑮
美术编辑	王颖会 Caramel

UnRead
生活家

出　版	北京联合出版公司
	北京市西城区德外大街 83 号楼 9 层 100088
发　行	北京联合天畅文化传播公司
印　刷	北京中科印刷有限公司
经　销	新华书店
字　数	240 千字
开　本	889 毫米 ×1194 毫米 1/16 24.75 印张
版　次	2019 年 5 月第 1 版
	2019 年 5 月第 1 次印刷
I S B N	978-7-5596-3052-0
定　价	198.00 元

关注未读好书

未读 CLUB
会员服务平台

A WORLD OF IDEAS:
SEE ALL THERE IS TO KNOW

www.dk.com

目录

厨房 19

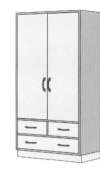

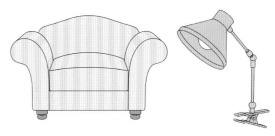

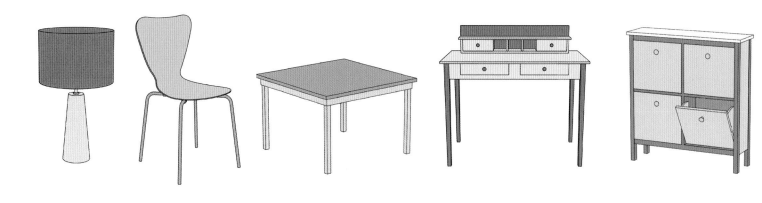

前言

在过去的 15 年里，我作为设计师和专栏作家先后供职于多家室内装修杂志，为读者做了大量房间设计，介绍家庭装修的细节设计并提供装修指导。

在此期间，我搬过三次家。我买的每套房子都存在这样或那样需要装修改造的地方，而我对自己的要求也越来越高。第一套房子需要做适当改造，第二套需要增加一些特色，而最近的这一套建于 20 世纪 20 年代，是一座半独立式住宅，各种设施——电气线路、水暖和窗户均已老化，统统需要更换！

在实施每个项目的时候，我都需要积累相关知识并通过设计过程获取经验，但如果当初我就有一本

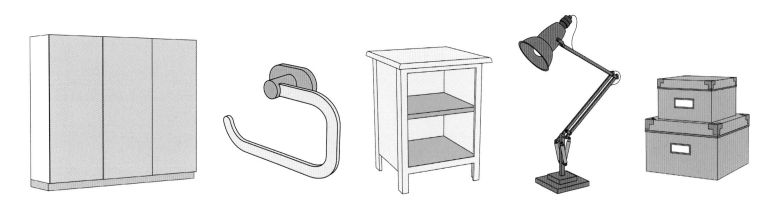

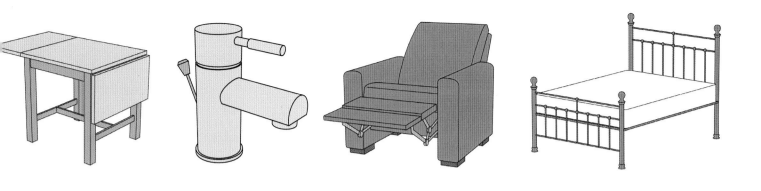

这样的指导书，岂不轻松很多?

我们都知道设计并装修一所房子会花很多钱，也很费时，而且有时候还很劳心，这就是我们要推出这本循序渐进装修指南的原因，希望你读了这本书能在装修时省钱、省时、省心。

我们力求为你提供装修过程的实战指导，这样你便可以在装修自己的房屋时有据可循，在采购材料和涂料时做出明智的选择。从水龙头到地毯，我们把你装修时上上下下可能用到的各种材料都囊括在内，以便适应各种装修风格以及业主各种想法和品位的需要。在这些指南中，我们也致力于提供大量实用信

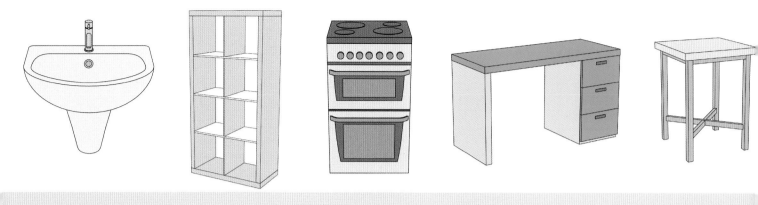

息，以帮助你控制预算。书中还分步骤详细提供了实际装修案例，帮助你顺利完成自己动手的项目，为你的家居环境营造独特的魅力。

除了实战细节之外，我们还为你准备了装饰技巧，可令改造后的居住空间独具品位。为此，我们对你需要实施的装修过程进行了分解，这既可令你的家居风格鲜明独特，又易实现、投资少、得人心，力求满足你和家人的各方面需要。本书还为你提供情绪板教程，帮助你把房间的色调搭配和布局整合起来，从而完美呈现装修效果。书中随处可见"五招搞定……"和"六招搞定……"等字眼，它们会激发你的设计灵感，帮助你确定适合自己的家居设计建议。

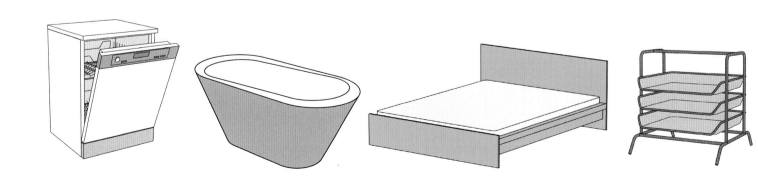

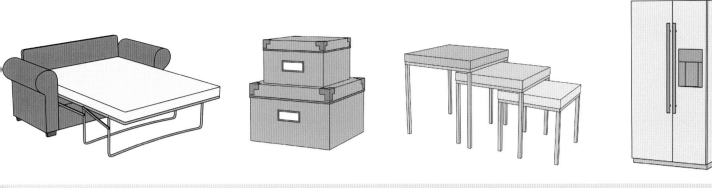

总而言之，无论你是房屋装修的菜鸟还是像我这样有经验的设计师，我想你都会发现这本书是你不可或缺的装修指南，能激发你的灵感，从而令家居环境焕然一新。

Clare

克莱尔·斯蒂尔

如何使用这本书

本书旨在通过精心编排，遵循逻辑规律，为你的家居设计和装饰提供指导。书中本着循序渐进的原则，为要开展家居装饰设计工作却无从着手的专业人士提供有力的参考，同时也可以为那些准备对家居环境进行全面翻修的业主提供清晰完整的设计和执行思路。

第一次翻开这本书的读者，可以从第14～17页的"我该从何处入手"开始。那里讨论的原则适用于各种房间类型，因此当你正着手准备开展任何家居翻修项目时，其内容都能对你需考虑到的所有方面给出最基本、实用的信息。

针对你住宅中的每个房间（也包括户外空间），本书都设有相应的章节。每个章节内容的顺序都是根据实际装修实施过程安排的。你可能会发现，在一些装修环节，你也完全可以以不同于本书的顺序开展装修工作，似乎也完全行得通。不过，我们还是建议你在启动任何装修工作之前，至少阅读一下每章开篇的基础内容："……翻新指南""准备情绪板""布局要点""选择……"。因为我们希望你能在装修工作开展之初便预见随后可能出现的问题，并对这部分装修的复杂程度做到心中有数。

以下简要介绍书中的一些专门栏目。

……翻新指南

任何装修工作都应遵循一定的逻辑规律。如果忽视了这一点，就会产生问题，甚至有可能导致返工。每章的这一节中都提供了各个环节的工作要点，指导你在装修每个房间时按部就班地开展工作。需注意的是，其中各个要点是针对彻底装修的情况列举的，涉及重新抹灰、重装窗户等事项，如果你要做的仅是局部翻修，那么只关注相关内容即可。

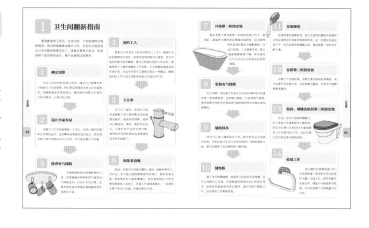

准备情绪板

接下来，你需要确定房间的新样貌，那么在颜色、纹理、图案和风格方面，该如何形成概念呢？想必对于未来房间将是什么样子，你心中已经有了明确的想法。但是也可能，你根本不知道从何入手。如果你的状态更符合前一种描述，那么每一章的这一节内容可以帮助你对自己的想法进行验证，看看是否能制订一个完整的计划，将心中设想付诸实践，并提前预见其中的欠妥之处，而不是等到事后弥补；如果你处于第二种情况，那么每一章的这一节内容会指导你对整个装修过程进行分析，并设计出一种最完美合理的方案。

布局要点

你心目中理想的房间不应当只是看上去很迷人，它更应当具有较强的功能性。本节内容会引导你思考如何利用这个房间，并确保你以合理的方式设置各个部件，让部件之间相互契合、浑然一体。并不是每个人都能注意到一个房间设计得多么别致，但他们一眼就能看出哪个地方属于设计缺陷。而每一章的这一节内容能帮助你实现美观性与功能性的统一。

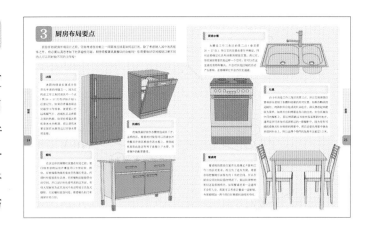

选择……

当你设计一个房间时，会面临诸多选择：从地板、照明、家具、固定设施到各种配件，都需要做出选择。本书大部分内容旨在帮助你根据自己的需求和实际情况做出最合理的选择。但是本书并非分类产品目录，所以不能期望书中对每种水龙头、灯具、扶手椅或冰箱等逐一进行详细介绍。我们更希望书中呈现的是适用性更广泛的选项，而不是针对某些具体的品牌或款式进行专门的对比，那样会局限你的选择。

在对材料进行对比时，我们发现对不同材料来说，相对重要的特性也不同，因此我们会对材料某方面的特性进行标注，这样你便可以对每种材料的不同特性一目了然。"耐用性"用锤子图标表示，"保养难度"用刷子图标表示。低、中或高等级分别用单个、一对或三个图标表示。我们还力图用言简意赅的文字提示特定材料的价格范围。这可以起到实用性较强的指导作用，不过请记住，大多数材料

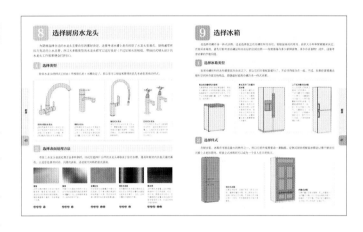

的质量参差不齐，而且一种材料可能通常被认为"高耐用"或"易保养"，实际上却未必符合本书的提示，这取决于你选择的供应商和材料的规格。

	耐用性强		保养难度高
耐用性一般		保养难度一般
耐用性弱		保养难度低

其他小节

其他小节中的内容都属于家居设计和装修过程中非首要考虑的方面，但我们仍希望可以为你提供丰富的灵感。

"打造完美的……"一节针对家居中的小空间为你提供处理建议。其中的很多空间未必适合所有家居空间，例如户外厨房和步入式衣帽间，但是像厨房工作三角区这样的空间设计还是具有广泛借鉴意义的。

"×招搞定……"一节中，呈现了将设计理念付诸实践的多种方法，例如用平面艺术手法打造一面装饰墙，或者充分利用楼梯下面的空间等。

在本书中，你还能看到很多案例，通过逐步指导和图片向你展示如何实现具有个人特色的手工创意。

我该从何处入手

无论是新居装修还是老宅翻新，对你的工程进行逐步规划都是成功的第一步。无论你准备装修哪个房间，在着手实施前，有一些关键因素是你必须提前考虑到的。

1 考虑房间的朝向

朝向会影响房间的采光情况。射入房间的光线有多少，是什么样的光线，会营造怎样的氛围，都取决于房间的朝向。为房间设计配色方案时，这一点必须考虑在内。

北向房间

北向房间采光不足，而且光线偏冷。你可以采用淡雅的暖色调为光线较弱的北向房间带来生机。

南向房间

阳面的房间采光充足，光线偏暖。你可以用冷色调中和光线过于明亮的房间环境。

东向房间

这类房间上午阳光明媚，但下午有些阴凉。你选择的色调应该满足两种环境的需要，所以设计时要比较光线变化的效果。

西向房间

西向房间上午要比下午凉爽很多。再次提醒，你选择的色调需要适应两种光线。

2 考虑每天使用的时间

首先，考虑你一天中使用这个房间的时间段，你希望它带给你什么样的"感觉"呢？在设计墙面、地板、家具和配饰的色调时，请认真考虑你的需要。

上午

如果你主要在上午使用这个房间，你也许希望把它装修成明亮、清爽的色调。

晚上

如果这是用于晚间放松的房间，你可能希望获得静心、平和的感受。它也许无法接收太多的自然光线，所以

采光充足的房间　整个白天阳面房间都沐浴在温暖的阳光中。采用冷色调作为房间的基本色调，能对过暖的光线产生一定的中和作用，并营造出整洁、时尚和清新的环境。白墙、浅色地板、米色家具和配饰会搭配出超酷的效果。

上午使用房间的色调　通过色板试验挑选让人感觉神清气爽的色调——将你唤醒并迎来美妙的一天。

晚上使用房间的色调　你可能希望考虑舒缓、宁静的色调，营造出令你彻底放松身心的环境。

昼夜使用房间的色调　对一天中任何时候都能让你获得愉悦感受的不同色调进行对比，同时要对比色调与变化光线的匹配情况。

务必考虑灯光在色调搭配中的效果。

昼夜

如果昼夜都要使用这个房间，那么你所选择的色调应该确保在每时每刻都能为你带来舒适的感受。

这一节将帮助你确定房间的装修方式，以及怎样才会让房间的空间显得比较大或者比较小。良好的空间比例不仅取决于举架高度、房间宽度与纵深，在空间较小的房间中，经过简单装修的大窗户也可以营造出宽敞的感觉。

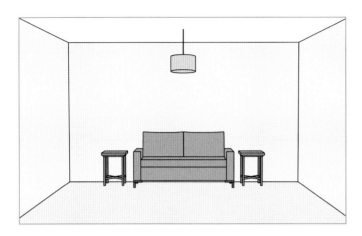

增加纵深和宽度 将地板和墙面设为浅色调可以让相对狭窄、低矮的房间看上去宽敞、明亮。

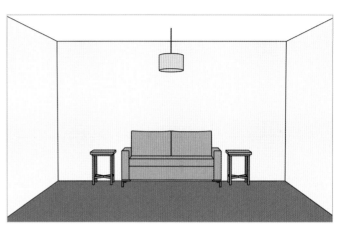

增加宽度 深色调地板配合浅色调天花板和四壁可以让一个举架较矮的小房间看上去宽敞些。

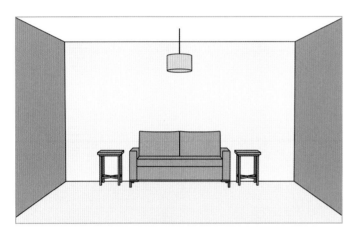

收窄和增加高度 将两面相对的墙面设为深色调，再配以浅色调的地板和天花板，可以让举架较矮、跨度较宽的空间感觉高一些、窄一些，视觉上更紧凑。

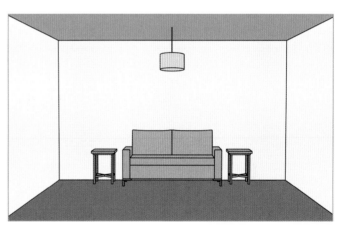

增加宽度和降低高度 深色调地板和天花板与浅色调墙面可以为原本过于高大的房间营造出温馨、私密的感觉。

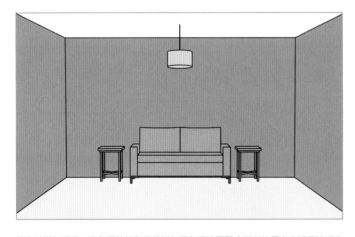

收窄并增加深度 浅色调地板和天花板与深色调墙面配合可以让采光良好但缺乏生活气息的大房间充满温馨、从容的气息。

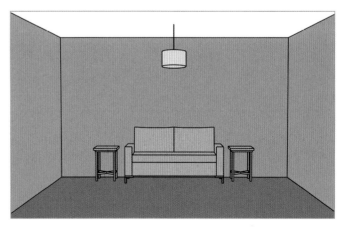

收窄、增加深度和降低高度 深色调地板和墙面配合浅色调天花板可以让低矮的大房间变得温馨、私密，并带有地下室的氛围。

4 色调搭配

你选择色调时需要考虑房间的朝向、用途和空间比例，最终只有通过色调的合理搭配才能满足你的预期。

从淡雅到鲜艳

颜色较浅的冷色调会让房间看上去更加宽敞，但似乎有些冷淡的感觉。所以北向的小房间在使用米黄色的墙面和浅色调的中性装饰材料的同时，可以通过增加一块色彩鲜艳的小地毯带来一丝俏皮感。

从鲜艳到淡雅

温暖的深色调让一个房间更加怡人，但有可能看上去比实际空间狭小些。所以如果一个南向的大房间选用的是鲜艳、厚重的墙面，可以通过白色或中性色调地板和浅色时尚家具加以调适，从而让房间显得更加和谐。

浅色调墙面让空间显得更大。　　中性色调地板与浅色调墙面相协调。　　亮色配饰平添情趣与温馨感。

亮色墙面让房间看上去温馨、舒适。　　朴素的地板可以中和深色调墙面。　　冷色调配饰为房间增添清新感。

5 制造焦点

将房间内的一个特征确定为视觉焦点会让空间色调搭配整体统一。焦点可以是房间既有家具的一个明显特征，也可以是你自己创造出来、可以吸引人注意并对这个房间留下深刻印象的某种元素。你可以通过多种方式创造或强化一个焦点。以下是若干实例。

美化　通过摆放令人耳目一新的艺术品和别具一格的手工艺品，使壁炉所营造的氛围得以强化。

构造焦点　镶嵌在黑色镜框中的大面装饰镜让整个房间的视觉焦点集中在这只时尚的浴盆上，营造出一种轻松、和谐的氛围。

制造反差　置物架后的内凹墙面使用充满动感的亮色，非常引人注目。为了突出装饰效果，置物架上陈列的物品也是经过精挑细选的，而且摆放方式十分考究。

装饰　在整体装饰很简约的房间中，使用醒目的纯色窗帘装饰落地窗，能够使房间的采光效果令人印象深刻。

6 选择家具

为房间选择家具时，你所掌握的有关风格与色调的知识就派上用场了。此外，还要根据房间的空间比例来确定家具合适的尺寸与形状。千万不要忽视舒适感！

考虑高度

举架低的房间最适合搭配低矮的家具，所以如果你的房间举架较低，请选择矮靠背沙发或底部贴地的床具，例如日式床垫。举架高的房间可以摆放装饰华丽一些的大床，甚至四柱床，都不失和谐。

增加情趣

如果你的房间在色调和图案方面的整体构思相对平淡，或者房间的建筑结构较为普通，便可以考虑借助家具引入曲线形状和表面质感，并利用室内装饰材料的纹理来增加层次。可以遵循这个思路来挑选沙发、桌椅和床具。

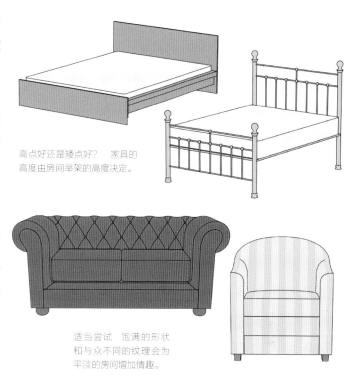

高点好还是矮点好？ 家具的高度由房间举架的高度决定。

适当尝试 饱满的形状和与众不同的纹理会为平淡的房间增加情趣。

7 增加层次感

房间的风格不应该靠刻意想象来营造，否则整套住宅都会被过度堆砌的主题拖累，或者每个房间都呈现出刻意的效果。原则上，房间风格的变化应该相对平缓。因此，你可以先以基础配色打底，然后经过几个星期或几个月，逐渐令每个房间的层次丰富起来。

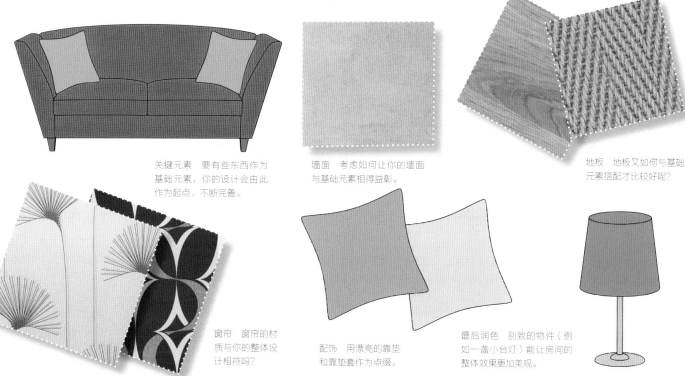

关键元素 要有些东西作为基础元素，你的设计会由此作为起点，不断完善。

墙面 考虑如何让你的墙面与基础元素相得益彰。

地板 地板又如何与基础元素搭配才比较好呢？

窗帘 窗帘的材质与你的整体设计相符吗？

配饰 用漂亮的靠垫和靠垫套作为点缀。

最后润色 别致的物件（例如一盏小台灯）能让房间的整体效果更加美观。

KITCHEN 厨房

1 厨房翻新指南

翻新厨房会涉及诸多元素，因此整个施工计划需要悉心安排。你的大部分时间可能会花在厨房设施安装的准备工作上，只有做好这项工作，其他工作才能顺利开展。请按照以下步骤将翻新计划逐步做好。

1 设计平面布局

在纸上按比例绘制厨房的平面图。包括门、窗和其他位置的尺寸。接下来要规划出橱柜、厨房电器和电源的位置。虽然为了满足电器使用需求来改动水管、燃气管或电源位置会增加成本，但是移动洗衣机、洗碗机和水槽的位置同样会增加成本。

2 考虑照明设备

选择合适的照明设备非常重要，尤其是备餐区的工作照明需要特别重视。为就餐区设置可调光灯具，尽量把温馨的环境照明也考虑在内。

3 联系厨房设计师

当你对厨房的布局和预算有了明确的想法之后，便可以请厨房设计师出马了，你可以根据自己的预算来设定装修档次。如果时间充裕，可以多找两位设计师报价，以便比较价格并挑选更明智的设计想法。

4 预约厨房装修施工

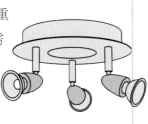

在预约厨房装修施工时，你可以自己找安装工人，也可以联系厨房设备品牌的安装人员。虽然从经济上考虑，后者也许并不便宜，却更明智，因为专业的厨房设备安装人员更熟悉厨房设计，安装起来速度更快，也更容易解决设备在运输过程中出现的问题，比如，运输途中某个零件丢了，专业人员也许能提供备用的。如果你要自己找电工、施工队和水管工，也要现在这个节点找。另外，厨房电器可能需要提前订货。

5 腾空老厨房

一旦送货日期确定下来（而不是在送货日期确定下来之前），就该着手腾空老厨房了。如果额外支付一定的费用，你找的安装工或许可以为你做这些工作，但请确认这笔费用也包括在处理老厨房的预算中。切记，燃气管道要由有资质的专业人员安装（可联系住宅所在区域的燃气公司）。

6 开始第一阶段安装

进行到这一步，新的电线和保护套管就可以安装了。请再次核对所有电源插座的位置，包括设置在厨房电器后面和台面上方的插座。如果你用的不是厨房设备品牌的专业安装工，而是自己找的电工，那么为了顺利安装，这时你应该为他提供一套最终厨房设计图。

7　铺装厨房地板

如果厨房的地板不平，电器和橱柜便无法平整放置，所以地板下的各项工作完成之后，要先找平，再铺装地板。如果使用地暖，也可以在这个节点先铺设地暖，再铺装新地板，并注意在后面的施工环节做好保护。

8　墙面抹灰和刷漆

水电管线的安装会把墙面搞得一团糟，所以墙面需要做抹灰处理。待抹灰层晾干之后，为天花板、墙面和木制品刷底漆和一两道罩面漆。这样可以避免新厨房完工之后再刷漆时溅上漆点。

9　厨房设备接货

即使厨房设备品牌的安装人员开始了安装工作，橱柜到货时也有必要亲自拆箱查验所有箱内物品。确认每个包装箱中的合页和螺钉等零件齐备。还要检查橱柜是否存在破损，如果发现任何问题，请尽快调换。

10　安装橱柜和台面

如果到货的橱柜是散件，组装时一定要仔细，以防日后出现翘曲。首先找一个角落安装橱柜的底座，确保每个组件安装妥帖并保持水平，然后将其移动到合适的位置。最后安装台面，安装台面比较简单，无论是安装人员还是你自己都可以完成。

11　安装水槽和电器

一旦台面安装就位，厨房安装工便可以安装水槽了。如果你选择的是复合材料台面或可丽耐®（Corian）人造石台面，它们有可能自带水槽，这种情况需要在工厂下料时就量好尺寸，要为这个过程多留出一两天的时间。水槽就位后，便可以连接水龙头。木质或石质台面可能需要在安装好后做刷漆或刷油处理。然后请专业人员接线并检查所有电器。

12　安装挡水板

安装挡水板并进行表面处理。为了给电源插座留好位置，在挡水板就位前，请确认已量好尺寸。完成这一步骤之后，墙面可能需要稍微修补。

13　安排第二阶段安装工作

那些还没有完成的电路和管线安装可以在这一阶段完成，包括灯具的安装。

14　收尾工作

类似基座（或踢脚线）、檐口线、门、抽屉、门把手这样的收尾安装工作现在可以做了。检查从各种电器到阻尼抽屉等所有设施，逐一确认安装妥善。

2 为厨房准备情绪板

一般而言，为厨房准备情绪板比其他房间要简单一些，这是因为厨房的大部分可见表面都被橱柜门、抽屉面板和台面占据了。花些时间仔细考虑一下——你更喜欢简洁的现代风格的厨房，还是传统风格的厨房。情绪板可以帮助你构建概念并获得你想要的厨房样式。

1 找一些房间的图片，包括你喜欢的开放式厨房、餐厅的图片，或者能引起你注意的局部细节的图片。可以是从杂志上剪下的图片，从书上复印的图片，或者从网站上打印出来的图片，把它们摊在地板或桌面上，然后筛选。经过一番筛选，剩下最后几张你认为更贴近需求的图片，一个设计主题便形成了——无论是纹理、色调，还是某种复古风格，都代表了一种设计概念上的倾向。

如果你手头已经有了一些优选图片，请再从中挑出你最喜欢的一两张，或者两三张，把它们贴在情绪板上，以此作为你的设计的起点。

2 在筛选后的图片里，你找到关键物件了吗？这样的关键物件你已经拥有了吗？例如一套餐椅，一台复古风格的食物搅拌机，或者一张图片。用这个物件激发你的设计灵感，不管是作为配色、独特的纹理感觉，还是作为这个房间的设计概念。

把你希望体现在你的设计中的图片，或者已经拥有的物品中可作为关键物件的图片（例如一套桌椅），放到你的情绪板上。

厨房

22

3 选择一种背景墙的颜色，这种颜色应该能够突出你喜欢的橱柜效果，或者使厨房与就餐区和烹饪区得以相互衔接。一些墙面局部会被挡水板覆盖，所以挡水板的颜色也要考虑在内。墙面的颜色不必非得与橱柜完美搭配，但它们和橱柜在视觉上应该是和谐统一的。在情绪板上增加一块瓷砖或一种涂料的颜色，或任何其他样品，以作参照。

如果你的橱柜是亮色或亮面的，可以为墙面选一种低调的或中性的基础色。

你的配色设计至少考虑两种重点色。

一种重点色可能与背景墙的颜色存在微妙变化或形成强烈反差。

4 使用与基础色存在联系的两种重点色，并可酌情在一些小物件上使用第三种重点色。用面料和涂料的样品色板和地板样品对比搭配，以便调试出恰当的配色比例。

如果你想要明亮、大胆的细节效果，可以选择一种强烈的对比色。

5 加入图案或纹理，比如用有纹理的木质台面橱柜，用有花纹的瓷砖、壁纸、织物卷帘，用天然石质的瓷砖和墙砖，或者用复合材质做的台面。类似的材料还有粗编收纳篮、木纹切菜板以及带棱纹的瓷碗等。把壁纸和织物的样本以及瓷砖、地板和台面的图片都贴在情绪板上，以便形成你希望呈现的概念。

如果厨房很大，可选用带图案的壁纸，但整个房间的图案不能超过两种。

为地板、墙面、台面和储物柜面板搜罗一系列的材料和纹理以供选择。

6 选择新家具，例如餐桌椅、餐具柜，或者增加储物柜。形状、大小和外观一样重要，所以在购买之前务必仔细核对，确认这些物件放在你的厨房里合适。还请利用情绪板上的色彩和纹理元素来确认你的家具应当选用何种材料。

7 增加收尾项目，如灯具、装饰画和瓷器。把你选择的图片贴在你的情绪板上。如果你喜欢定期装修房间，请选择朴素的和带有纹理的配饰，并把使用重点色的小物件随意地在房间内摆放，以便与整体色调保持一致。

考虑购买彩色的餐具套装，以便让你的配色更统一和谐。

使用重点色或现代材料的配饰增加趣味性和创新性。

3 厨房布局要点

在你开始厨房外观设计之前，仔细考虑在功能上一间厨房应该是如何运行的。除了考虑纳入其中的各组件之外，有必要认真思考如下的普遍性问题：厨房需要兼具就餐区的功能吗？你需要做好空间规划以便不同的人可以同时做不同的工作吗？

厨房

冰箱

冰箱的摆放位置成为你首先考虑的问题之一，因为它构成工作三角区的其中一个点（第26～27页有详细介绍）。还要记住，如果你希望冰箱达到最佳工作效率，就需要让它远离暖气片、洗碗机以及烤箱之类的热源。如果你希望冰箱配备冰水分配器，那么请把冰箱安装在水源旁边以方便水管的连接。

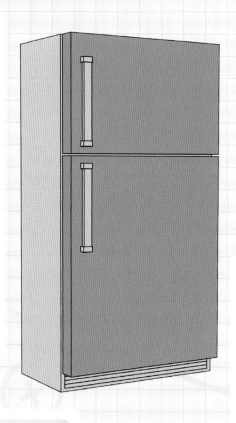

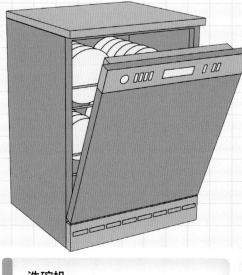

洗碗机

洗碗机最好放在水槽旁边或其下方，这样的话，需要的时候你可以用清水冲洗餐具并将其堆放在沥水板上。将洗碗机放在此处还有利于连接上下水管，节省额外的配管费用。

橱柜

在决定你的储物柜放置在何处之前，要仔细考虑物品放在哪里可以方便存取，例如，存放碗碟的碗柜要放在洗碗机旁边，而调料柜要放在灶具旁。你的橱柜还能提供台面空间，所以设计时也要考虑到这方面，有些大型厨房为此在房间中央设有独立的岛式橱柜。无论橱柜放在何处，都要确认柜门和抽屉开关自如。

厨房水槽

水槽是工作三角区的第二点（参见第26～27页），所以它的位置也要尽早确定，同时还要确定灶具和冰箱的摆放位置。请记住，你的厨房需要的是这样一个空间：你可以在这里清洗食物和餐具，不会对其他区域的活动产生影响。还要确保它不会挡住主通道。

灶具

由于灶具是工作三角区的第三点，所以它的理想位置将部分受制于水槽和冰箱的相对位置。如果你购买的是橱柜、烤箱和灶台组成的灶具组合，那么摆放起来就较为简单。如果灶台和烤箱是各自独立的，灶台在厨房中间的橱柜上，那么烤箱就应当放在容易够到的地方，通常是烹饪者身后或者附近的一排橱柜中。因为你有可能把食物从灶台转移到烤箱中，然后还要从烤箱中拿出来放回灶台上，所以这两个物件的距离不应超过1.2米。

餐桌椅

餐桌椅的摆放位置首先要满足不影响工作三角区的要求，而且为了进出方便，需要在每把餐椅后面留出约1米的空间，所以在厨房空间比较局促的情况下，要达到理想的布局还是很困难的。如果餐桌的某一边通常不会有人坐，那就可以考虑让餐桌一边贴墙，当需要增加一两个座位时再挪到房间的中间。

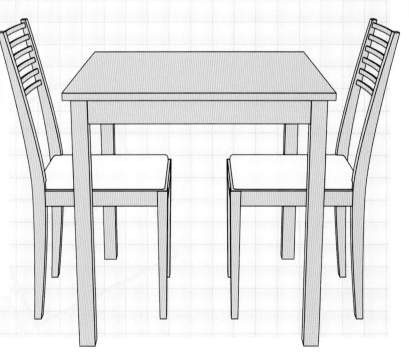

打造完美的厨房工作三角区

为了打造一个使用起来得心应手的厨房，有必要了解"工作三角区"的概念。工作三角区指的是无论什么样的厨房中都具备的三个关键点：烹饪区（灶具）、食物储藏区（冰箱）和清洁区（水槽）。下面我们就来说说如何围绕这三点设计你的厨房空间。

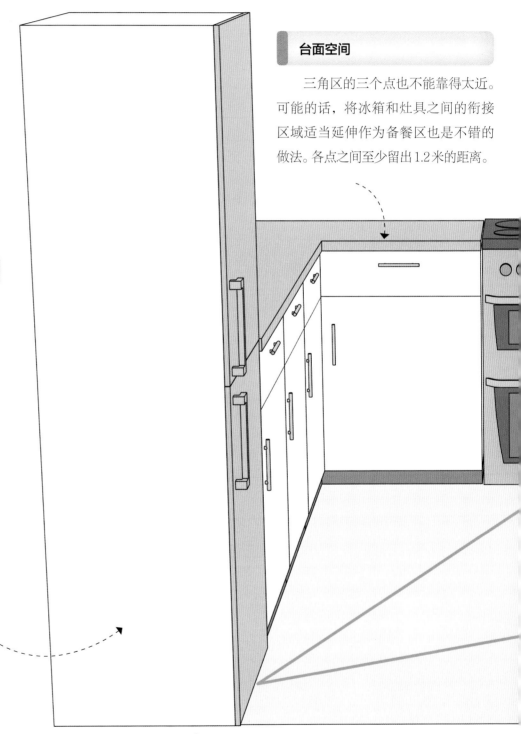

台面空间

三角区的三个点也不能靠得太近。可能的话，将冰箱和灶具之间的衔接区域适当延伸作为备餐区也是不错的做法。各点之间至少留出1.2米的距离。

食物储藏区

要弄清楚工作三角区如何安排，你可以首先考虑冰箱的位置。从这里取出的食物有两个去处，要么直接送到烹饪区，要么先放在水槽里清洗。若想让整套程序顺利进行，路径上的这些节点都不能距离太远（也就是说构成工作区的三角形的三个边不能太长），而且也不能受到橱柜的阻挡。如果你的橱柜是沿一面墙布置的，那么可以考虑把独立式冰箱放在橱柜对面，这样就可以构成一个更好的工作三角区。

U形（右图）U形厨房的三个边为工作三角区创造出一个分隔清晰的区域，稳妥地避开了主通道。在厨房的每个边上放一个器具，或在一个边上放两个，在对边上放另一个。

烹饪区

在烹饪时，你需要方便、快捷地从冰箱里取用食材，还要把用过的厨具放进水槽或放在附近的台面上。为了达到这个目的，建议工作三角区各点的直线距离不要超过3米。

清洁区

从冰箱位置走到水槽边清洗食材，把干净的食材送到烹饪区，然后把用过的炒锅放进水槽里——如果你能让任何通道都避开工作三角区，那么所有的事情都会变得相当简单。还有一个方法能够减少烹饪时你需要移动的距离，那就是让洗碗机的位置尽量靠近水槽，这样浸泡后的炒锅和碗碟就可以经最短的距离送进洗碗机了。

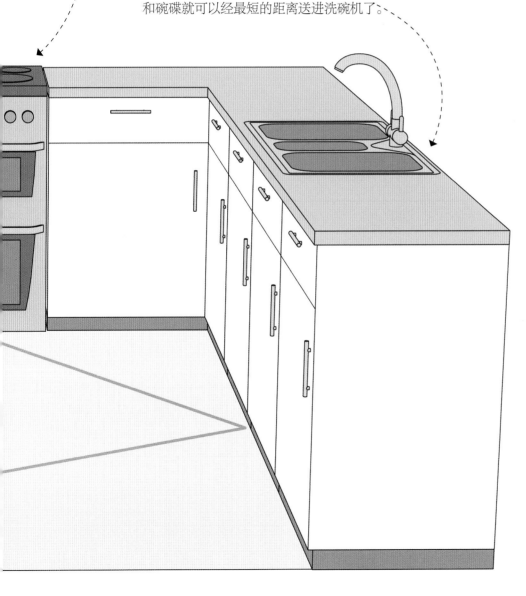

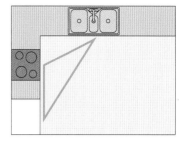

L形 在L形厨房中，橱柜沿着相邻的两个墙面布置，三角区的其中两个点沿一面墙设置，而另一个点则放在第二面墙旁边。考虑好应集中摆放的器具都有哪些。

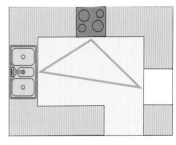

G形 G形厨房的布局可以大致参考U形厨房，三个边上各摆放一个器具。你也可以将三角区的其中一个点固定在半岛形状的第四边上。

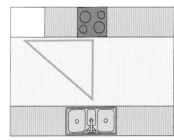

机上厨房形 这种类型的厨房借鉴飞机或轮船上厨房的布局，即在通道两侧布置器具。它的工作三角区是不完美的，但换个角度看，你可以把两个器具布置在一侧，而将另一个器具放在另一侧，从而创造出一个通畅的工作区。

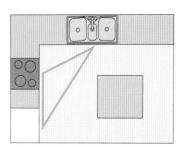

岛厨形 如果为L形或U形厨房增加一个岛形组件，你可以在该位置安装水槽或灶具；或者把厨房器具贴墙摆放，令岛形组件充当补丁的角色，只要它不妨碍工作三角区即可。

其他厨房布局

4 选择橱柜

选择橱柜时只有仔细规划，才能获得最佳配置并完美满足你的需要。你首先需要想清楚你倾向于选择定制式橱柜还是独立式橱柜，然后考虑其中涉及的各个要素，比如你需要什么样的储藏空间，以及你希望为柜门选择什么样的罩面漆。

1 定制式 vs 独立式

有两个因素会影响你的选择：样式和预算。定制式厨房看上去更漂亮，空间利用率更高，相较之下，独立式橱柜看上去比较随意，但因为没有组装费用，所以可能更便宜，这样便能用省下的资金提高厨房的档次。

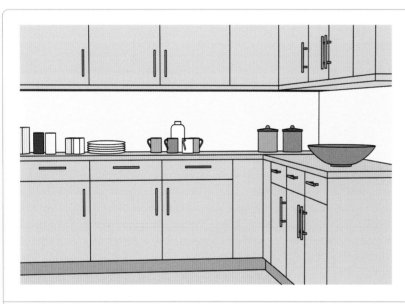

定制式
定制式厨房的整套橱柜都固定在墙面上——实现储藏空间最大化而且更充分地利用空间，任何大小的厨房都可以安装这种橱柜。你可以买来散件，请技术可靠的师傅帮你组装好，或者求助专业公司，他们可以提供从设计到安装一条龙式的服务。

独立式
独立式厨房可以包括独立的通用型橱柜、带抽屉的橱柜、岛式橱柜以及其他类型的橱柜。它们的特点就是灵活，你可以增加橱柜的数量或改变布局，甚至搬家时也可以把它们一起带走。独立式橱柜最适合较大的厨房，因为在这种情况下不必像定制式橱柜那样考虑空间利用问题。

2　选择基本组件

　　定制式橱柜包括地柜和墙柜，还可能有高柜，它们可以迎合各种储藏需要。在购买之前请认真考虑你希望用这些柜子来储藏什么，以及这些储藏空间的使用频率如何。

地柜
地柜占据地板到台面之间的空间，宽度从30厘米到1米不等。大面板柜有单门和双门之分，里面通常设有搁板；抽屉柜一般设有一两层或多层抽屉。

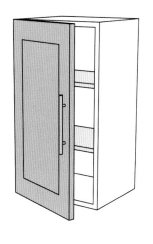

墙柜
墙柜也是30厘米到1米宽，高度可以自由选择（需要考虑房间的举架高度）。台面到墙柜底面之间至少保留45厘米的空间。

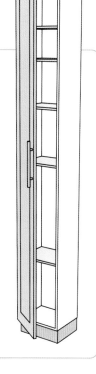

高柜
这些落地高柜也有两种类型：一种是很窄的抽拉式橱柜，方便存取物品；另一种是食品柜，内设搁板，可以非常实用地存放从食物到瓷器等各种物品。两种类型高柜的调性要和墙柜的调性一致。它们一方面占用最小的地面空间，另一方面提供有价值的额外储藏空间。

3　选择储物柜

　　碗柜和抽屉柜通常有各种内部构件和储存附件，你可以把储藏的物品摆放得既安全又齐整。需要储藏的物品以及这些物品的使用频率决定你需要什么类型的储物柜。

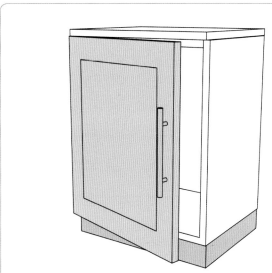

碗柜
标准的碗柜应该充分满足你的各种储藏需求，不过如果仍有些需求是它无法满足的，那么你可以增加一个或多个60厘米宽的碗柜。如果你愿意，还可以准备专门存放罐头和药草等小件物品的半深碗柜。

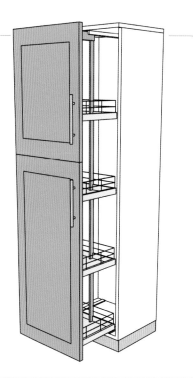

抽拉式食品柜
大型抽拉式食品柜设计有安装在滑道上的钢丝笼，方便调料、罐头和食品等杂货的存放和取用。这类橱柜有各种宽度和外观可选，最好放在冰箱旁边，也可以挨着吧台或者桌子，这样存取物品都很方便。

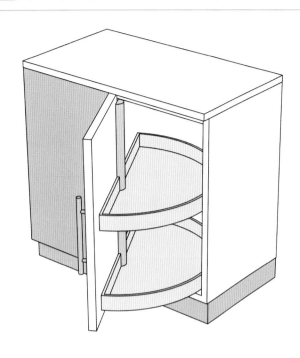

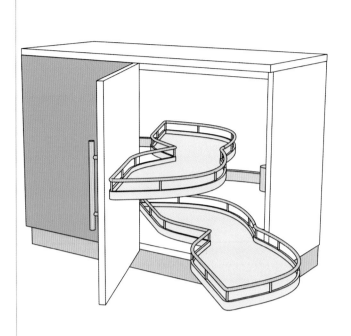

厨房

转盘储物柜

这种转盘储物柜帮你充分利用原本很难存取物品的角落空间，外观一般都是长方形，可以使用半圆形转盘（如图），也可以使用 3/4 圆形转盘，还可以使用能完全转出的 L 形储物柜。

抽拉式角柜

这是另外一种可以充分利用受限角落空间的橱柜，抽拉式角柜的搁板安装在一根合页摆臂上。当橱柜门打开时，搁板向外伸出，你可以很方便地取出所有物品。

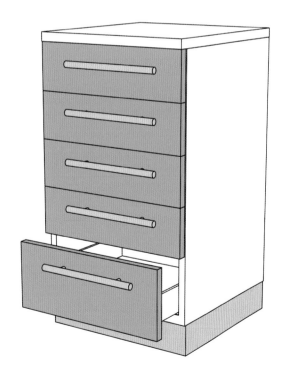

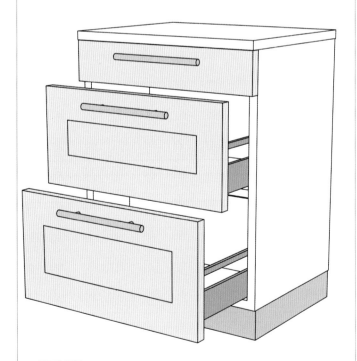

抽屉柜

抽屉柜是传统的厨房储物柜样式，可以存放从刀具、茶巾到精美瓷器等各种物品。抽屉柜摆放的位置最好不要太高，这样当你拉开抽屉时，才能把里面看得一清二楚。

超深抽屉柜

这种厨房用超深抽屉柜是时下流行的样式。它的特点是拥有足够的深度，可以装入整套的餐具、炖锅和家用电器。建议选择带阻尼器的橱柜，这样可以确保柜门开关时轻柔、静音，最大限度地减少各种意外或噪声。

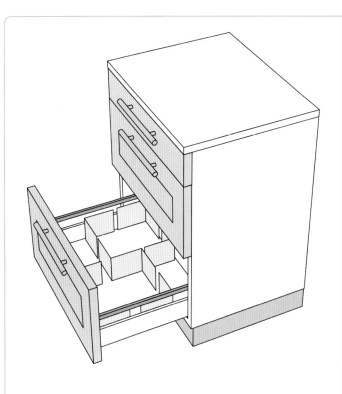

内部隔板分区抽屉柜
这种抽屉柜的内部空间用木质或塑料材质的隔板区分开来，可以将抽屉内的各种物品分别妥善放置，其中包括刀具托盘、餐具托盘、刀架，以及垂直固定的餐具支架。这样，在抽屉拉动时，堆叠的餐盘就不会相互磕碰了。

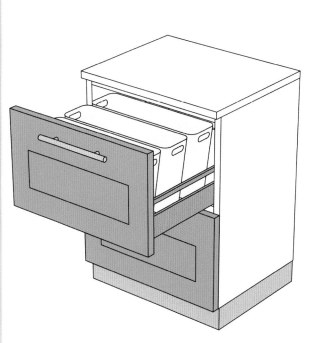

抽拉式垃圾箱
使用这种垃圾箱，可以把垃圾分类归置，并隐藏在柜门或抽屉面板后的收纳格里，收纳格下面装有导轨，方便推拉。记得让收纳格的数量与你所在地区的垃圾分类系统相匹配。

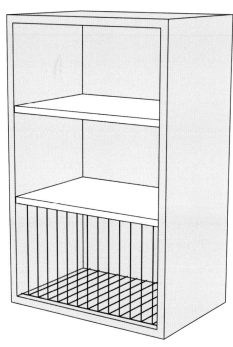

餐具架
餐具架的优点是它可以把碗碟分开并垂直放置，这样它们就不那么容易落尘了。如果你购置了一套很贵重的餐具，想要摆出来展示，而且不想随随便便地堆在那里，那么这个餐具架就很有必要了。通常在一体式橱柜中就会有一个这样的餐具架，有时候会作为深抽屉柜的附件出现。

红酒架
你可以将红酒瓶横放在红酒架中。这种红酒架有各种尺寸，或者作为抽拉件安置在墙柜或地柜内，或者作为一个独立的橱柜摆放在两个较宽的橱柜之间。

4 选择橱柜门

一间厨房呈现出的效果与橱柜门的风格有很大关系。商家通常有多种实木门或玻璃嵌板门供你选择，前者有镶框造型或全板造型，后者也有着多种多样的边框。

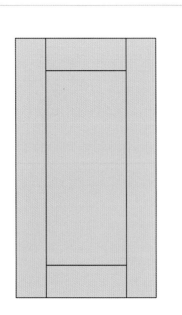

实木门
平面的全板门时尚、现代，外形整洁。镶框门由一块凹陷的嵌板和外框组成。夏克风格的柜门适合各种类型的厨房，而扣板和拱形嵌板则比较适合传统设计。

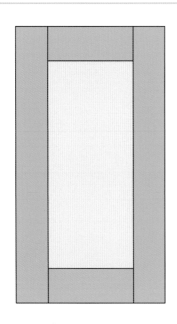

玻璃嵌板门
在设计墙柜布局时，设计师经常把玻璃嵌板门和实木门并排设置，以形成对比效果。磨砂玻璃很流行，如果你想展示里面摆放的物品，最好使用透明玻璃。在碗柜内部设置光源，可以用柔和的光线照亮橱柜内部的物品。

5 选择表面处理方法

橱柜门的材质和颜色是影响厨房设计效果的关键因素。如果厨房面积很大，你可以尝试用两种色调或漆面相互搭配，如光泽表面和木纹表面，但一定不要超过两种。

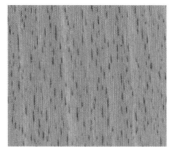 

仿木
复合板仿木柜门的性价比较高，它是用花纹纸通过热黏合工艺贴在中密度板（MDF）上；木皮门则是将一层薄薄的实木板覆盖在中密度板上。

实木
木制品带给人贴近自然的感觉，让人觉得十分温馨。实木门通常采用从浅灰到深桃木等颜色。价格高低不等，相应地品质也不同。

漆面
在田园风格的厨房中，常会见到以实木或贴皮中密度板为材质的漆面柜门。漆面的颜色可根据各人喜好而定。

光泽
此类光亮的全板门有很多颜色可供选择，使用中密度板为基材，上覆热箔层并经涂胶和高压压制而成。

不锈钢
这种坚硬的材质营造出一种现代气息浓郁的工业化效果。橱柜门采用中密度板，经拉丝不锈钢包覆而成。整体效果非常醒目，只不过成本较高。

玻璃
玻璃有磨砂玻璃和透明玻璃之分，外框也有木质和中密度板材可选。此类柜门又有单框嵌板和多窗格造型，后者更适合传统风格的厨房。

6 选择把手

明智地选择把手能够创造出大不相同的效果，它们可以赋予一间普普通通的厨房某种独特气质，或营造出一种特别的效果。在整个房间使用同一种把手让空间显得流畅自然，却无凌乱之感。

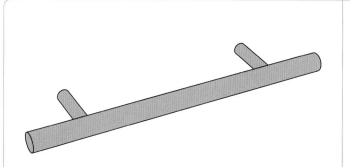

T 形把手
T 形把手看上去有棱有角，有各种长度和漆面可选。如果你想要的是现代风格的厨房，可以选择时尚、简约的漆面；如果你对古典风格情有独钟，就可以选择稍微繁复一些的设计。

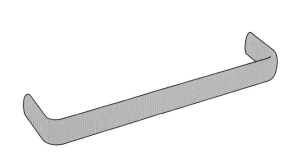

D 形把手和弓形把手
D 形把手也属于简约的风格，由于采用曲线拐角设计，所以比 T 形把手看上去要圆润很多。弓形把手与 D 形把手类似，但它的设计是由一条连续的曲线组成。这两种风格的把手都有不同的长度、厚度和外形轮廓可供选择。

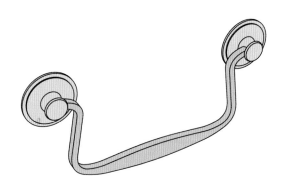

下垂式把手
与其他类型的把手不同的是，垂坠把手、弯把把手和扣环把手几乎只用于传统风格的厨房，而且铰接方式也不同。使用这些把手，只需要向上一提并顺手一拉便可以打开抽屉柜和橱柜。

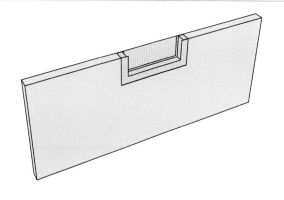

嵌入式把手
嵌入式把手也叫集成式拉手，呈现一种齐整、流线型的效果，也成为超现代厨房的一个标志。它们通常安装在抽屉和橱柜的上部，包括凹槽和嵌入式金属把手。

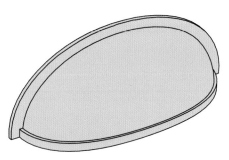

杯式把手
这种样式较为传统的金属把手通常见于抽屉柜，碗柜则少见。而类似拉丝镍、铬黄或古铜色的造型通常见于夏克风格的厨房，也为厨房增添了别具一格的质感。

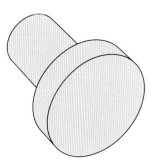

球形把手
如果你需要在尺寸、材质和形状等方面有更多选择，那么传统的球形把手最能满足你的要求。在古典风格的厨房中，可以选择木质或陶瓷材质的球形把手，拉丝或抛光的金属材质把手则会为你的橱柜营造出现代感。

5 选择台面

即使你受预算限制购置的只是很普通的橱柜，只要台面的质量好，也会为厨房增色不少，所以很有必要选购一块像样的台面。切记，一分价钱一分货，而且在使用台面的过程中也要谨遵厂家的保养说明，这样台面才能用得久一些。

选择材质

市面上可选的台面有多种材质，而且不同材质的台面，质量参差不齐。在你决定购置哪一种台面之前，一定要弄清楚你想要的台面材质是否耐用，以及是否适合在炉灶和水槽周围使用。

花岗岩

花岗岩台面价格昂贵但经久耐用，你所见到的通常是经过抛光处理的高光泽表面或者亚光表面。10 年之内都不需要重新密封。

木材质

实木材质的台面给人以温馨的感觉，中高价位。从灰色的榉木到黑色的鸡翅木，有很多颜色供你选择。木质台面每年都要重新密封，或者一旦变得不那么有光泽就要重新密封。

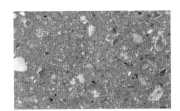

水泥

高价位的水泥台面都是现场制作或根据要求使用模板浇筑而成的。水泥台面有多种表面处理方式可选。在使用前需用密封胶处理台面。

复合石材

这种复合石材价位适中，由树脂、矿物质和丙烯酸加工而成，十分耐用，而且有多种颜色可选。请选择光滑或者存在少量颗粒状纹理的表面。

玻璃材质

中高价位的钢化玻璃耐划擦、耐热和耐酸，只有当重物落到其表面时才有可能砸碎它。请选择茶色玻璃或彩色玻璃。

可丽耐®

这种比较昂贵的台面使用半亚光、无孔的表面材料，特别耐用。它容易养护，任何划痕都可以通过专业手段去除。

熔岩石

熔岩石是一种天然的火山岩，表面光滑，有各种颜色，表面处理方式和其他的材质不同。这种材质造价昂贵，据说任何坚硬的物体都不会损伤其表面。

不锈钢

在较为专业的厨房中，我们经常能看到不锈钢材质的台面。不锈钢材质台面价位中等，经久耐用、卫生洁净，而且几乎可以制成任何形状和尺寸。有些划痕反而会增添其魅力。

复合板

复合板台面可以呈现木质、石质以及花岗岩等各种不同外观。它们不像天然材质那样耐用，但价格便宜很多。

养护好你的台面

以下几个小窍门会让你的台面保持良好状态。

木质台面用软布和温肥皂水擦拭可立刻去除各种溅漏和污迹。

对于花岗岩台面而言，可使用不带磨料的中性去污剂来清洁；为了保持表面光泽，可以用麂皮擦干。用钢丝绒清理排水槽，用水性去污剂去掉酒渍和茶渍，并用除垢剂除去油渍和油脂。

可丽耐®台面应使用厨房喷雾器和布片来清洁。用除垢剂去除硬水水垢，用清洁剂去除油渍和红酒渍。你可能需要使用漂白粉去掉茶渍和咖啡渍。

复合板台面可用软布和温肥皂水来清洁。用奶渍清洗剂或温和的漂白粉溶液除去顽固的污渍。像红酒留下的那种较为顽固的污渍可以使用漂白粉溶液。

若要清洁玻璃、水泥或不锈钢台面，可以用软布和肥皂水除去污渍。用超细纤维布打磨上光。为了保持不锈钢台面光亮如新，可以用婴儿润肤油擦拭。

对于复合石材或石材台面，可以使用柔软的湿布和温和的清洁剂来清理。

选择挡水板

你应当在选择台面时一并选择挡水板。你不必使用与台面相同的材质，但挡水板的材质必须与台面材质相辅相成。是只用你选择的材质设定一条小翻边的挡水板，还是铺整面墙的挡水板，全凭你的个人喜好。

选择材质

在选择挡水板时，最重要的一点就是实用且易清洁。不过，这也是为墙面增加一点趣味的好机会，可以考虑用玻璃材质为墙面增添色彩，用瓷砖增加纹理感，或者用木质增加温馨感。

瓷砖

瓷砖可能是最流行的选择，它具有易清洁且不易脏的特点，切记，不要使用未上釉的瓷砖，因为瓷砖属于多孔材质，如果不上釉的话，溅上污点很容易沉积。如果厨房空间很大，可以考虑使用较大的瓷砖作为挡水板。

玻璃

钢化玻璃非常适合现代厨房，你可以购买预制面板（一般是 70 厘米宽），尺寸通常都是定制的。钢化玻璃有众多颜色可供选择；为了避免褪色，请选择抗紫外线玻璃。

木质

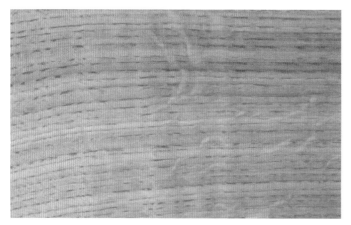

实木挡水板需要定期处理（每隔三个月或当你注意到它已经失去光泽时），这样它才能继续抵御飞溅的油或水。因木质很容易烤焦，所以炉灶后面不宜使用木质挡水板。

不锈钢

不锈钢特别耐用、卫生，而且易于清洁。随着时间的推移，它的表面可能出现划痕，但这正是其魅力的一部分，正好体现其坚韧、工业化的形象。不锈钢挡水板有各种尺寸可选。

五招搞定挡水板

如果不需要将橱柜整体换掉，那么只需花少部分预算，就可以用一款新的挡水板让老厨房变换新意。如果你希望挡水板成为厨房的亮点，就不能选择普通的挡水板，有几种非同寻常的效果和材质供你选择。

砖块造型瓷砖

这种瓷砖采用传统砖块样式，它不仅很适合田园风格的厨房，而且跟现代风格的厨房也很搭。将这种瓷砖贴成水平方向的图案，如果你喜欢这种挡水板造型，可以考虑在所有台面后面都贴上这种瓷砖。

可以考虑使用彩色勾缝剂来体现大胆的现代风格。

带图案的瓷砖

如果想让厨房看起来不拘一格，可以尝试把带有图案的复古风格瓷砖拼接起来。

镜面效果

在一间面积较小、光线较暗的厨房里，具有镜面效果的挡水板会折射房间中的光线，但是灶台后面不适合使用此类镜面材料。

具有镜面效果的挡水板可以安装在水槽的后面，但要做好每天都清洁的心理准备。

特色壁纸

要让这面墙富有装饰感，博人眼球，可以先贴壁纸，然后在上面覆上一层能起到保护作用的玻璃盖板。

厨房易潮，所以必须选择防霉壁纸。

镜面锦砖

镜面锦砖会为你的厨房营造出一种很炫酷的效果，就像镜面挡水板一样，它会折射小空间中的光线。

要与镜面锦砖相搭配，可以用朴素一些的台面和橱柜，这样看起来比较时尚、精致。

7 选择厨房水槽

在选择厨房水槽时，除了要考虑你更喜欢什么样的水槽配件和材质之外，也必须想清楚你对水槽功能的需求——你是一个热衷烹饪的人，还是不喜欢在厨房里花工夫的人？另外，你觉得它占去台面多大空间比较合适呢？

1 确定水槽的类型

要选择厨房水槽，请计算好橱柜尺寸（橱柜必须能容下槽体）、深度和台面的宽度，还要考虑到未来这个水槽的使用情况——如果你经常在家做饭，那么可能需要子母双槽。

单槽
如果你的厨房是紧凑型的，或者很少用到水槽，那么一个单槽就足够了。单槽有很多种样式，有带沥水板的和不带沥水板的，还有各种尺寸和形状可选。

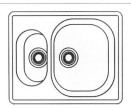

子母双槽
这可能是大多数消费者的选择，这种子母型的水槽让你可以同时进行两项厨房工作。全尺寸槽体可以用于清洗餐具，而较小的子槽可以用于冲刷和备餐。

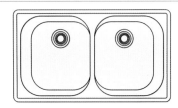

双槽
双槽型水槽的两个槽体尺寸相同，不过有时其中一个槽稍小一些。这样你便可以同时从事两项需较大空间的厨房操作，例如清洗餐具和浸泡烤盘或炒锅。

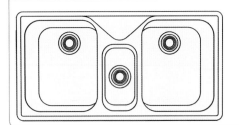

三槽
这种类型的水槽有两个大槽和一个小槽，其中小槽可以用于备餐或处理废物，为你提供多样化的清洗选择。由于尺寸较大，它只适用于较大的厨房。

沥水板
有的人会更愿意在水槽的某一边设置沥水板。但是究竟如何设置空间还是要从自身需求出发。布局以尽量减少对台面操作造成影响为宜。

2 确定安装方式

根据设计，一些水槽要安装在台面下，这比那些明装水槽看上去更合理。不过明装水槽安装起来更容易，因此造价通常更便宜。

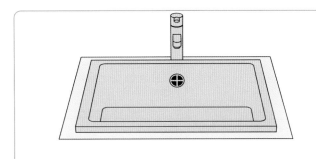

嵌入式水槽
嵌入式水槽的槽体安装就位后，水槽的边缘稍稍露出台面。它们有各种尺寸和样式，并有沥水板选项，适合与所有台面匹配。

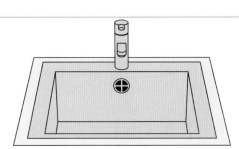

平嵌式水槽
平嵌式水槽的外缘搭在一个深入台面下方的嵌壁式支撑圈上，只有很窄的边缘暴露在外面，从而呈现出一种近乎无缝衔接的效果。使用硅胶将水槽安装就位并满足防水要求。不过这种水槽不适合木质或复合板台面。

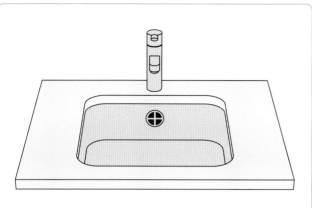

台面下悬挂安装式水槽

从名称便可以看出，这种水槽安装在台面以下，台面的边缘裸露在外。它只可以与类似石质台面或可丽耐®这种比较结实的台面搭配使用，而且如果你想要沥水板，那就需要在台面上制作出一些凹槽或引水线。

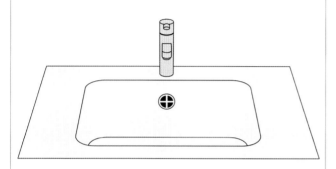

集成式水槽

集成式水槽与台面使用相同的复合材料或钢板，由于它们不需要任何连接方式，所以不仅看上去时尚、卫生，而且"天衣无缝"。它属于较为昂贵的水槽，而且为了实现沥水的功能，你需要在台面上制作出凹槽。

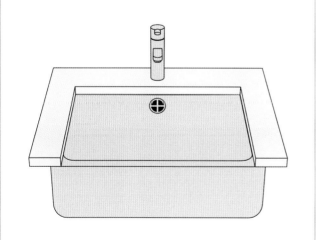

贝尔法斯特水槽或伦敦式水槽

它们有一个共同的名字，叫"管家式水槽"，都带溢流平沿，通常呈长方形，在设计上非常相像，只是在溢流系统上存在区别（前者不带溢流堰而后者带溢流堰）。这些水槽安装在台面下方，但前面裸露在外。

可供选择的水槽表面处理种类相当丰富。请选择耐磨型表面，因为这样的表面易于清洁。有些材质表面会较易留下污渍和划痕，其他材质表面则使用多年依然光洁如新。还要检查水槽表面是否对台面起到锦上添花的作用，因为台面才是真正的"颜值担当"。

不锈钢

不锈钢水槽凭借耐久性、耐磨性和易维护性成为最流行的选择。因为式样和品质的不同，不锈钢的价格也是千差万别。

瓷

瓷水槽耐热、耐污渍且耐刮擦痕，这些特性使其成为中等价位表面材料中的热门选择，不过有一个小小的风险不得不提，那就是重物掉在上面可能导致水槽破碎。

花岗岩

花岗岩水槽是由80%～85%的天然花岗岩粉混合树脂后制作而成的。尽管价格昂贵，但它们经久耐用，而且有多种颜色可选。

可丽耐®

这种昂贵的硬质表面材料也可用于台面，拥有耐磨、半亚光和无孔的表面效果。任何划痕都可以通过专业手段去除。

复合材质

这种中等价位的水槽用树脂、矿物质和丙烯酸制作而成，拥有光滑的或颗粒状的纹理。它有多种颜色可供选择（注意，在水质较硬的地区，暗淡的颜色容易沾染污渍）。

铜

尽管对于消费者来讲，铜水槽是一种昂贵的选择，但它拥有优良的抗菌性能。用肥皂和清水就能令其保持清洁。在水质较硬的地区，每次用过之后还要再用软布把水槽擦干。

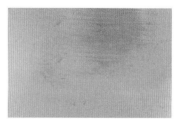

8 选择厨房水龙头

为厨房选择合适的水龙头主要由你的喜好决定，还要考虑水槽上是否预留了水龙头安装孔。厨房通常有压力充足的上水总管，所以大多数类型的水龙头都可以运行良好（不过如果水压较低，带抽拉式喷头设计的水龙头工作效率便会打折扣）。

1 选择类型

除非水龙头的样式已经由（带预留孔的）水槽决定了，那么你可以根据预算情况优先考虑你喜欢的样式。

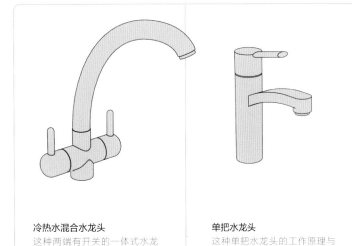
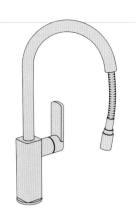

冷热水混合水龙头
这种两端有开关的一体式水龙头可在腔体内完成冷热水混合过程。它有单孔、三件套、桥式和壁装式混合水龙头等样式。

单把水龙头
这种单把水龙头的工作原理与冷热水混合水龙头类似，只不过用一个手柄改变水温和控制出水量。它设计巧妙，易于清洁。

抽拉式水龙头
抽拉式水龙头比标准水龙头大，需要较高的水压，它的特色是在软管的末端带一个抽拉式喷头，可以用来清洗碗碟和新鲜食材。

立柱式水龙头
一对立柱式水龙头可以单独提供冷热水，适合安装在双孔水槽上。立柱式水龙头使用十字头或杆式手柄，是一种传统水龙头样式。

2 选择表面处理方法

市面上水龙头表面处理方法多种多样，因此你选择什么样的水龙头将取决于你的水槽、器具和厨房内其他元素的颜色，以及你是喜欢时尚、闪亮的表面，还是现代风格的亚光表面。

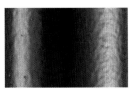

镀铬
这种光亮的镀铬水龙头价格范围很宽，是很流行的选择，它适合现代和传统风格的厨房。镀铬表面易于清洗，但容易留下水渍。

黄铜
中高价位光面或古铜色水龙头会为传统或田园风格的厨房带来温馨和个性。这种镀铜表面可以保持很多年不变。

金属拉丝
拉丝铬或拉丝镍属于中高价位的选择。它不像光亮的表面那样容易留下水渍，而且与采用类似表面材料的家电相得益彰。

铜粉末涂层
采用黄铜粉末涂层的黑色或白色水龙头与特定水槽和台面配合起来会非常引人注目。这种水槽的价格高低不等。

黑古铜
这种黑色涂层看上去非常酷，有各种价位可供选择。经过一段时间，表面会发生变化，因为黄铜色的金属本体会逐渐突破涂层显现出来。它适合传统风格的厨房。

厨房

9 选择冰箱

是选择冷藏冷冻一体式冰箱，还是选择独立的冷藏柜和冷冻柜，要根据厨房的布局、面积大小和举架高矮来决定。在购买冰箱前，请先仔细考虑冷藏层和冷冻层的空间比例——你需要储存多少新鲜食物，多少冷冻食物？此外，还要考虑冰箱的节能问题。

1 选择冰箱类型

如果冷藏柜和冷冻柜都要放在台面之下，那么它们只要配套就行了，不必非得组合在一起。不过，如果你需要腾出矮柜空间来存放其他物品，那就最好选购冷藏冷冻一体式冰箱。

独立的冷藏柜和冷栋柜
如果厨房里没有安装全高型橱柜，单独的冷藏柜和冷冻柜是明智的选择。这些电器甚至可以放进岛厨的空间内。它们不必非得紧挨着放置，当然，如果能放在一起就更好了。

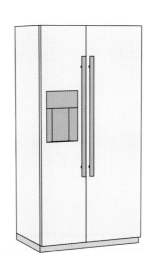

美式双开门冷藏冷冻冰箱
大型美式冷藏冷冻一体式冰箱的高度大约2米，冷藏和冷冻两个部分通常并排组合在一起。冷藏室一般有冷冻室的两倍宽。这种冰箱颜色多样，很多款式还带饮水机和制冰机，这意味着此类冰箱需要接入水管线。

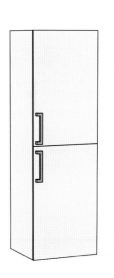

上下式冷藏冷冻冰箱
无论在定制式厨房还是独立式厨房中，上下式冷藏冷冻冰箱都十分常见，冷藏室和冷冻室大小比例及配置都有多种选择。冷藏室通常更大一些，至少和冷冻室大小相同。冷藏室在上、冷冻室在下，这是最合理的设计，因为它大大地减少了使用者弯腰的次数。

2 选择样式

在厨房里，冰箱有可能是最大的物件之一，所以它的外观需要动一番脑筋。定制式厨房的配套冰箱会让整个厨房空间看上去更加简约，而独立式冰箱则可以成为一个引人注目的焦点。

独立式冰箱
如果空间足够，或者你找到一款设计别致、值得炫耀的冰箱，那么就完全可以选择一款独立式冰箱。而且独立式冰箱还有一个好处，那就是搬家的时候方便搬走。

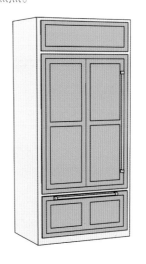

内置式冰箱
如果你喜欢定制式厨房，那么就要选一台内置式冰箱。可以在组合橱柜中嵌入较高的上下式冰箱，而独立的冷藏柜和冷冻柜则可以并排嵌入台面之下。

10 选择炉灶

合适的灶具比厨房中的其他器具都难选得多，需要你花点工夫做功课：要全面考虑炉灶的烹饪功能，从烧烤到烘焙、燃料类型、炉盘和烤箱的配置，以及是否需要自洁功能等。

1 确定炉灶模块

当你考虑需要哪些炉灶模块时，要想想平时会为多少人做饭，以及多久做一次饭。一台烤箱够不够？是否需要两台工作温度不同的烤箱？是否会同时用到烧烤和烘焙功能？

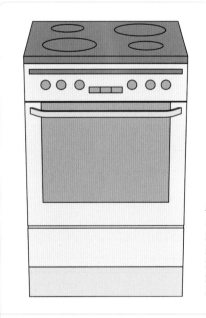

单烤箱式炉灶
单烤箱式炉灶适合小厨房，通常其中有一个内置烤架，这意味着你可以同时使用烘焙和烧烤功能。某些型号的燃气灶还配有上掀盖，后者具有挡水板的功能。

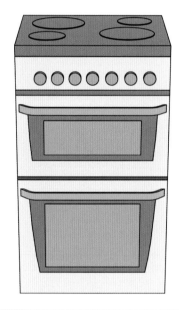

双烤箱式炉灶
双烤箱式炉灶要么是在大容量烤箱上面设置一个小烤箱，要么是两台大容量烤箱叠放。大烤箱可以选择多功能款（有多种加热模式的），而放在上面的小烤箱通常是以烧烤功能为主的经济模式。

多眼炉灶
多眼炉灶通常都是独立放置的，也比标准烤箱更大些——有些炉灶的宽度可达 1.5 米。从前的多眼炉灶在设计样式上比较传统，而现在的样式极具现代感。这种炉灶配置的烤箱通常都是双烤箱并列放置，有些款式还有独立的烤架模块。

2 独立式还是内置式

炉灶可以独立放置，也可以安装在橱柜内。选择什么样的炉灶主要取决于厨房的整体布局，如果橱柜的样式比较时尚，现代感十足，那么内置式烤箱可能就更为合适，而独立式炉灶则往往比较休闲、随性。

独立式

独立式炉灶通常用于独立式厨房，不过如果你希望腾出更多的空间，它也可以在定制橱柜中使用。标准的炉灶通常是 60 厘米宽，而多眼炉灶更大一些，你可以根据自己的需要选择。炉灶的风格从现代到复古，加热方式也有燃气灶和电炉灶之分。

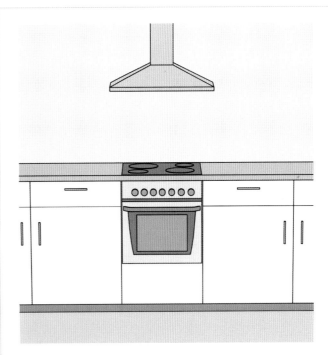

内置式（组合）

在定制厨房中，内置式烤箱有利于厨房整体风格的统一，但是如果你的厨房空间较小，限制了布局的选择，那么选择组合式（炉灶设置在烤箱上面）就更加实用。有单烤箱和双烤箱模式可供选择。

内置式（分离）

如果厨房空间足够大，那么将烤箱和炉灶分别放置可能更方便些。将烤箱安装在一套高柜中，并置于与视线平行的位置可能效果更佳，因为这样就不必弯腰便能够打开烤箱、查看烤箱内部。

炉灶有单能源和双能源组合之分。有风扇辅助的电烤箱可以与燃气灶配合使用，也可以选择电磁炉配合风扇烤箱(即对流式烤箱)，或燃气炉灶配燃气烤箱。

炉灶

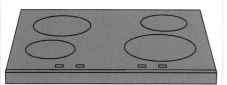

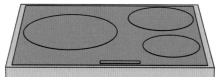

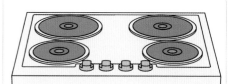

陶瓷
易于清洁的陶瓷炉灶表面是玻璃制成的，加热元件安装在玻璃下面。可快速传导热量，但不像燃气灶那样容易控制。用这种炉灶烹饪，只能用铸铁或精铁锅。

电磁
设在电磁灶台台面之下的线圈和平底锅之间形成的磁场可以将平底锅快速加热，但当电源关闭时冷却也十分迅速。配套使用铸铁或精铁锅。

电热板
电热板的热量分布性能极佳，热量能够均匀地传导至锅底，因此它的性价比很高。只要是平底锅都可以用于这种炉灶，但最好使用铸铁锅。

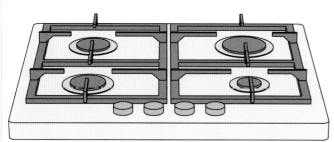

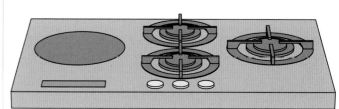

燃气
燃气灶通常有四个大小不一的灶眼，当然还有更大的型号（多眼燃气灶通常有6～8个灶眼）。由于燃气灶比较容易控制，而且热源可见，所以它依然是很受欢迎的选择。

组合式
你还可以购买组合式炉灶——常见组合为两个燃气灶眼和两块电热板。或者你也可以做不同的尝试，比如一个电热灶配一个燃气炒锅灶眼。这种组合炉灶的好处是你可以自行选择烹饪方法和加热源。

烤箱和烤架

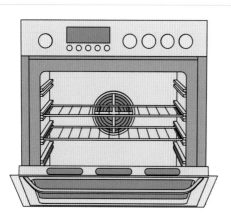

电烤箱
常规电烤箱由烤箱内的自动调温器控制，上部温度稍高，底部温度稍低。需要经过一段时间才能达到要求的烹调温度，所以应当有预热模块。风扇辅助电烤箱可以让热量快速循环，加热更均匀。

燃气烤箱
燃气烤箱由位于下部箱体的燃气火焰提供热源。热气流上升至不同的加热区时形成循环气流，最高温度出现在箱体上部，最低温度则出现在箱体底部。燃气烤箱特别适合烘焙蛋糕，因为在烘焙蛋糕的过程中会有水分挥发出来。

4 选择吸油烟机

厨房吸油烟机是排掉蒸汽和油烟的关键。吸油烟机样式很多，有抽排型，将厨房内的空气抽排到室外；也有循环型，仅仅起到过滤器的作用。很多种吸油烟机是二者兼而有之。

标准循环烟机
这种烟机直接悬挂在墙面上，位于灶台上方，最好与灶台保持相同的宽度。由于循环烟机并不是将烟气排放到室外，所以几乎可以安装在厨房中的任何地方。但是循环烟机的排烟效果没有排烟式烟机那么好。

排烟罩
排烟罩的形状和大小不一，通常是不锈钢材质。也有专为岛厨设计的排烟罩，你从任何角度都能看到它。

悬挂式烟机
这种烟机的设计是从大花板垂卜来，比如，如果灶台装在岛厨上，这种烟机便是理想的选择。悬挂式烟机也有很多样式，有基本的兜帽式，有吊灯式，还有镶钻球体式。

集成式烟机
集成式烟机隐藏在橱柜面板或柜门后，通常与你的橱柜门匹配。烟机工作时，柜门必须拉升。此类烟机最适合小厨房使用。

下吸式烟机
与其他样式的烟机有所不同的是，下吸式烟机安装在灶台后部的台面内，不用的时候可以隐藏在工作台面的下面。这种烟机可以匹配燃气炉灶或电热炉灶，紧贴墙面安装或装在岛厨的台面上。

11 选择洗碗机

在选择洗碗机时，需要考虑的问题不仅有外观、容量、是否能整合到整套橱柜中，更要考虑它在节能、节省空间、降噪等方面的表现，还有清洗时间是否能满足你家的需求。

1 选择样式

在设计厨房时，你可能已经在厨房整体布局中考虑到了在哪里放置一台常规尺寸的洗碗机，不过洗碗机并不只有这一种，而且这也可能并不是最适合你厨房风格的一种。

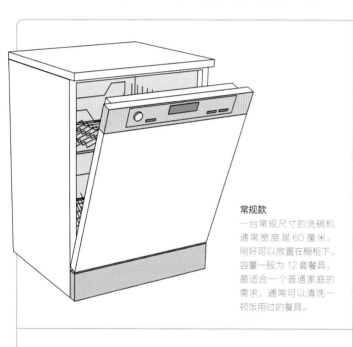

常规款
一台常规尺寸的洗碗机通常宽度是 60 厘米，刚好可以放置在橱柜下，容量一般为 12 套餐具，最适合一个普通家庭的需求，通常可以清洗一顿饭用过的餐具。

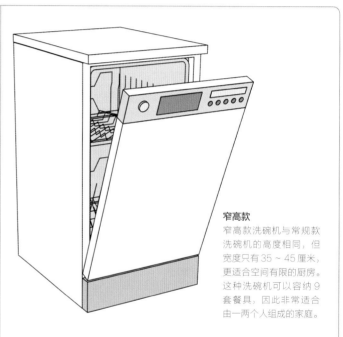

窄高款
窄高款洗碗机与常规款洗碗机的高度相同，但宽度只有 35～45 厘米，更适合空间有限的厨房。这种洗碗机可以容纳 9 套餐具，因此非常适合由一两个人组成的家庭。

抽屉款
抽屉款洗碗机又分单抽屉和双抽屉两种类型。双抽屉洗碗机的两个抽屉可以单独使用也可以同时使用，操作是完全独立的，也就是说，你可以用一个抽屉专洗玻璃器皿，而另一个抽屉可以设定一个比较长的清洗时间来清洗碗碟。

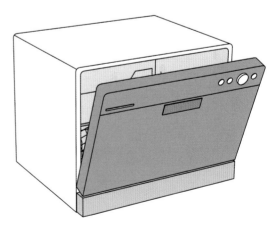

台式
台式洗碗机大约 50 厘米宽、45 厘米高，因此它是小厨房或独居人士的理想选择。这种洗碗机可以放在操作台或沥水板上。

如果你选择的是安装在台面下的落地式洗碗机，就要考虑是完全隐藏它，还是与橱柜半组合，或完全露在外面。

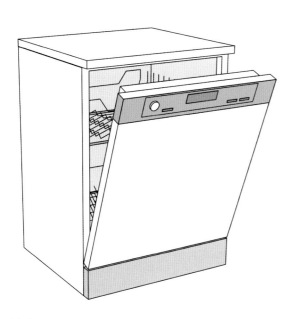

独立式

独立式洗碗机有一个好处，那就是搬家时可以带走。大多数洗碗机的外观都是白色的，如果喜欢现代感更强一些，可以考虑选购一款门的形状和表面处理方式更加时尚（例如不锈钢表面）的洗碗机。

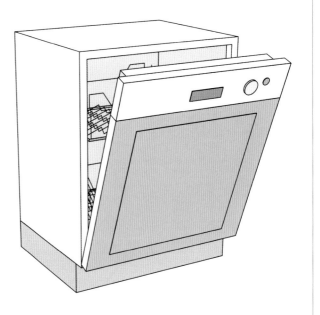

半组合式

半组合式洗碗机的一部分可以被不带抽屉的橱柜门板覆盖，只有上部的控制屏裸露在外。这种样式与全组合式洗碗机相比，优点在于当机器工作时，你可以通过控制屏上的显示了解清洗的进展情况。

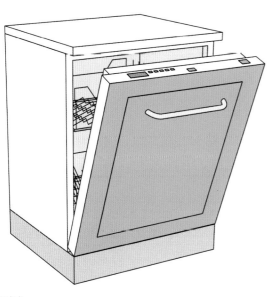

全集成式

全集成式洗碗机完全隐藏在橱柜门之内，包括控制屏。想了解机器是否在清洗，只能通过投射到地板上的光来判断，只要有光亮，就可以确认机器处于运行状态。请注意，如果橱柜门损坏了，而你的这款洗碗机已经停产，要更换这扇门就很难了。

洗碗机的能效

洗碗机的能效等级是按从 A ～ G 划分的，其中 A 级代表能效最高。仔细想一想，购买环保型机器对你来说是不是最佳选择。

- 环保型洗碗机比能效等级较低的洗碗机平均少耗能 22%。无论你的关注点是我们的地球还是你自己的电费账单，认真考虑一下都是值得的。
- 节能型洗碗机通常耗水量也少，其中一些型号的洗碗机比用手清洗餐具还节水。
- 寻找带有"生态"或"节能"标志的洗碗机。此类机器的清洗时长意味着水耗和能耗都可以降到最低，而且通常可以在较低的温度下清洗餐具。

12 选择地面

厨房地面的磨损程度很可能比房子里其他任何房间都严重，所以选择地面的时候要全面考虑需求。除了美观，更要考虑使用期间的维护难度。

1 选择样式

用于厨房的地面大致有三种样式：地砖、木地板和无缝地坪。地砖和无缝地坪的感觉更现代，而且比较耐磨；如果你想要的是比较随性、质朴自然的感觉，用木地板就更合适。

地砖

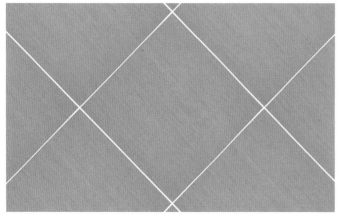

地砖是厨房的经典之选。在选择地砖时，需要考虑地砖的大小和表面材料——大块的地砖让空间看上去富有现代感，小块地砖则让厨房看起来比较中规中矩。当然，砖缝越多，日后擦起来也就越费力气。

木地板

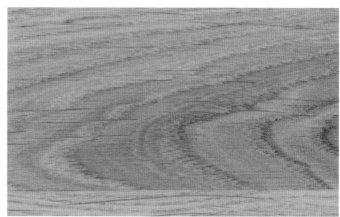

木地板必须足够密封，必须能够抵御烹饪时的频繁踩踏和蒸腾水汽的双重侵蚀。长条的木地板可以让空间看上去更长、更宽，所以如果厨房比较小，那么长条木地板是个不错的选择。

无缝地坪

无缝地坪设计是一种没有接缝的整体地面，材质通常有 PVC、橡胶、油毡和浇筑地面，比如水泥或者树脂。最新的整体地面材料已经很高级了，对于小空间来说，这种地面实为明智之选。

请检查以下内容

- 在计算厨房需要的地砖、实木或复合地板总量时，务必在计算结果的基础上再加出 10% 的富余量。
- 如果你马上要铺装地砖，尤其是大块地砖，一定首先确保你的地面平整。如果基础层是木地板，就必须先在上面盖一层防水胶合板。
- 如果已经有一层完好、平整的水泥地板或地砖地面，那就可以把新地砖直接铺在上面，但首先要确认新地面铺装后高出的地面不会妨碍门的开关及其他物件的移动。

2 选择材质

材质的选择很大程度上取决于预算，以及外观和坚固性是否令人满意，如果使用 PVC 或橡胶地板，则要考虑舒适、柔软的程度。如果用了地暖，首先要考虑地面材质是否适合地暖。

地砖

瓷地砖

瓷地砖十分耐用，是最常见的选择，但在价格、样式和釉面与无釉面表面材料等方面，存在着千差万别。在地面填缝之前和之后都要对无釉砖进行密封。

陶地砖

陶地砖适合大空间。这种地砖价格便宜，耐磨、耐污渍，而且不需要密封，有各种颜色、形状和纹理可选。

石英复合地砖

如果你希望台面和地板看起来更协调，这种地砖可能是很好的选择。它不易留污渍，落了灰尘也不易看出来，而且极少碎裂，但价格较高。

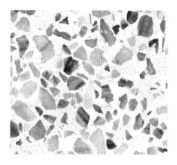

水磨石地砖

这种高价地砖采用在水泥和颜料中加入大理石碎片制作而成，有各种颜色和表面抛光搭配效果可供选择。

水泥地砖

水泥地砖十分耐用，但成本较高。它有各种尺寸，表面有抛光也有亚光。抛光表面易于清洁，很适合厨房使用。

赤陶地砖

中等价位的赤陶地砖有很多孔，所以这种地砖必须密封，以免孔中进灰。这种地砖形态较多，例如比较经典的方形和砖块形。

石灰华地砖

这种天然石质地砖尽管价格昂贵，但是看上去非常时尚、亮堂，也可以呈现质朴、滚磨、边缘圆滑和多孔的海绵状。

灰岩地砖

这种价格昂贵的地砖有粉白、蜂蜜色等各种颜色，而且经常可以看到里面有化石。可以选择抛光亮面砖，或较为粗糙的亚光砖。

板岩地砖

板岩地砖价位中等偏高，表面有不平整"切角"，通常是黑色或灰色，有时能看到金色或橙色的斑点，非常好看。

复合纤维板地砖

装饰性的复合纤维板地砖属于中低价位，有各种颜色和图案可供选择，例如板岩和大理石等天然石材的纹理。

PVC 地砖

PVC 地砖可以逼真地呈现出所仿材料的外观。价格依品牌而定。较便宜的 PVC 地砖带自粘背衬，比较容易粘在地板上。

橡胶地板

橡胶地板价位适中，有不同颜色和纹理。它的表面较为光滑，很容易清洁；它的纹理低调、稳固，走在上面抓地感较强。

厨房

49

木地板

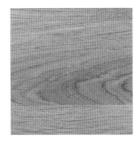   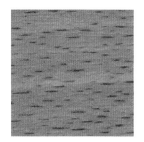

实木地板
在中等价位到高价位的木地板中，实木地板算是性价比较高的一种，它耐热、耐潮，主要原材包括红木、胡桃木和柚木。请选购经过预封处理，或用清漆或亚麻籽油密封的实木地板。

实木复合地板
这种中等价位木地板（实木板和软木板层压而成，最上一层为实木材料）的构造决定了它不像实木地板那样容易变形。

竹材地板
竹材地板属于中高价位，是一种环保型地板。它虽然耐潮，但仍需密封。可以保留原色，也可以在加工时为其着色。

复合地板
中低价位的复合地板表面具有真实的纹理和细节，呈现出类似橡木、枫木或柚木等实木板材的外观。

乙烯基木纹地板
乙烯基木纹地板具有逼真的木纹效果，比实木地板容易保养。它有多种价位可供选择。高档的乙烯基木纹地板需请专业人员安装。

无缝地坪

  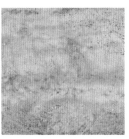 

水泥地坪
水泥浇筑地坪是先进行整体安装，然后打磨出光滑的表面。这种地板造价较高，但可以调配出各种颜色，而且很持久。

树脂地坪
这种昂贵的树脂浇筑地坪完全没有缝隙，表面效果极富现代感。它有亮面和亚光两种类型，颜色选择很多。

橡胶地坪
橡胶地坪价格适中，实用、耐磨，踏足其上感觉很舒服，颜色和纹理选择很多——表面越光滑越容易清洁。

PVC 地坪
现代风格的 PVC 地坪价位属中低水平，图案丰富，可以仿多种材质的外观和纹理。

油毡地坪
中等价位的油毡地坪使用天然、环保的原材料。易于清洁，只有掉落重物或在其表面蹭过才会留下刮痕或污渍。

厨房地面分区

如果你的厨房很大，而且是敞开式厨房，那么从地面上将就餐区与烹饪区划分开来，会让整个厨房设计看上去效果更棒。

· 选一块在颜色上与你的厨房相匹配的小地毯，并将其垫在餐桌椅下面。要确认你买的地毯足够大，所有桌椅腿脚都能平稳地放在上面，即使将餐椅拉出摆成就餐模式也不会超出地毯的范围。
· 避免选择浅色地毯或会存食物残渣的长绒地毯，要选择容易清洁的地毯材料。

用不同的地板划分出就餐区，以便在同一个空间内营造出不同区域氛围的差异。

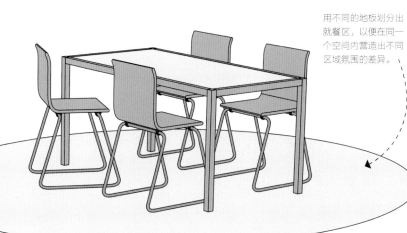

厨房

50

像木材这样的天然材料
可以让时尚、闪亮的现
代厨房看上去温馨一些。

13 选择墙面装饰

如果想让厨房看上去更抢眼，可以考虑在墙面上使用多种装饰材料：不同的墙面装饰搭配起来可以让墙面看上去更有创意，而且还可能更省钱。请记住，墙面装饰应该起到锦上添花的作用，但是不要抢了橱柜的风头。

1 选择材质

当你考虑为厨房墙面选择不同的装饰材料时，必须了解不同的材料清洁与保养的难度是不同的，此外，材料是否易留水渍和污渍也是需要考虑的问题。

厨房

墙砖

墙砖在厨房装修中是很实用的选择，尤其是用在水槽和灶台后面的墙上，即便溅上油或水也很容易擦除。墙砖有丰富的样式、颜色和表面材料可供选择，既适合传统风格的厨房，也适合现代风格的厨房。

涂料

涂料可以用在厨房的所有墙面上，但如果你准备在靠近水槽或灶台的墙面上使用涂料，就需要选择一种防水并容易擦拭干净的涂料，例如厨房和卫生间专用涂料，不过要避免使用带纹理的涂料，因为有纹理的涂料一旦沾上污渍就很不易擦干净。

壁纸

除了涂料之外，壁纸也是不错的选择。在厨房中使用壁纸能起到防潮的作用。但是最好不要在靠近烹饪区或用水区的墙面使用壁纸；如果你已经这样做了，可以加装一块透明玻璃挡水板以便尽量保护壁纸。

包层

如果你喜欢田园风格，那么木质包层墙面也是很好的选择，它是可以替代瓷砖的经济之选，但是需要用清漆、油或其他涂料保护木质墙面以便防潮。虽然它勉强可以用水区使用，但千万不要用在灶台后面的墙面上。

2 选择类型

要为厨房选择合适的墙面材料，更多地还要考虑厨房和橱柜的风格。如果你打算使用多种材料，那么一定要确保这些材料之间搭配和谐。

墙砖

 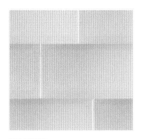   

经典瓷砖
这种素色瓷砖有正方形和长方形，价位处于中低档。现代风格的厨房环境使用灰色勾缝剂看起来会比较协调，而且不显脏。

砖纹墙砖
砖纹墙砖可营造复古风格的环境，价位中等，通常是陶瓷材料，表面为亮光或亚光，边缘为直边或切角。

锦砖
锦砖的价位中等偏高，比较适合现代风格的空间，有银、镜面玻璃和彩色玻璃等多种材质和表面。

密胺墙砖
密胺墙砖成本较低，种类有素色的也有带图案的。除了用于燃气灶台后的墙面以外，也可以用于所有厨房墙面。

大尺寸瓷砖
如果用来做挡水板的话，可能只需一排大尺寸瓷砖（80厘米×80厘米）便足够了，但你的墙面一定要非常平整才行。这种瓷砖的价格差别较大。

涂料

厨房卫生间专用涂料
厨房卫生间专用涂料价位偏高，但是防潮，而且通常还有防霉功能，不过可供选择的颜色有限。

亚光涂料
只要厨房通风不是很差，亚光涂料就可以用于所有墙面，当然，水槽和灶台后面的墙面除外。这种涂料的价格高低不等。

丝光涂料
丝光涂料价格适中，用这种涂料的墙面易清洁，很适合厨房墙面使用。它能够反射光线，能让房间显得比较明亮。

蛋壳漆
蛋壳漆价位适中，附着力强，可用水清洁，适用于厨房的所有表面，包括踢脚板和任何木质包层的表面，当然也包括墙面。

黑板漆
如果厨房是现代风格，而且采光充足、空间宽敞，那么就可以尝试涂刷黑板漆。黑板漆价格中等偏低，还能营造出类似留言板的效果。

壁纸

PVC材质壁纸
PVC材质壁纸价位适中，更适用于湿度高的厨房，不过不要用在水槽后面的墙体。

素色或带图案壁纸
标准壁纸价格高低差别较大。如果想在水槽或烤箱后面使用标准壁纸，请在壁纸上覆加透明玻璃板以给予充分保护。

包层

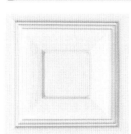

护墙板
中等价位的护墙板需要上漆，可以选择一种光泽柔和的涂料与踢脚板相搭配。

扣板
扣板价位中等偏低，只要适当喷涂涂料（例如蛋壳漆）便可以用于厨房。不过不要将其装在灶台后面的墙上。

14 选择厨房照明

厨房照明的选择必须极为准确，因为厨房不像工作室或者书房，为了烹饪所需，厨房必须得到充足照明。其中包括环境照明和展示设计细节的高光照明。

1 选择照明类型

厨房的照明设计主要考虑厨房的空间大小。如果是小厨房，那么可能环境照明和工作照明是更需要重点考虑的部分。如果厨房很大，或者属于开放式厨房，与起居空间贯通，那么你就可以在厨房照明上充分施展创意了。

54

环境照明

大多数厨房除了工作照明之外都设有顶部照明。如果你的开放式厨房与就餐、起居空间贯通，共同组成一个大空间，那么安装调光开关会让你在烹调结束和就餐开始之时降低顶部照明的亮度。

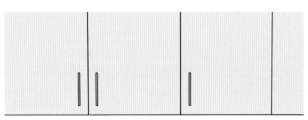

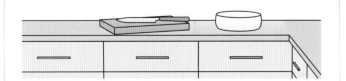

工作照明

工作照明是厨房照明中必须考虑的部分，无论厨房是大还是小。将照明直接设置在台面正上方，这样当你身体前倾切菜时，就不会出现阴影。如果你的厨房不太大，而且在照明设计上又受限于预算，那就划定一个工作区，最好在灶台附近，确保该区域得到充足照明即可。

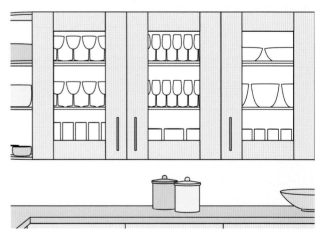

高光照明

高光照明会让房间看上去更宽敞。将光源设置在玻璃墙柜的下面、上面和内部，以及踢脚板的高度，可以使空间从视觉上得以延展，并突出厨房的设计细节。一般在客厅里设置高光照明的情况比较多，但是在厨房中也可以这样做，比如说用聚光灯将光线聚焦在装饰画上，或者聚焦在设计别致的多眼炉灶上。

打造一个能让你和家人共度美好时光且有实用价值的空间非常重要。诀窍就是选择一组满足所有照明需求的灯具。

天花板照明

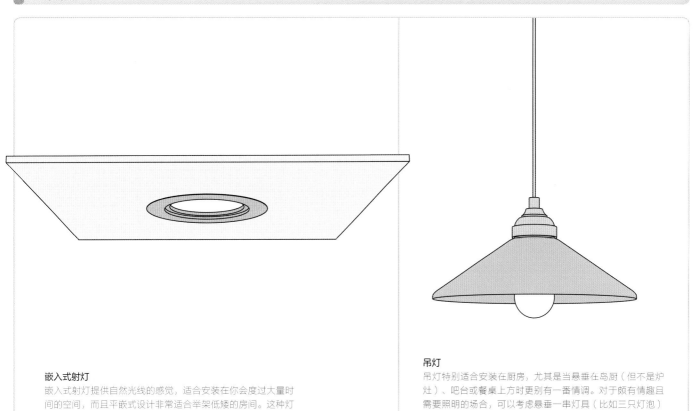

嵌入式射灯

嵌入式射灯提供自然光线的感觉，适合安装在你会度过大量时间的空间，而且平嵌式设计非常适合举架低矮的房间。这种灯具具备调光开关，这样在你需要时就可以将其调暗。

吊灯

吊灯特别适合安装在厨房，尤其是当悬垂在岛厨（但不是炉灶）、吧台或餐桌上方时更别有一番情调。对于颇有情趣且需要照明的场合，可以考虑悬垂一串灯具（比如三只灯泡）以增强设计效果。可以考虑选择与吊灯相似的烟机造型。

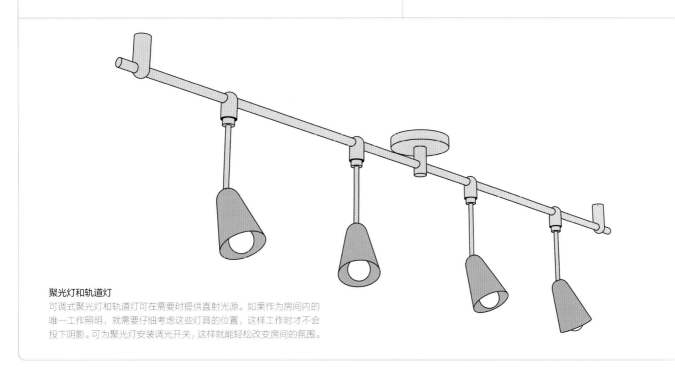

聚光灯和轨道灯

可调式聚光灯和轨道灯可在需要时提供直射光源。如果作为房间内的唯一工作照明，就需要仔细考虑这些灯具的位置，这样工作时才不会投下阴影。可为聚光灯安装调光开关，这样就能轻松改变房间的氛围。

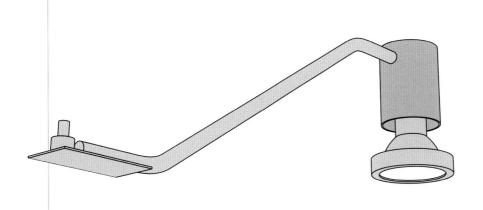

橱柜上

在墙柜顶部的前方安装鹅颈管照明灯具，将光线投射到柜门上，并照亮备餐区。或者你也可以将灯具隐蔽安装在橱柜顶部，只照亮橱柜上方的空间。两种方式都能起到晚间装饰性重点照明的作用。

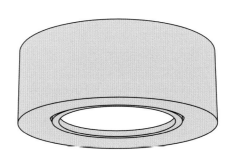

橱柜下

橱柜下的照明为你提供备餐时会用到的工作照明，另外，当你在厨房就餐时，这种照明方式也能创造出装饰性辅助照明的效果。此类灯光应当安装在墙柜底板的正中,这样光线便可以均匀投射,不留死角。

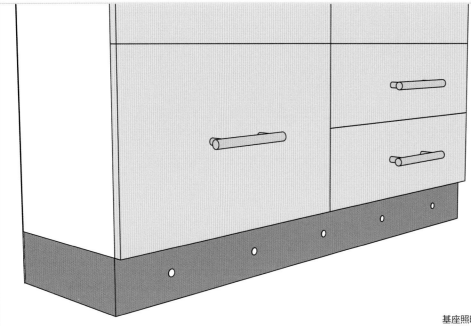

基座照明

使用基座照明可以照亮厨房地板。这些灯具采用 LED 灯或卤素灯的形式，有各种样式可选,可以安装在橱柜底部四周的基座面板上。

15 选择窗户装饰

在选择用什么方式装饰厨房窗户之前,要先确定一点:你想让窗户上的装饰遮挡住窗外景观,还是帮助呈现窗外景观?第二点要考虑的是,这扇窗户靠近水槽吗,是否需要安装挡水部件?最后一点要考虑的就是:你希望这扇窗户达到什么样的装修效果?

1 选择类型

厨房窗户装饰必须以实用为先,与其他空间相比,厨房空间的湿度要高得多。另外,还要考虑你所选的装饰是否容易清洁,因为过一段时间,它可能会变得油腻并附着灰尘。

百叶窗

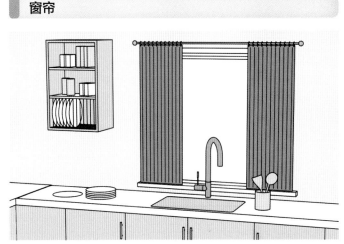

这种百叶窗在厨房装修中比较流行,因为它们安装在窗户之内而且很少留下水渍。选择防霉和容易擦拭的面料,可以选用带图案的装饰性元素或底边造型装饰。

窗帘

如果你想在厨房窗户上安装窗帘,请选择可以机洗的面料,因为厨房窗帘很容易留下气味、污垢和灰尘。如果厨房有两扇窗户,可以为烹饪区选择百叶窗,而为就餐区选择窗帘。

透气窗

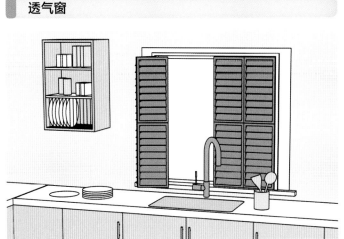

厨房透气窗是非常实用的选择,它可以轻松地擦拭干净。你可以选择全开、平开或咖啡馆风格(只遮挡窗户的下半部分)的透气窗。如果想将光线折射进屋,可以选择白色或灰色木质透气窗。

窗膜

窗膜可以提供完全的私密性却不将所有自然光线都屏蔽掉。窗膜可以按米购买,也可以定制,而且很容易贴到窗玻璃的内侧。如果厨房较小,而你又不追求花哨的窗户装饰,那么窗膜是不错的选择。

厨房空间通常都不会很大，却总能在其中看到家人忙碌的身影，所以需要对窗户做简单装饰。不过这并不意味着窗户必须朴素，我们也可以用带图案和纹理的布料或木料来增添情趣。

百叶窗

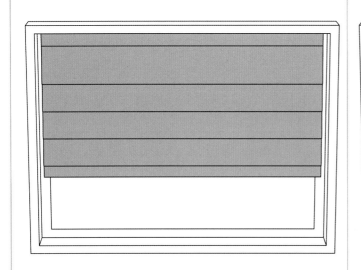

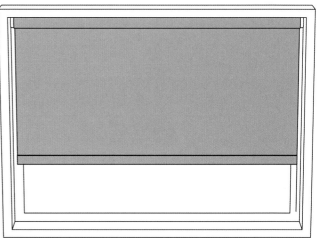

罗马帘

如果你更想强调厨房的温馨氛围，而不是功能性，那么就可以考虑安装罗马帘。这种百叶窗有多种面料，当然你可能更希望使用带图案的罗马帘而不是素色的样式，因为这样一旦沾上污渍也不会太显眼。

卷帘

卷帘比较便宜，对于窗户较宽的厨房是不错的选择。虽然多数成品卷帘也可以剪切后使用，但你也可以找厂家定制，而且如果你擅长 DIY，自己动手安装卷帘也不难。请选择使用防水面料的卷帘。

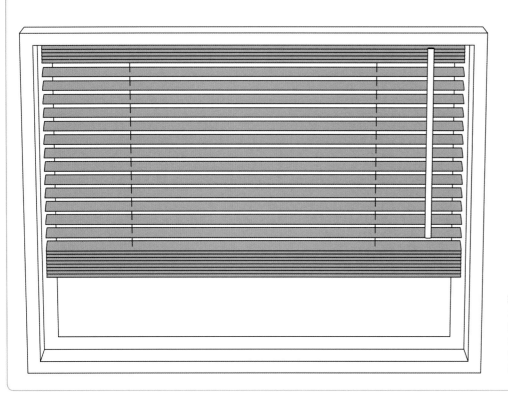

软百叶窗

木质或金属材质的软百叶窗帘很容易清洁，是厨房的理想选择。它们会让你的窗户看起来不拘一格，能够充分体现现代感。软百叶窗的材质有很多种，颜色和百叶板宽度也可选。

窗帘

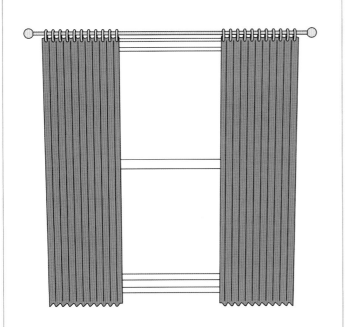

短窗帘

短窗帘采用可水洗棉布制作，非常适合厨房小型内缩窗的需要。选用可洗涤的轻薄面料或可以隐藏尘垢或污迹的带图案的窗帘，要注意这种长度的窗帘可能会给人留下老派的印象，所以你选择面料和图案时需要特别注意。

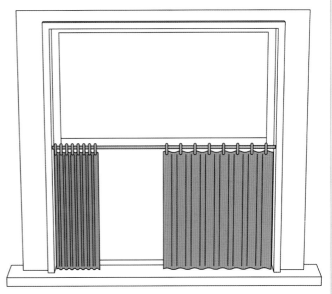

咖啡馆风格窗帘

咖啡馆风格窗帘从一根安装在窗框内侧半幅窗户高度的横杆或窗帘线上垂下，或者与上下两个玻璃窗格中间横框平齐，目的就是遮挡窗户的下半部分，以起到保护隐私的作用，同时允许光线射入并让你欣赏户外的景致。

透气窗

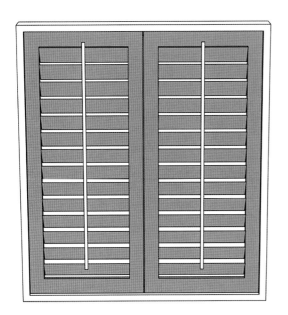

遮光格栅

遮光格栅适合大多数厨房风格，无论是传统还是现代，但这也取决于你选择的木质或油漆表面。如果你的窗户正好在水槽的后面，一定要确保打开格栅时不会磕碰到水龙头。

窗膜

素色或带图案窗膜

如果你倾向于选择窗膜，请考虑是否希望通过某种图案或主题为房间增添一丝情趣，或者你就喜欢素色的窗膜。如果你正在将窗膜与另一种窗饰配合使用，例如窗帘，而后者使用的是带图案的面料，请注意避免两种图案搭配出现不协调的效果。

自己动手制作罗马帘

与厚窗帘或挂帘相比，罗马帘可以让更多的自然光线进入房间，这一点与卷帘类似，但它给窗户带来的装饰效果比简单的卷帘好很多。系在罗马帘背面的绳索和定位杆可以确保窗帘没有展开时可以折叠出整齐的皱褶。

材料准备清单

· 直纹布料
· 衬里材料
· 卷尺和直尺
· 剪刀
· 大头针
· 熨斗
· 尼龙搭扣
· 缝纫机
· 罗马帘套件
· 铅笔或钢笔
· 胶水

1 剪裁面料和衬里材料

1 测量窗户的尺寸，确定成品帘需要多大尺寸。需要确定罗马帘是挂在窗框凹槽的里面还是外面。

2 裁剪主面料，在成品帘尺寸的基础上，长度增加 15 厘米，宽度增加 8 厘米。然后裁剪衬里材料：长度和主面料长度相同（即在成品帘尺寸基础上，长度增加 15 厘米），但宽度应当与成品帘的宽度相同，无须打出余量。

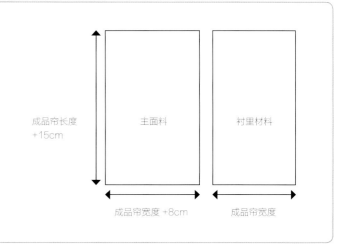

成品帘长度 +15cm　　主面料　　衬里材料

成品帘宽度 +8cm　　成品帘宽度

2 缝上衬里

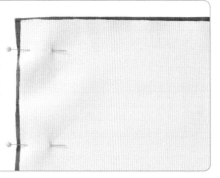

1 将面料正面朝上铺平，然后将衬里盖在上面。将两块面料的两条边对齐并用大头针别在一起（面料要比衬里稍大一些）。

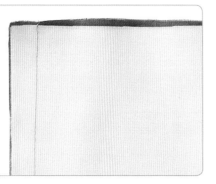

2 将两块面料的竖边缝起来，缝距保留 2 厘米。

3 将缝合后的两块面料由内向外翻转，成为正面朝外的一个圆筒状。将窗帘放在平面上并确认面料的每条边都比衬里长 2 厘米。用熨斗将面料的边缘熨平。

3 缝上尼龙搭扣

1 将窗帘的顶部折叠过来：折边应达到 3 ～ 4 厘米，这取决于尼龙搭扣的宽度。

2 如有必要，修剪布边，抚平表面，然后用熨斗压平折边。

3 将顶角向内折叠成三角形，塞入已压平的折边内，然后用大头针将尼龙搭扣的一半别在面料的折边上。

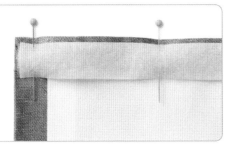

4 将尼龙搭扣缝好。

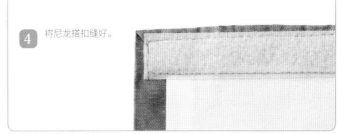

4 缝上条带

1 为了确定在何处缝上条带（也就是定位杆的布套），你需要将窗帘分成若干段。一个使用三根定位杆的窗帘需要分成相同高度的三段，还有一段只有上述段高的一半。你还应当在窗帘的顶部为窗帘盒留出余量。

为了计算条带的位置，首先确定成品帘（参考大步骤 1）的长度。为窗帘盒部分留出 5 厘米。然后将余下的长度数除以 3.5（指三等段加上一个半段；如果你的窗帘设四根定位杆，那就除以 4.5）。

示例（右）显示 110 厘米长窗帘的分段情况。为窗帘盒留出 5 厘米后剩余 105 厘米，再除以 3.5，结果是 30 厘米，这个数据便是每段窗帘的最大长度。

现在你需要为窗帘盒留出 5 厘米余量，所以从窗帘顶部量出 5 厘米，然后往下测量并（用铅笔或钢笔）标出一条 30 厘米的线（第一条带位）。按照 30 厘米间隔再标出另外两条线。一旦缝好底边后，窗帘底部距离最低的条带位（示例中第三条带位）应当是 15 厘米；你现在可以标出成品带的实际底线位置了，不过你应当在制作底摆之前将窗帘在窗前（参考大步骤 5）撑开，模拟悬挂一下以便再次检查这条线是否准确。

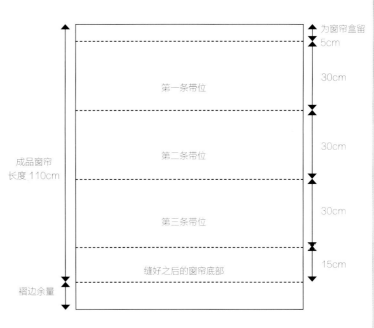

2 用大头针将三根条带分别固定在衬里上的标注点处。

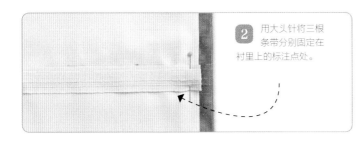

3 将底边折叠过来，使其刚好贴在大头针指示位之下，用熨斗熨平。

5 折叠底部

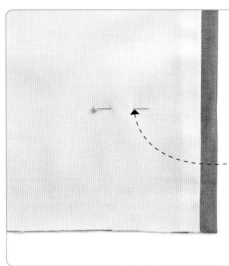

1 将窗帘拿到窗户前撑开,确定底线的具体位置并用大头针标出(如果你在步骤4中标出了底边的位置,而且对该位置经过确认,就不必再做一次)。

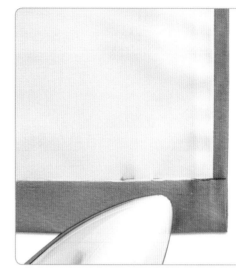

2 将底边折叠过来,使其刚好贴在大头针指示位之下,用熨斗熨平。

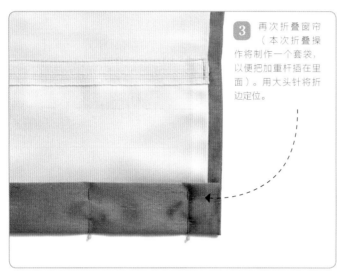

3 再次折叠窗帘(本次折叠操作将制作一个套袋,以便把加重杆插在里面)。用大头针将折边定位。

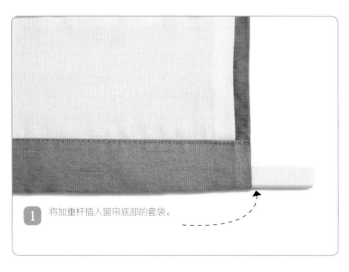

4 缝上折边,侧边留口,以便把加重杆插在里面。

6 插入加重杆和定位杆

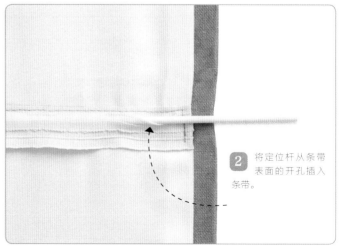

1 将加重杆插入窗帘底部的套袋。

2 将定位杆从条带表面的开孔插入条带。

7 窗帘安装前的准备工作

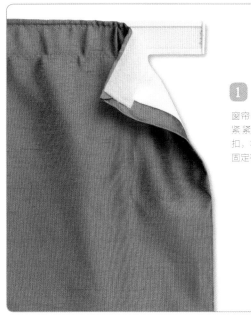

1 先用胶水将另一半尼龙搭扣粘到窗帘固定部件上，然后紧紧按压两条尼龙搭扣，将固定部件和窗帘固定在一起。

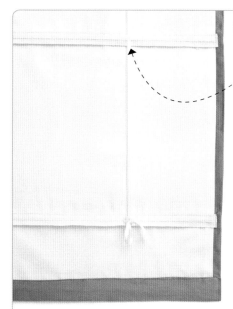

2 用绳索固定窗帘，确保绳索在相同位置穿过每条条带。

8 固定支架

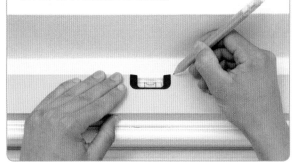

1 为了确定支架在窗户上的安装高度，务必测量好支架在窗帘上的位置，并将这些测量数据转换到窗框上或内缩窗上。借助水平仪，在两个支撑点之间画条直线。

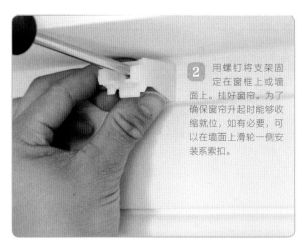

2 用螺钉将支架固定在窗框上或墙面上。挂好窗帘。为了确保窗帘升起时能够收缩就位，如有必要，可以在墙面上滑轮一侧安装系索扣。

16 选择餐桌椅

无论是放在厨房、餐厅里，还是开放式起居空间里，餐桌椅都是不可或缺的家具。仔细考虑一下，你是更倾向于营造其乐融融的温馨环境，还是打造相对宽敞的就餐空间，是想使就餐环境有更多精致的细节和统一和谐的整体感，还是希望在比较放松闲适的环境中就餐。

1 确定餐桌大小

在餐厅里至少要摆一张能满足日常就餐人数的餐桌，而且如果家里经常有客人来访，你还需要考虑为来访的就餐人员留出就餐空间。是否留有临时空间是另一个需要考虑的大问题，尤其是在厨房里，一旦厨房空间被占用，你需要确保周围有足够的空间可用。

2 选择餐桌的形状

餐桌的外形基本只有圆形、椭圆形、正方形和长方形几种。在这几种形状中，通常某一种形状更适合你的就餐空间，但必须考虑就餐人数，以及什么形状的餐桌最能满足这些人的需要。

圆形
圆形餐桌适合以交际为目的的就餐活动，大家围坐在圆形餐桌前，很容易看到彼此、相互交流。你可以围着圆形餐桌设置一定数量的餐椅，这样就不会有人坐在角落里或餐桌的某一端了。

正方形
正方形餐桌最适合方形的房间，因为它们可以充分利用空间。如果在餐桌前就餐的人数通常不超过四个，那么这种等边结构就意味着每位就餐者都有充足的空间，可以自由活动。

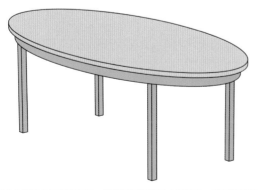

椭圆形
椭圆形餐桌非常适合长方形房间。如果你经常举办大型聚会，或者就餐的人数经常变化，那么主人坐在椭圆形餐桌长轴的一端，招待大家就很方便，而且不会有人坐在角落里。

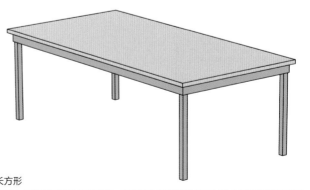

长方形
由于大多数房间都是长方形的，所以这种形状的餐桌可以最大限度地利用空间。你可以根据餐厅的空间选择长宽比例不同的餐桌，即使最小的餐桌也足够保证四个人舒服地就餐。

想让餐厅看起来和谐统一，就请选择与餐桌配套的餐椅。如果你希望就餐氛围相对轻松，那么餐椅不必非要配套，甚至可以尝试有趣、别致的搭配。

扶手椅

如果餐桌周围的空间较为宽敞，扶手椅可以成为餐桌的好搭档。如果空间较紧张，可以只配一两把扶手椅，放在餐桌的两端，并把无扶手餐椅摆放在其他位置。

无扶手餐椅

无扶手餐椅最常见也最实用，它们可以在餐桌四周紧挨着摆放。这种餐椅的尺寸有大有小，而且材质和风格也是多种多样的，所以在准备购买餐椅前，请仔细核对规格。

折叠椅

折叠椅可以在不用时折叠起来存放，如果空间较为局促，那么选用折叠椅就再合适不过了。如果就餐人数超出预计，它们也能派上用场。不过别忘了，存放折叠椅也是需要空间的。

可堆叠餐椅

可堆叠餐椅的好处是不用时可以叠放，只占据一把座椅的地板空间——当然，你也可能只是看中了它们的外观设计，这种餐椅有很多不同的款式。

厨房

65

4 选择材质

虽然你的餐桌和餐椅应该是配套的，或者至少是相配的，但是选择厨房家具时，除了美观，还要考虑是否耐用、价格高低、舒适性如何，以及使用久了是否能增值。

餐桌

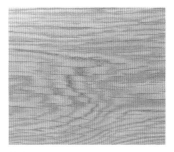

木质
中等价位的实木餐桌十分耐用。即使桌面损坏，经过打磨并重新抛光，仍可以使用如新。作为一种天然材料，实木材质有各种纹理和颜色可供选择。

木纹效果
木纹效果的餐桌能呈现出丰富的纹理，给人的感觉与实木无异。它作为一种经济的选择，造价比实木餐桌低得多，但是耐用程度稍差些。

金属
金属材质的餐桌能够营造出一种现代感，通常会使用金属材质的框架和桌脚，以木质或玻璃作为台面材质；拉丝金属台面则可以营造出工业感。

玻璃
中等价位的玻璃餐桌可以在视觉上使空间得以延伸。就像金属餐桌一样，它通常也是两种材料的组合：钢化玻璃台面配木质或金属材质桌腿。

塑料
塑料餐桌的价格范围很宽。它易于清洗，如果家有儿童，更是不错的选择。透明的亚克力（有机玻璃）餐桌适合成人就餐使用。

餐椅

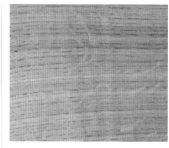

木质
木质餐椅价位适中、实用性强。坐在这种餐椅上时间久了会感觉不舒服，所以在这种餐椅上增加坐垫可能更好。

布面
中等价位的布面餐椅通常会在坐垫和靠背垫中加垫填充物，所以坐上去会感觉很舒服。如果家里有儿童，可以选择皮革面料，或可拆洗面料。

塑料
廉价的塑料材质易于清洗，维护费用很低。不过，长时间坐这种餐椅会让人感觉不舒服。

藤条
藤条编织的餐椅价位适中，能够营造出柔和的田园风格，坐着也很舒服。但是价位太低的藤椅时间久了可能出现损坏的情况。

检查清单

• 餐桌摆放在什么位置，如何使用？如果从餐桌和餐椅与橱柜协调一致的角度看，带就餐区的开放式厨房看上去最漂亮。如果餐桌不只用来吃饭，还有其他用途（例如做作业），那么还要确保餐桌结实耐用。

• 这张餐桌合不合适？用报纸做成餐桌模型，摊在地板上测试一番。在餐桌和任何墙面之间至少留有 60 厘米（最好达到 90 厘米）的间隙。

• 市售餐桌的高度有很多规格，如果你希望单独购买餐椅，请仔细测量各项数据以便获得最合适的高度。

如果厨房或餐厅空间比较紧张，或者并不是每天都能用到大餐桌，那么这种灵活的可伸缩餐桌便可以满足你的需要。此类餐桌款式多样，可以以不同方式展开或缩小，下面列出几种常见的可伸缩餐桌。可伸缩餐桌有各种形状、大小和材质以满足不同使用者的需求，所以选择空间非常大。

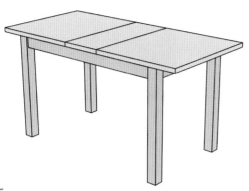

备用桌板

采用相同材质的备用桌面（桌板）可以增加一张餐桌台面的大小。备用桌板在不用时通常隐藏在台面下方。一些餐桌有多块备用桌板，那种带四块备用桌板的餐桌可以变身为具有 16 个餐位的大餐桌。

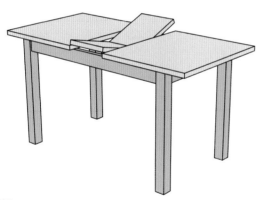

蝴蝶翻板

采用蝴蝶翻板设计的餐桌与带备用桌板的餐桌类似。将餐桌上的两块台板向两侧滑开，便可以看到中间的蝴蝶翻板向上拉起并展开，这样通常可以增加两个餐位。

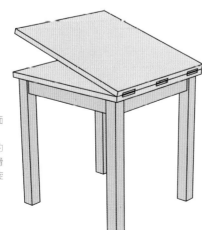

翻转桌面

这种餐桌在展开活动桌面后，表面积可以增加一倍。为了使桌腿依然处在餐桌的中心位置，你或者将桌面滑动到适当位置，或者将其旋转 90°。

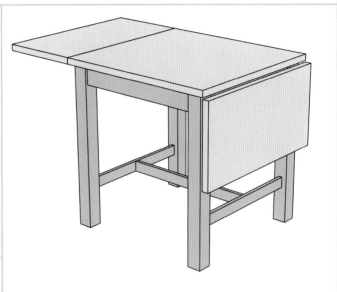

折叠桌板

折叠餐桌的中间有固定的桌板，两侧有两块折叠桌板，可以根据使用者的需求抬起其中一边，或两边都抬起来。折叠桌板由台面下方的支架支撑。这种餐桌通常还有一个隐藏抽屉，可以用来存放餐具。

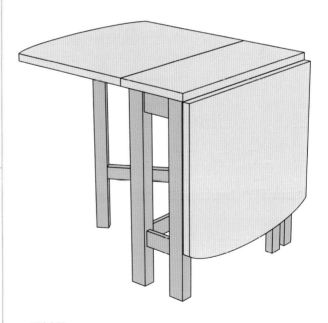

活动桌腿

活动桌腿餐桌是折叠餐桌的一种变体，通过合页连接的桌腿可以像门一样向外打开，从而达到延长桌面的目的，不用时可以把它向下折叠并垂放在侧面。这些活动桌腿非常稳固，所以经扩展后的桌面面积可以相当大，经过这么一变，看上去非常小的餐桌可以变成能供多人就餐的大餐桌。

自己动手制作餐椅坐垫

有没有觉得你的餐椅太朴素了？其实你可以用漂亮的坐垫让餐椅坐上去更舒服些。要让坐垫与整体色调相搭配，并与餐椅结合得更自然，自己动手制作坐垫是个好主意。这些捆绑式坐垫制作起来很简单，看上去又很时尚。

材料准备清单：

· 牛皮纸
· 剪刀
· 大头针
· 彩色面料——使用棉质材料
· 波浪状花边
· 针线
· 缝纫机（可选）
· 喷胶棉
· 包扣（每个坐垫 4 个）
· 包扣安装工具（可选）

1 制作模板

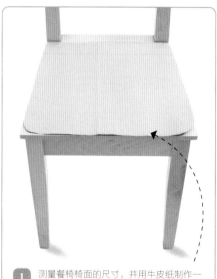

1 测量餐椅椅面的尺寸，并用牛皮纸制作一个模板。将纸样放在椅面上，核对尺寸数据是否准确。如有必要，用剪刀修整。

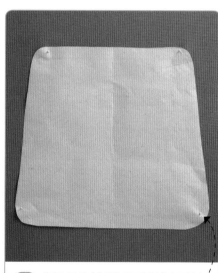

2 将面料对折（这样你便可以裁剪出两块布片），并用大头针将模板靠近面料一端固定好。

2 裁剪面料

围绕模板开始裁剪，每个边至少留出 1 厘米的缝头。在布片折叠的状态下（面料的折边保持竖向），裁出坐垫的绑带：测量并裁出两条 7 厘米宽、20 厘米长的布条。布条展开之后，每根布条的尺寸应为 7 厘米 ×40 厘米。

3 缝上花边

1 将其中一块椅面大小的布片正面朝上，摊放在一个平面上，用大头针将一条波浪状花边沿四边固定好。

2 将波浪状花边缝在布片的四周。

4 制作坐垫绑带

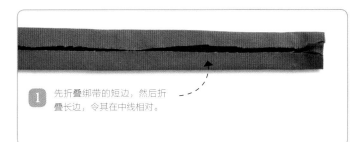

1 先折叠绑带的短边，然后折叠长边，令其在中线相对。

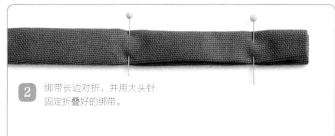

2 绑带长边对折，并用大头针固定折叠好的绑带。

3 沿绑带的外缘缝合，并最终缝制出整齐的包缝。

5 缝合坐垫套

1 将缝制好的绑带对折，并将其固定在布片的上面（有波浪状花边的一面朝上）。绑带的折叠端应当从布片后部的边角附近探出来。用大头针将每根绑带固定在边角处。

2 铺上另一块布片，背面朝上，将波浪状花边和绑带正好盖住，用大头针沿四边将两块布片固定好。

3 将两块布片缝在一起。在坐垫套的一边留口，预留口大小以能将坐垫套轻松向外翻出为宜。

6 填充喷胶棉

1 将坐垫套从预留口由内向外翻出，使正面朝外。

2 为了坐着舒服，可用喷胶棉将坐垫套填满，但注意不要装填过满。

3 用针线将坐垫侧面的预留口缝合。

7 为坐垫增加装饰

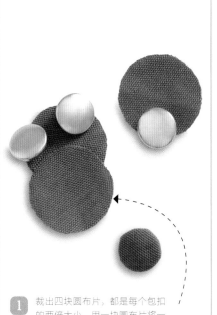

1 裁出四块圆布片，都是每个包扣的两倍大小。用一块圆布片将一个包扣的面扣盖住，折叠圆布片的边缘并塞入半圆头，然后将包扣的底座与半圆头咬合到位，以便绷紧包扣上的圆布片（如有必要，可以使用包扣安装工具）。

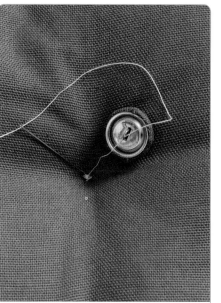

2 四个包扣应等距离安装在坐垫上。用一两个简单的线迹标记每个包扣的位置。然后将每个包扣固定在坐垫上：使用双股线将布片、填充物和包扣背面的纽脚缝在一起。

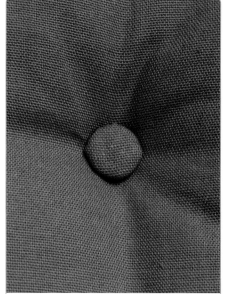

3 在坐垫的背面将固定包扣的缝线打结。每个缝好的包扣都会在坐垫的正面形成好看的凹陷效果。

七招让厨房旧貌换新颜

如果你厌倦了厨房的老样子，可以通过做一些小小的改变（比如更换门上的五金件或者改变墙面的颜色）让它面貌一新。如果你想有一些大变化，还可以搞些更显著的大动作，当然这也需要你付出更多的时间和精力。

打造一面装饰墙

用涂料在一面墙上喷涂出鲜艳的色彩和醒目的图案，或粘贴这种风格的壁纸，能增加厨房的趣味性。

可以选择与墙面色调一致的配饰，来保持装修风格的统一。

更换橱柜门把手

为橱柜门更换新的把手，让橱柜大变样。最简单的方法就是用与已有的柜门安装孔相匹配的把手。

如果新的门把手无法完全遮挡老把手留下的安装孔，可以用适当的填料填平露出来的孔洞，然后用砂纸打磨光滑，最后用油漆掩盖。

更换橱柜门

要获得更具冲击力的改造效果，可以更换橱柜门和抽屉面板，但是要确认新部件的尺寸与橱柜相适。

请确认新柜门的合页位置与原来的位置一致，这样安装新柜门时会比较容易。

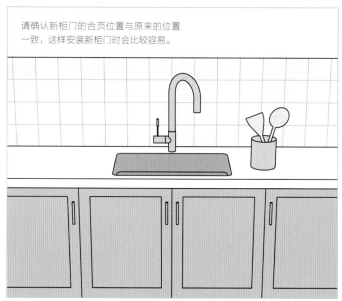

更换挡水板

一块新的挡水板可以给厨房带来醒目的变化，如果新换的挡水板与以前的挡水板材料不同时更是如此。

更换台面

更换台面会让厨房与从前大不一样。只要你的预算足够，就可以随意选择新台面的材料。

如果你现有台面空间适配良好，可以拆下来作为新台面的模板。

修补瓷砖

可以使用不同颜色的瓷砖翻新漆来重新粉刷现有瓷砖，或者用瓷砖装饰贴来改变装饰效果。

如果现有砖缝看上去很脏，可以考虑重新填涂勾缝剂。

更换窗户装饰

用新的百叶窗来让厨房窗户焕然一新。如果你的窗户正对着其他建筑或街道，也可以加贴窗膜。

重新粉刷并包覆餐桌

如果你的餐桌需要翻新，或者看上去单调乏味，需要增加一点儿个性，那么你可以尝试将它翻新并重新刷漆。如果餐桌看上去实在太旧，也可以用油布重新包覆桌面，令其以崭新的形象示人。如果你用的是水性木器漆，可以刷一层丙烯酸清漆或亮光漆以增加耐久性。

材料准备清单：

· 砂纸（中等细度）
· 喷漆除尘布
· 室内木器漆
· 漆刷
· 按尺寸裁剪好的油布（油布各边垂至桌边不超过 3 厘米）
· 熨斗（外加遮盖油布的布料）
· 射钉枪

1 用砂纸打磨餐桌

1 用砂纸轻轻打磨餐桌腿或餐桌框架的边缘以保证木质表面对油漆有足够的吸附力。如果餐桌过于陈旧，选择粗砂纸；如果餐桌较新，则使用细砂纸。

2 用喷漆除尘布擦拭所有用砂纸打磨过的表面，以清除木屑。

2 为餐桌刷漆

1 为桌腿刷第一道漆，注意按照木纹的纹理方向刷。

2 刷桌面以下的框架和边缘。待第一道漆干之后（请阅读油漆说明书），在所有油漆表面刷第二道漆。如果你喜欢拙朴的感觉，也可以不刷第二道漆，只用砂纸轻轻打磨所有油漆表面，营造一种雅致的新复古效果。

3 包覆油布

1 将油布背面朝下在熨衣板上铺开,注意将油布夹在两块布料之间,用熨斗低温熨烫油布,让布面平整,没有褶皱。

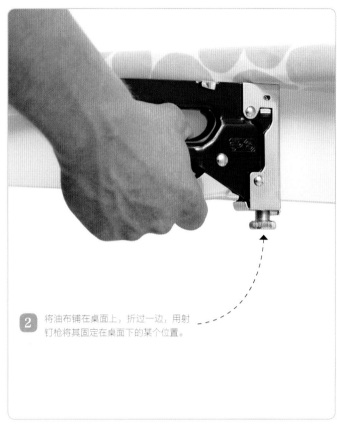

2 将油布铺在桌面上,折过一边,用射钉枪将其固定在桌面下的某个位置。

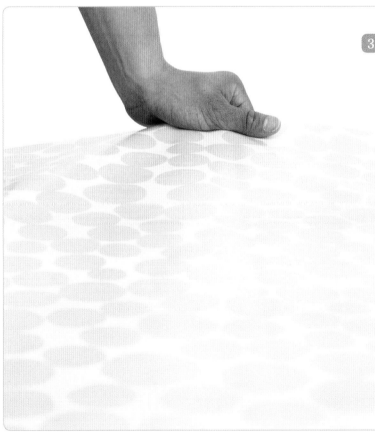

3 移到桌面的对边,向下折叠油布的另一端,稍稍用力将油布拉紧,再用射钉枪固定。

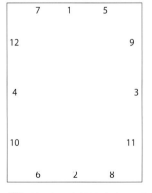

4 按照上图建议的钉紧步骤,将油布的其他部分钉在台面下,只留四角不固定。

4 折叠四角

1 将油布一角对折，呈三角形。

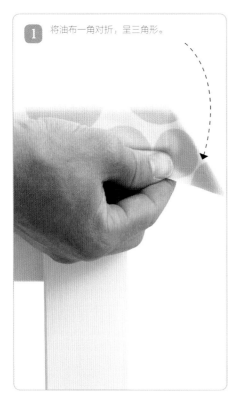

2 将这个三角形折向桌面。

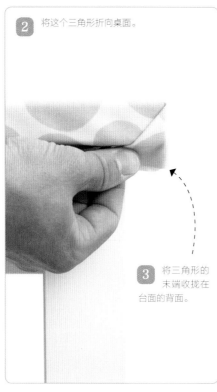

3 将三角形的末端收拢在台面的背面。

4 用射钉枪固定到位。

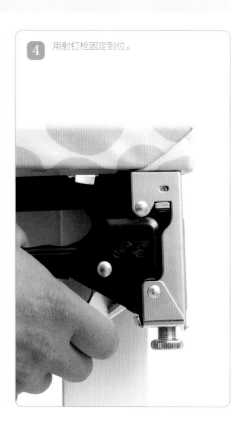

另一种折叠方式

1 你也可以尝试这样做。捏起油布一角的两边，令一边向另一边的内侧折叠，形成一个内凹的三角形状。

2 将这个三角形直接向台面背面折叠。

3 用射钉枪固定到位。

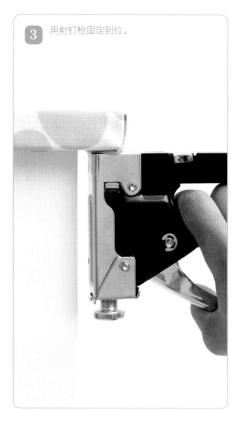

重新粉刷橱柜

如果想更轻松、快速地让厨房焕然一新，可以选择将（木质）橱柜门重新粉刷，并更换新的把手。柜门的粉刷工作更适合使用油性漆，因为厨房家具必须耐磨损；如果你选择用水性木器漆来粉刷橱柜门，那么可以等油性漆干燥后，再涂刷一遍水性清漆。

材料准备清单：

- 螺丝刀
- 木材填料
- 细砂纸
- 喷漆除尘布
- 橱柜门把手
- 铅笔
- 尺子或三角板
- 卷尺（可选）
- 电钻
- 室内木质家具漆
- 漆刷

1 拆下橱柜门

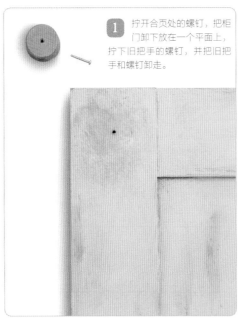

1 拧开合页处的螺钉，把柜门卸下放在一个平面上，拧下旧把手的螺钉，并把旧把手和螺钉卸走。

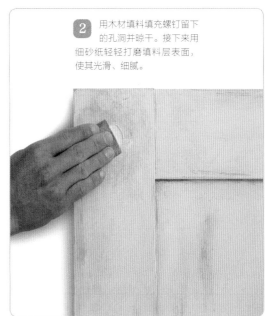

2 用木材填料填充螺钉留下的孔洞并晾干。接下来用细砂纸轻轻打磨填料层表面，使其光滑、细腻。

2 用砂纸打磨柜门

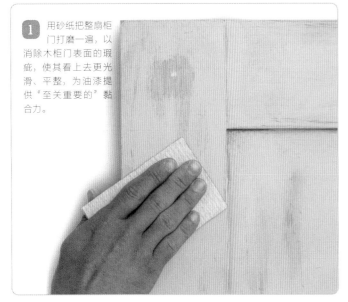

1 用砂纸把整扇柜门打磨一遍，以消除木柜门表面的瑕疵，使其看上去更光滑、平整，为油漆提供"至关重要的"黏合力。

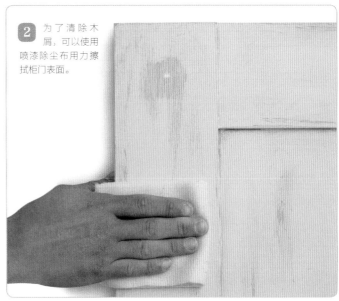

2 为了清除木屑，可以使用喷漆除尘布用力擦拭柜门表面。

1　把新把手紧贴在柜门表面，确定安装位置。

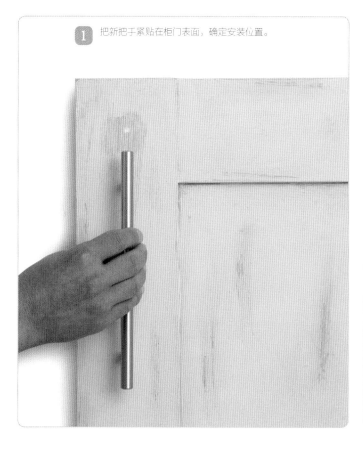

2　用铅笔标出把手的上下安装位。以上述两个点为起点，分别用直尺向门边缘画一条水平线。

3　在两条水平线之间画一条垂直线。使用直尺或卷尺测量从门边到这条垂线上下两个交叉点的距离是否一致，以便确认这是一条直线。

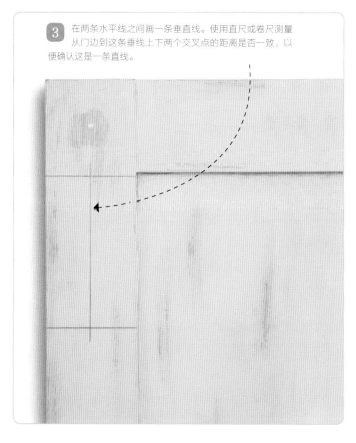

4　在水平线与直线的上下两个交叉点处钻孔。

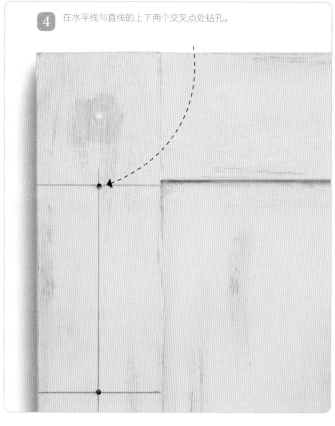

厨房

79

4 刷两道油漆

1 首先沿木质纹理方向粉刷柜门的侧面。

2 如果你的柜门属于夏克风格，接下来可以粉刷门的中间嵌板，确保每个角落都均匀地刷到油漆。

3 随后粉刷上下两处水平边框。

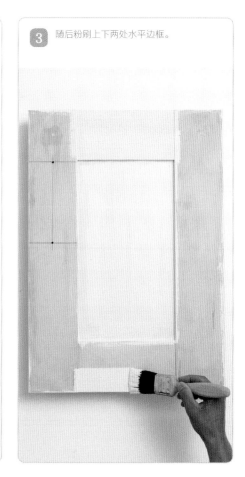

4 最后粉刷垂直方向的边框。这一刷漆顺序可以保证表面整洁并突出木质纹理。在刷第二道油漆之前，必须确认第一道油漆已经干燥。

5 安装把手

使用螺钉和螺丝刀将把手安装在柜门前脸，然后将柜门和橱柜重新用合页组装起来。其他橱柜的柜门和抽屉采用同样的操作。

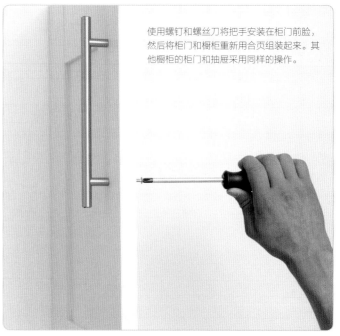

改造前

BATHROOM 卫生间

卫生间翻新指南

要重新装修卫生间，应该先做一个脉络清晰的装修规划，然后按部就班地展开工作。否则你可能发现自己早早就把钱都花完了，或者反复做无用功。如果按照下面的程序进行，便不会遇到这些麻烦。

1 确定预算

对自己的经济状况进行评估，确定自己能拿出多少钱进行卫生间装修，然后把这笔钱的具体支出用途细化，明确把钱花在哪些地方。最好能在预算之外留出10%的资金，以备不时之需。

2 设计平面布局

对整个卫生间的装修做一个设计，包括门窗的位置和污水管的走向。设定哪些是需要改进的地方，然后请水管工帮忙判断设计的可行性，并大致估算出工作量。

3 检查电气线路

在墙面重新抹灰或重贴墙砖之前，你需要确定照明和排气扇的电气线路走向，以及开关的位置。还要考虑你是否希望安装地暖或者加电热毛巾架。

4 预约工人

联系电工和瓦匠（除非你想自己上手），请他们为你的装修项目报价。如果你觉得价格可以接受，而且对他们的能力也很满意，就可以和他们预约工作时间。要确保每个人都有清晰的工作安排，且大家都知道彼此的时间计划。在这个阶段可以请他们给出一些建议，确保他们的工作计划不会影响其他正在进行的工作。

5 下订单

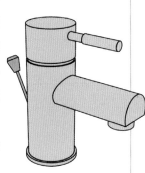

有了以上报价，你现在应该知道能剩下多少钱来购买固定装置及配件。根据你的预算，选择并订购洁具、淋浴、瓷砖和水龙头。记录所有产品的交货日期，要等到所有材料都到达装修现场再安排开始施工。

6 拆除老设施

到这一步就可以拆除旧橱柜、瓷砖、地板和照明了。对在这一步可能出现的隐患要有所预计，做到有备无患。例如地面有可能受潮腐烂。此时那预留的10%的费用就要派上用场了。如果工作进度要推迟，一定要和水管工和电工沟通，并确定新的计划。

7 开始第一阶段安装

现在水管工将开始第一阶段的安装工作了，将浴缸、面盆和马桶的固定管路安装到位。切记要等现有洁具拆除后才能贴瓷砖。在这个阶段，上水需要关闭，施工地面需要保持干燥，所以要对几个小时无水可用的状况有所准备。

8 安装电气线路

电工的第一项安装工作是为卫生间内各种电气设备布线，例如淋浴泵、电动剃刀插座、灯具和排气扇等。他还需要为电热毛巾架或该区域的地热用电设施安装电源插座。

9 墙面抹灰

现在可以进入墙面抹灰工序。除非你在这方面很有经验，否则还是让专业人员来完成吧！开始贴瓷砖之前，要为灰墙留下长达两周的干燥时间。

10 铺地板

接下来开始铺地板。如果你已经决定采用地暖，也可以选择自己安装，但需要请有资质的电工检查并签字。如果你的地板使用多孔瓷砖，请记住除了铺装之外，还有密封工作需要考虑。

11 安装淋浴

如果你要安装淋浴房，那么它周围的墙面在贴瓷砖之前必须使用专业级衬板做好防水。这一步就应完成这项工作，因为在贴砖和填缝之前，墙面需要一定时间才能干透。

12 安排第二阶段安装

在第二个安装阶段，水管工要安装浴缸和淋浴。电工也要回来安装灯具、开关和剃刀插座，所有电气线路都要连接好。

13 贴砖、填缝及组织第三阶段安装

在这一步可以贴砖和填缝了。由于此项工作需要留出干燥时间，所以今后两三天的时间不要指望在卫生间做任何工作。过后水管工会回来安装马桶和面盆。

14 收尾工作

进行最后的装修收尾工作。在房间粉刷（使用防尘布以防涂料飞溅）完成之后，将所有配件安装完毕，例如百叶窗或者手纸盒，并为你的整个工程做最后的补充。

卫生间

85

2 为卫生间准备情绪板

　　在开始重新装修卫生间之前，准备一张情绪板，这不仅可以帮你最终完成整体布局设计，还能助你赋予卫生间独特的风格、个性和色彩；如果没有情绪板，你可能会在选购洁具和瓷砖时忽略对卫生间整体感觉的掌控。下面的内容可以帮助你准备一块极为实用的卫生间情绪板。

1 从书籍、杂志中，甚至网站上找你喜欢的卫生间图片。你可以把这些图片剪下来、彩色复印或打印出来，然后把其中一些最喜欢的图片贴在情绪板上，你可能希望从这些图片中提取不同的元素作为自己的设计灵感。记录下你对当前卫生间不满意的地方，以此提醒自己不要再犯同样的错误。

首先，请考虑你预期中卫生间的风格，比如是现代的极简艺术风格，还是具有时代特征的复古风格。

2 在你的意愿清单中，是否能找到一样你最希望新的卫生间中会有的关键物件，例如独立式浴缸、定制浴房、豪华墙砖，或已经购置的装饰感面盆？利用这个物件作为其他部分设计的灵感之源。

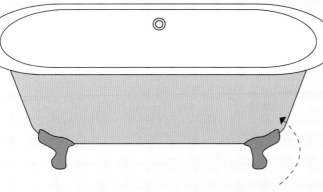

你最喜欢的关键物件有可能影响卫生间的整体风格：或传统或现代。

3 在选择洁具时，可以先确定浴缸的款式，这会帮你确定马桶、面盆、水龙头和淋浴房的形状及表面材料。在你形成最终设计规划之前，需要先将这些元素确定下来。

把你喜欢的洁具图片粘贴在情绪板上，它们可以在你构思设想时为你提供参考。

4 为卫生间选择基础色：如果你计划在卫生间多数墙面上贴瓷砖，那么请先选购瓷砖，因为瓷砖会对整个卫生间的色调产生重要影响。你需要考虑的主要问题是要让卫生间看上去非常宽敞、明亮，这样当使用者化妆或剃须时才能看得清楚。如果卫生间采光很好或者安装有高效照明灯具，就可以选择颜色较深的墙砖或油漆。

在情绪板上贴一块瓷砖样品，或者一张瓷砖的图片，作为参考颜色。

为不贴瓷砖的墙面选择适当的颜色，从中性、同色调或对比色调中选一种。

购买毛巾时，也可挑选主色调的重点色，或具有对比色的毛巾。

挑出两到三种颜色作为你的选项。

5 在卫生间里加入重点色，不过不必搞得太过复杂。重点色以两种为宜，不要多于三种——第三种颜色可以是一块擦脸毛巾，也可以是一排漂亮的沐浴瓶。利用砖样、漆样和地板样品来调试配色比例，这样比较直观。

6 储物功能是必须考虑的问题，不管卫生间里是有独立式家具或定制家具，还是只有收纳盒。请记住，任何镜面或反射表面都会让你的空间显得宽敞些。形状和大小也很重要：考虑清楚你喜欢的物件放在卫生间里看上去是否和谐、舒适。

条筐可以用来存放干净的毛巾和卫浴用品，以及要洗的脏衣服。

情绪板会帮你选择配件的颜色。

7 为卫生间增加最后的补充装饰，例如浴巾、装饰画和防滑垫。这些项目不需要与你的装修主题精确匹配，但它们能够提升卫生间的整体品位并提亮重点区域，例如前卫的面盆或淋浴。这些元素将为卫生间的装修成功起到一锤定音的作用，而且情绪板将帮助你用这些装饰元素画龙点睛。

3 卫生间布局要点

卫生间的设计需要特别用心，所以在想好你对卫生间的设计有什么特殊的喜好之前，请先把下面这些问题考虑清楚：卫生间主要会被怎样使用？哪些物件能帮助卫生间最好地发挥功能？卫生间的使用者会有两人以上吗？需要为安装双面盆预留出空间吗？需要安装独立淋浴间吗？如何让卫生间充分满足每位使用者的需求？

浴缸

安排卫生间的平面布局时要首先设计浴缸周围的功能区，因为浴缸是卫生间内最大的物件，所以通常来说，浴缸的安装位置没有太多选择。如果空间比较局促，可以考虑将浴缸贴墙安装，最好置于一个角落。如果卫生间的空间很大，可以考虑安装独立式浴缸，但首先必须经水管工确认，安装独立式浴缸不会存在排水问题。同时，还要考虑浴缸水龙头的安装位置，比如独立式浴缸通常不需要安装水龙头，因此水龙头需要安装在墙面上，或采用"落地式"水龙头。如果浴缸上方还有配套的淋浴，那么浴缸应当贴墙安装，并设置浴帘以防止溅水。

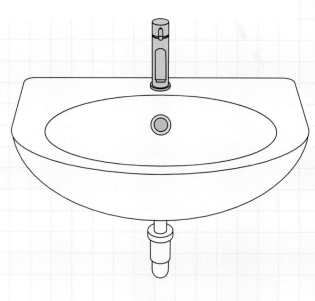

面盆

原则上，面盆应当安装在马桶旁，它所背靠的应当是实体墙而不是窗户，这样你才能在其上方安装洗脸镜。在选择面盆并为其确定最佳位置之前，最好能想想如何设置储物空间。如果储物空间紧张，可以考虑安装带嵌入式或平放式面盆的卫生间柜、置物架或储物柜，而不是选择简单的立柱盆。这种选择可能会影响整个卫生间的布局，所以首先要仔细核对卫生间柜的尺寸，以确认它符合卫生间装修计划的要求。

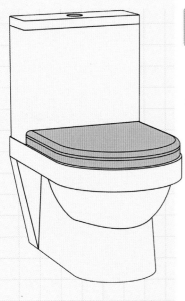

马桶

　　一般来说，马桶的最佳安装位置是紧贴或临近外墙。因为这样排水系统设计起来更简单，而且通常这也意味着马桶位于窗台或排气扇下方。为了使用方便，它也应当正对或紧挨着面盆。如果马桶临近外墙，要注意尽量避免粗大的污水管影响观瞻，应当对其做隐蔽处理，可利用这种隐蔽处理创造一些小型储物空间。至于洁具的选择，市场上出售的马桶有各种配置和大小，所以如果空间比较局促，那就一定要多跑几家商店，认真核对规格，然后再做决定。

收纳柜

　　卫生间的储藏空间越多越好。像卫生间用品架、毛巾架和衣物挂钩这样的物件应设置在浴缸或淋浴附近。和堆放干净毛巾的搁板一样，存放化妆品、药品和清洁用品的吊柜也很有用。还可以充分利用浴缸护板后面的空间，通过一个小门很方便地存取物品。为了营造出和谐统一的外观，可以选择面盆下方带有充足储藏空间的卫生间柜或储物柜。

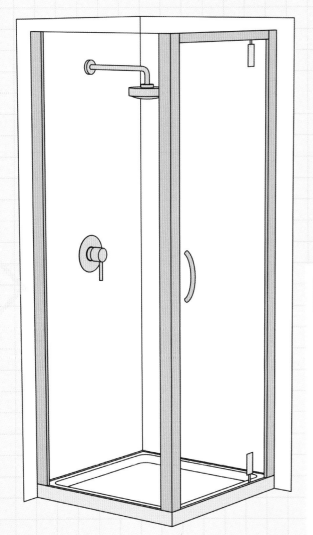

淋浴

　　如果这是家里唯一的卫生间，而且空间够大，那么可以考虑安装独立淋浴。为了让空间看上去整齐统一，也为了上下水管路安装简便，可以将淋浴安装在浴缸的同侧墙面，并选择与浴缸相同深度的淋浴盆。如果你仍有多余空间，那么安装一套步入式淋浴房则显得更有档次。如果卫生间的天花板是坡面，可以将淋浴安装在卫生间举架最高的区域（要考虑淋浴盆的高度）。

4 选择浴缸

选择浴缸时，首先要考虑空间的大小，以及浴缸的功能——你是喜欢多花点时间泡澡，还是宁愿冲个淋浴了事？同时还要考虑实际效果：比较深的浴缸看上去可能豪华些，但要花更长时间才能把水注满，而且重量比常规浴缸重很多。

1 选择形状

你选择的浴缸的形状取决于卫生间的大小和空间比例。例如，结构不规整的卫生间可能最适合安装角式浴缸，而有一些卫生间只适合安装长方形浴缸。

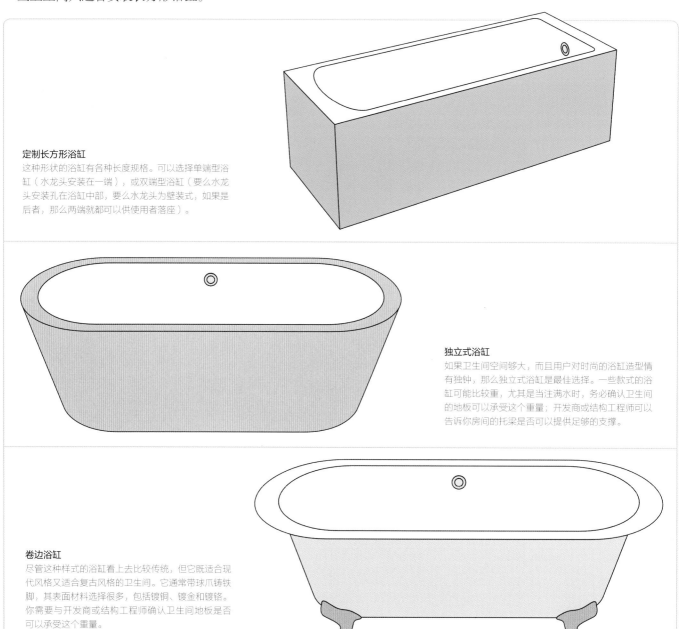

定制长方形浴缸
这种形状的浴缸有各种长度规格。可以选择单端型浴缸（水龙头安装在一端），或双端型浴缸（要么水龙头安装孔在浴缸中部，要么水龙头为壁装式，如果是后者，那么两端就都可以供使用者落座）。

独立式浴缸
如果卫生间空间够大，而且用户对时尚的浴缸造型情有独钟，那么独立式浴缸是最佳选择。一些款式的浴缸可能比较重，尤其是当注满水时，务必确认卫生间的地板可以承受这个重量；开发商或结构工程师可以告诉你房间的托梁是否可以提供足够的支撑。

卷边浴缸
尽管这种样式的浴缸看上去比较传统，但它既适合现代风格又适合复古风格的卫生间。它通常带球爪铸铁脚，其表面材料选择很多，包括镀铜、镀金和镀铬。你需要与开发商或结构工程师确认卫生间地板是否可以承受这个重量。

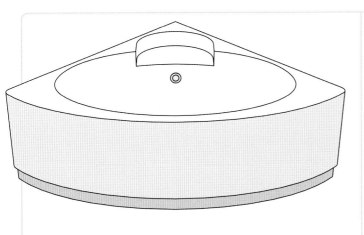

角式浴缸

这种形状的浴缸非常适合正方形的小房间，它不必像其他浴缸那样贴着一段较长的墙面安装。不过，三角形的造型意味着会占据更多的地板空间，比标准浴缸使用更多的水，而且用户不能舒服地躺在浴缸里。

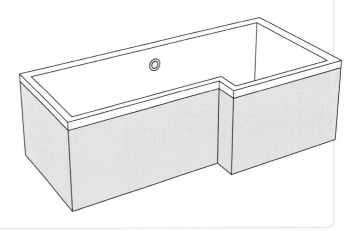

带淋浴浴缸

如果你希望在浴缸上附带淋浴，请考虑这种提供额外淋浴空间的浴缸。此类浴缸为了让一端更宽敞些通常整体呈 L 形或者弓形。

2 选择材质

如果你希望浴缸看上去更时尚，可以从材质的挑选上入手，选择一种引人注目、与众不同并符合自己预算的材质。如果在你的选购清单中实用性和低预算是主要考虑的因素，那么可以选择那种样子好看但材质较为便宜的浴缸。

亚克力

亚克力浴缸是很常见也很便宜的选择，它触感温和、质轻而且耐用，可以制成各种形状和大小。

钢

沉重的钢浴缸经久耐用、价格适中，通常只有长方形可供选择。它的搪瓷表面耐冲击、耐刮擦并耐酸腐蚀。

铸铁

中等价位的铸铁浴缸体形笨重，但强度特别高，不过缸中热水可能会凉得较快。这种材质也很耐用，既耐冲击也耐摩擦。

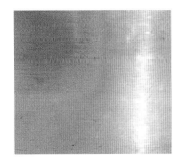

铜

虽然铜浴缸价格很高，但它的时尚感却令人无法抵挡。注入热水时，浴缸升温迅速，而且水温保持的时间更长。

木

这种浴缸造价很高，通常选用木纹漂亮的原材，如水曲柳、胡桃木、柚木和绿柄桑木，它涂有一道面漆，可以强化浴缸的结构并保持始终光亮如新的外表。

复合材料

这种浴缸造价较高，通常使用石材和树脂的复合材料，非常坚硬且耐磨，而且可以铸成任何形状。同时有各种颜色可供选择。

漩涡式浴缸和水疗（SPA）浴缸

如果你正准备换浴缸，可以考虑选购带漩涡水流和 SPA 系统的浴缸（或二者均带，统称"水疗系统"）。

SPA 浴缸

SPA 浴缸的底部有隐藏式喷嘴；通过喷嘴鼓出的气泡涌入水中，营造出轻柔且泡沫丰富的按摩效果。

漩涡式浴缸

在漩涡式浴缸的四周设有喷嘴。通过高功率水泵（通常安装在浴缸底部）推动一股混合有空气的水流从喷嘴喷出，营造出令人舒爽的按摩效果——可以通过涡轮控制或电子元件控制。

漩涡式浴缸很容易清洁，因为清洁方案可以通过管路实施（很多 SPA 系统只能采用长时间浸泡清洗方案实施清洁过程）。

只要上下水管路已经安装就位，漩涡式浴缸的安装就和普通浴缸一样简单。不过电源开关箱必须由有资质的电工安装。

5 选择淋浴

选择合适的淋浴非常重要，冲个淋浴，能让你精神饱满地开始新的一天，或者彻底洗去一天的疲乏，完全放松下来。要对卫生间的空间充分考虑，在选择之前仔细权衡，做出最终决定前，别忘了检查你选的淋浴与卫生间的供水系统是否匹配。

1 选择淋浴空间的形式

可以通过很多种方式打造一个时尚且实用的淋浴区。依空间大小的不同，除了在浴缸上安装淋浴之外，你还可以安装淋浴房、步入式淋浴间或创建一个专用淋浴区。

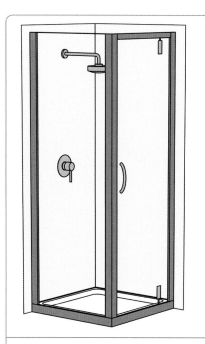

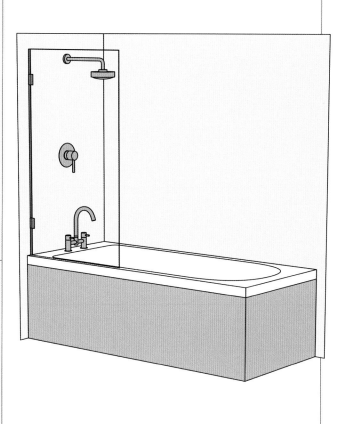

淋浴房
在使用淋浴房的卫生间中，淋浴器与浴缸是互相独立的，淋浴盆和淋浴房的结构通常都是最简单的，而且也是性价比很高的一种方式。对于整体卫浴或第二卫生间而言，这种独立的、不用浴缸的沐浴方式是很不错的选择，但如果是拆除家里唯一的浴缸，转而安装一套独立的淋浴房，就不算什么明智的选择了。

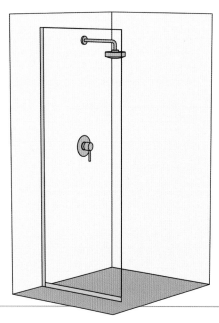

淋浴区
步入式淋浴间和淋浴区适合较大的卫生间，而且看上去充满现代感和时尚感，而且非常宽敞，近年来，步入式淋浴区已经成为非常受欢迎的选择。淋浴区需要安装在一个凹槽中，并将地漏安装在带坡度的地面上。

带淋浴的浴缸
如果你的卫生间不太大，没有空间安装独立的淋浴，就需要将其安装在浴缸上方，并增加一道浴帘或屏风。可以考虑将浴缸更换为带淋浴的弓形或 L 形，这样站在花洒下就可以有更大的活动空间。

虽然淋浴区需要根据卫生间空间的大小定制安装，但淋浴房还是有不同的形状和大小可供选择的。以下是主要的备选类型。（如果要把淋浴区和浴缸结合在一起，请参考第 90 ~ 92 页对这两种浴缸形式所做的介绍。）

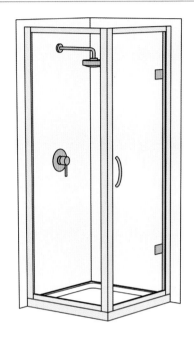

正方形
正方形的淋浴间属于通用型，因为这样的淋浴间既可以安装在角落、墙边，也可以放在大卫生间的中间。正方形淋浴间有不同的大小可供选择，不过为了淋浴时不感觉那么局促，最好根据卫生间的实际情况尽可能安装大的淋浴间。

长方形
如果卫生间能留出稍大些的空间，那么长方形的淋浴间便是最完美的选择。此类淋浴间的好处在于洗淋浴时活动空间较大。就像正方形淋浴间一样，长方形淋浴间也有很多规格。

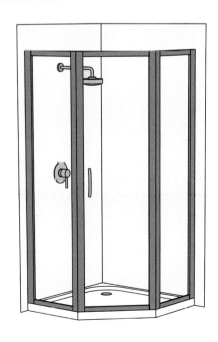

五边形
这种类型的淋浴间基本形状还是属于正方形，只是其中一个角被去掉了。这是一种节省空间的方案，适合较小的卫生间。它的设计初衷是充分利用卫生间的角落，最大限度地减少对地板空间的占用。

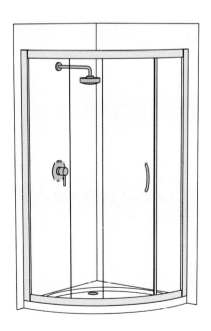

圆弧形
这种类型的淋浴间适合紧凑的区域，轮廓呈弧形，没有棱角。与之相匹配的是弧形的浴屏，而浴屏和淋浴间共同组成卫生间的一个亮点。滑动式圆弧形淋浴间能比普通的圆弧形淋浴间的淋浴空间大一些。

3 **选择浴屏**

浴屏能够防止在淋浴时将周围区域弄湿，也能令卫生间看起来更雅致。洗浴区域最终呈现的效果主要由所购置的配件来决定，但其中仍有一些细节需要特别考虑。

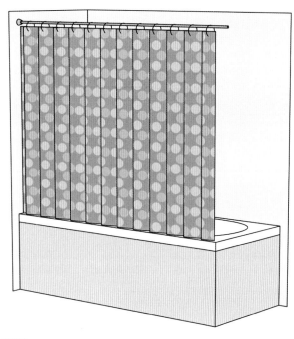

淋浴帘

淋浴帘悬挂在浴缸的上方，它可以挂在直杆、L形杆或环形杆的吊环上。浴帘通常以聚酯或PVC为材质，价格便宜，而且有丰富的颜色和图案。某些规格的浴帘是两层的，通常使用非常漂亮的面料，可悬挂在浴缸外面。

浴缸屏风

透明的屏风安装在浴缸一端的墙面上，与淋浴在同一侧，并沿浴缸长度方向延伸，抵挡淋浴水流的冲刷。它的材质是钢化玻璃，可以是直板状，也可以是曲面，采用合页连接，易于清洁。还有折叠屏风可供选择。

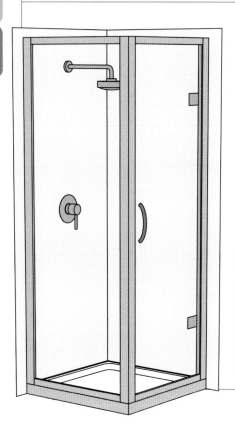

淋浴门

有几种类型的门可供淋浴房使用。对于通过枢轴和合页连接的门，设计时需要在门前预留一定的开关空间，而滑动门和折叠门可以向内折叠，所以比较适合小卫生间。如果你更喜欢现代风格，可以考虑无框样式。

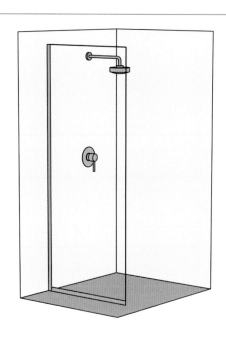

淋浴屏

把固定式标准高度直板或曲面玻璃屏风（或二者的组合样式）用于淋浴区或步入式淋浴间会为卫生间带来时尚感。如果想在卫生间里创造出巧妙但又不张扬的效果，可以采用光亮的无框设计镀铬连接件。

卫生间

94

4 选择花洒

你选择什么样的花洒主要取决于个人的喜好，但还是得考虑都有谁会使用这套淋浴，他们都会需要什么样的花洒，还有你希望淋浴房是什么样的，空间多大等因素。

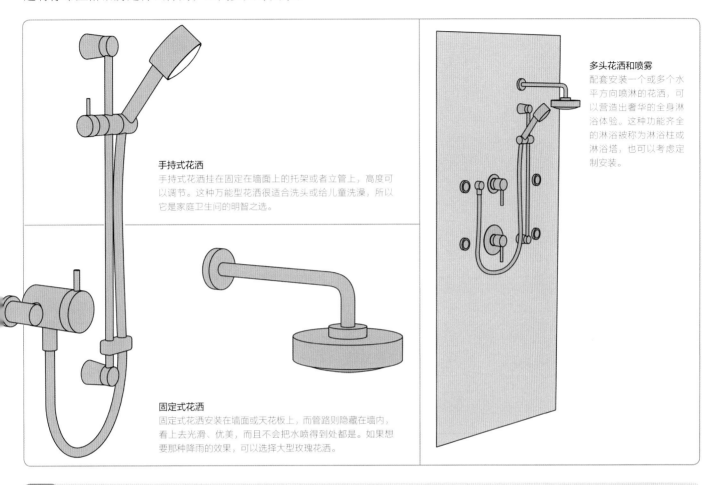

手持式花洒
手持式花洒挂在固定在墙面上的托架或者立管上，高度可以调节。这种万能型花洒很适合洗头或给儿童洗澡，所以它是家庭卫生间的明智之选。

固定式花洒
固定式花洒安装在墙面或天花板上，而管路则隐藏在墙内，看上去光滑、优美，而且不会把水喷得到处都是。如果想要那种降雨的效果，可以选择大型玫瑰花洒。

多头花洒和喷雾
配套安装一个或多个水平方向喷淋的花洒，可以营造出奢华的全身淋浴体验。这种功能齐全的淋浴被称为淋浴柱或淋浴塔，也可以考虑定制安装。

5 选择水阀

除了在球形阀、柄形阀的选择上需要花些心思之外，选择混水阀调节淋浴水流和水温时，有两个问题必须考虑清楚：混水阀是暗装还是明装？水温的调节是使用手动方式还是恒温方式？

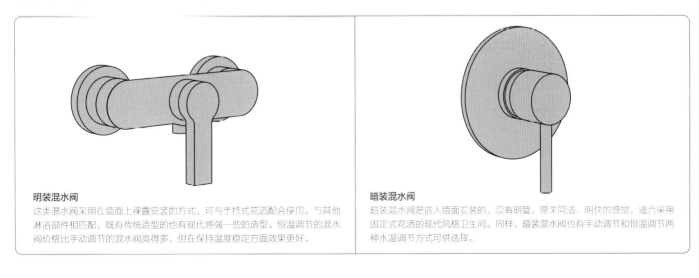

明装混水阀
这类混水阀采用在墙面上裸露安装的方式，可与手持式花洒配合使用。与其他淋浴部件相匹配，既有传统造型的也有现代感强一些的造型。恒温调节的混水阀价格比手动调节的混水阀高得多，但在保持温度稳定方面效果更好。

暗装混水阀
暗装混水阀是嵌入墙面安装的，没有明管，带来简洁、明快的感觉，适合采用固定式花洒的现代风格卫生间。同样，暗装混水阀也有手动调节和恒温调节两种水温调节方式可供选择。

6 选择卫生间面盆

卫生间的大小和洁具套组可能已经对面盆的选择产生了限制，但面盆的造型和风格如此多样，究竟应该从哪里开始考虑呢？我们建议将比较实际的问题放在首位考虑，比如，是否需要储藏空间，同时会有多少人使用卫生间，以及每个人喜欢的造型样式等。

选择类型

以下这几种面盆的基本类型有多种造型，有方方正正的现代风格造型，也有传统的柔美流线造型。面盆的大小也是各不相同，有适合全家使用的大面盆，也有当空间有限时非常讨巧的小面盆。

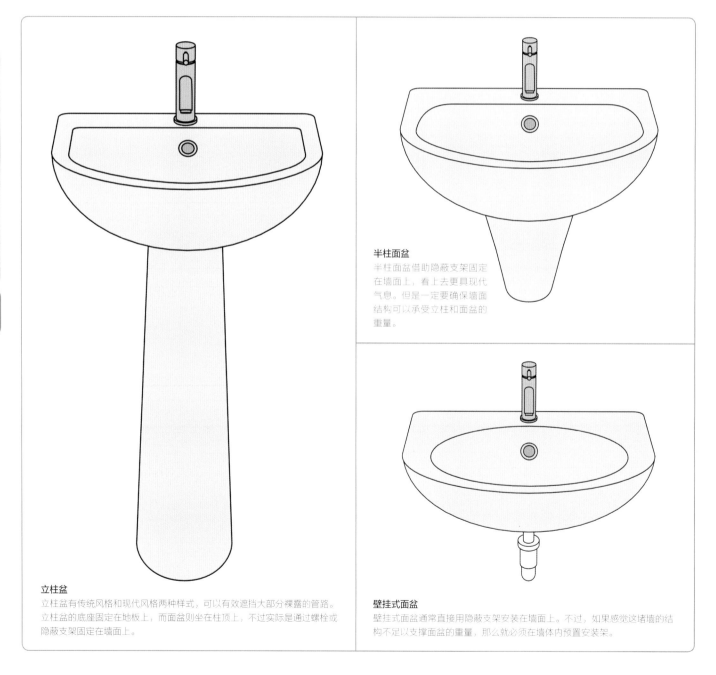

半柱面盆
半柱面盆借助隐蔽支架固定在墙面上，看上去更具现代气息。但是一定要确保墙面结构可以承受立柱和面盆的重量。

立柱盆
立柱盆有传统风格和现代风格两种样式，可以有效遮挡大部分裸露的管路。立柱盆的底座固定在地板上，而面盆则坐在柱顶上，不过实际是通过螺栓或隐蔽支架固定在墙面上。

壁挂式面盆
壁挂式面盆通常直接用隐蔽支架安装在墙面上。不过，如果感觉这堵墙的结构不足以支撑面盆的重量，那么就必须在墙体内预置安装架。

卫生间

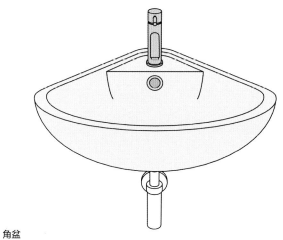

角盆

如果卫生间的空间有限，那么角盆就是一个很好的选择，因为它的形状让它可以安装在房间的角落里，几乎不占用地板空间。尽管可能有一些角盆带有立柱，但大部分角盆都是壁挂式的。

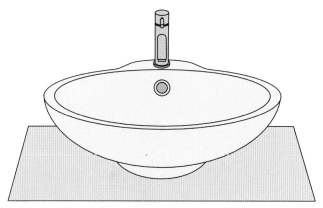

台面安装面盆

这种样式的面盆安装在台面上——可以是储物柜、小桌或定制的卫生间柜的台面。这种面盆有多种造型样式，例如圆形、椭圆形和长方形，材质也很多样，如陶瓷、玻璃和天然石材等。

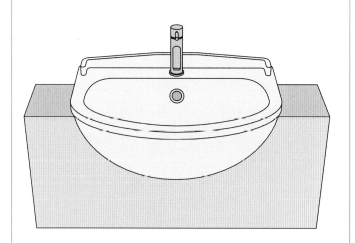

半嵌入式面盆

半嵌入式面盆占据的台面空间最小，比较适合小卫生间。它最初是被设计安装在修长的台面或储物柜上预留的空腔内，而面盆的前脸则悬仕台面之外。

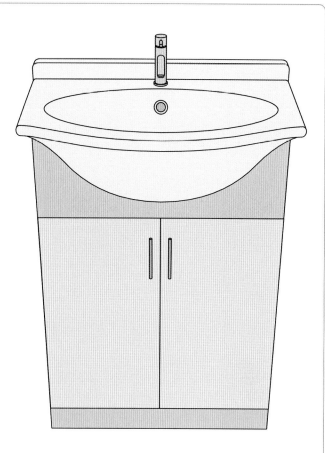

卫生间柜

卫生间柜位于嵌入式面盆的下方，可以起到立柱的作用，同时还提供带一两个柜门的储物柜或抽屉柜的储藏空间。卫生间柜的材质和款式多样，安装方式，既可以选择落地安装也可以选择使用壁挂模式。

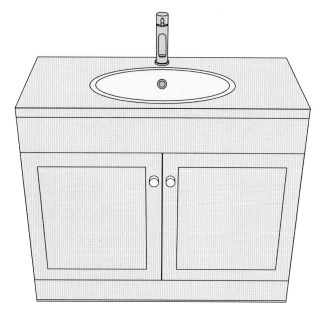

定制面盆柜

定制面盆柜通常会充分利用卫生间的空间。这种类型的面盆在设计上很像卫生间柜，可以安装在柜子的台面上或者嵌入台面。

7 选择卫生间水龙头

在选择卫生间的水龙头时，造型风格只是需要考虑的诸多因素之一。首先一定要确认所选择的水龙头与供水系统（标准供水压力可以满足大多数现代水龙头的要求，不过有些水龙头需要的水压较高）以及面盆或浴缸相匹配。

1 选择水龙头的类型

在根据自身需求选择水龙头的类型之前，要先确定水龙头是否必须（或者你是否希望将其）安装在浴缸或面盆、台面或者墙面上。（如果面盆或浴缸有预留孔，就比较容易做出选择。）

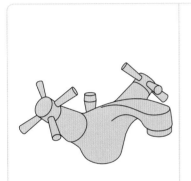

冷热水混合水龙头

这种水龙头内部可将冷热水相混合，而且水温可以通过独立的控制系统调节，这一特点使其非常适合家庭卫生间使用。

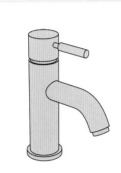

单把水龙头

单把水龙头只需用一个水龙头和一个手柄便可以控制水温和水流，操作很方便，看起来也很简洁。

立柱式水龙头

一对带十字头或杆式手柄的立柱式水龙头可以各自单独提供冷热水（但是如果家中有儿童，这种水龙头可能有安全隐患）。

壁装式水龙头

壁装式水龙头非常适合双端型浴缸（但必须隐蔽安装管路）。请检查水龙头的长度和位置是否适合你的浴缸或面盆。

卫生间

98

2 选择表面材料

卫生间水龙头的表面材质种类很多，选择什么材质的水龙头要受几个因素的影响：面盆或浴缸的颜色、卫生间里的其他元素，以及你是更喜欢光滑、闪亮的材质，还是亚光材质。

镀铬

闪亮的镀铬材质既适合现代风格也适合传统风格的卫生间，易清洁，但留下的水渍会比较明显。各种价位均有。

镀金效果

这种材质的水龙头属于中高价位，通常与传统风格搭配，可平添一丝奢华感。如果与温润的天然石材墙砖搭配，效果更好。

金属拉丝

金属拉丝材质的水龙头最适合现代风格卫生间，也不易留下水渍，特别适合水质偏硬的地区。

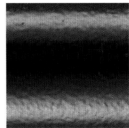

铜粉末涂层

黑色的水龙头搭配黑色的面盆效果十分引人注目。这种水龙头的表面材质使用铜粉末涂层，与镀铬手柄或其他部件十分搭配，价格有高低之别。

黑古铜

黑古铜表面材质的水龙头价位差别很大。随着时间的推移，涂层下面的黄铜会逐渐显露出来，营造出一种古旧的表面效果。

8 选择马桶

虽然马桶并不是卫生间的焦点，但是马桶的设计也是需要特别重视的。选择一款合适的马桶，能帮助你保持整个卫生间装修效果统一，能为你节省宝贵的空间，还能让你在做清洁工作时少花力气，降低用水量。

选择类型

选择一款合适的马桶，首先要考虑卫生间的整体风格是现代感强一些，还是走传统路线。然后，还需要考虑马桶的安装位置，以及你更喜欢一体式马桶还是分体式马桶。

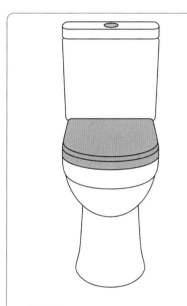

一体式马桶
这种马桶通常不贵，容易安装，而且与其他款式比起来，它的管路隐蔽效果更好。连在一体式马桶座后边的水箱固定在墙面上，而马桶座直接安装在地板上。冲水按钮设在水箱顶部。

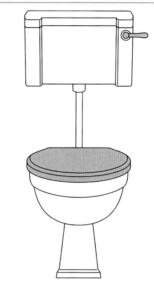

分体式马桶
这种马桶座属于传统款式，马桶座安装在地板上，与之分离的水箱则固定在墙上，两部件之间距离很短，通过一段冲水短管相连。冲水手柄设在水箱上，这是一种十分经典的样式。

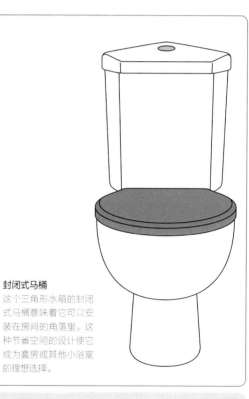

封闭式马桶
这个三角形水箱的封闭式马桶意味着它可以安装在房间的角落里。这种节省空间的设计使它成为套房或其他小浴室的理想选择。

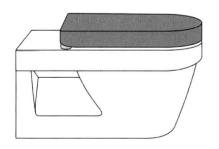

隐蔽水箱马桶
这种时尚、易清洁的一体式马桶的水箱隐藏在隔墙后面或者一个特型柜内，如果卫生间空间有限，那么这种马桶不失为一种极佳选择。隐蔽水箱马桶有壁装型（首先要与开发商确认墙面是否可以提供足够的支撑力）和接地型两种形式可供选择。

净身器

净身器
净身器也有现代和传统两种风格，并有落地式、壁挂式和抵墙式等多种样式。净身器在欧洲很常见，但中国国内较少见，如果家中有儿童或老人，当日常使用浴缸或淋浴出现不便时，它还是值得考虑的。净身器最好紧靠马桶安装。

卫生间

99

9 选择地面

在装修卫生间的过程中，各种问题千头万绪，其中最需要花心思的问题之一就是选择什么样的地面。卫生间的地面不仅要美观，还应当防滑、耐用、容易清洁，光脚走在上面舒服、自然，而且尤为重要的是要防潮、防湿。

1 选择样式

木地板、地砖和无缝地坪都可以营造现代风格，而前两种更适合复古风格的卫生间。地砖和无缝地坪的防潮效果较好；木地板防水性不佳，但如果你非常喜欢木地板，也可以将其用于卫生间地面。

地砖

地砖可以使用很多材质，包括瓷砖、陶砖和 PVC 砖，颜色和尺寸的选择也很多。尽管地砖看上去是很合理的选择，但由于其质地坚硬且触感冰凉，所以铺地砖的卫生间最好使用地暖。

无缝地坪

PVC 和橡胶地板是卫生间常用的无缝地坪材质，另外，树脂浇筑地坪也是不错的选择。无缝地坪适合较为狭小的空间，由于没有接缝，所以看上去很整洁。不过，如果一处受损，整张地坪都需更换。

木地板

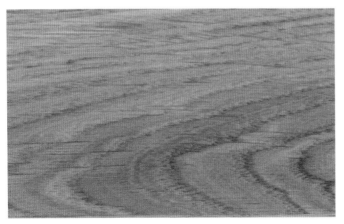

木地板的颜色和纹理会为时尚感较强的卫生间营造一种温馨的感觉。如果家里的其他房间也使用木地板，那么用木地板作为地面也会令卫生间与家里其他部分的风格更加统一。如果卫生间湿度大，那么最好不要使用实木地板，应选择复合地板、实木复合地板或者类似 PVC 材质的地板。

检查清单

- 如果你要在卫生间里铺装地砖，可以将其直接铺在水泥地面或现有地砖上（在确定现有地砖完好、平整的情况下），但请注意，这样做会像安装地暖一样明显抬高地板的高度。你可能需要拆掉卫生间的门，刨去门底部一定的厚度，再把门重新安装上去。

- 在铺装木地板前，必须有底层地板打底。最简单的方法就是先铺装一层防水胶合板。

- 确保木地板或地砖之间的任何缝隙都要做好密封防水处理，以避免水渗漏到楼下去。

2 选择材质

你是更喜欢地砖这样的传统风格地面，还是更喜欢像 PVC 或橡胶这样没有那么坚硬的新材料地面呢？地面铺装材质是影响卫生间地面效果的决定性因素。如果要在卫生间铺装地暖，必须先检查什么材质的地面可以使用地暖。

地砖

瓷

瓷地砖十分耐磨，价格有高低之分，样式也多种多样。锦砖属于瓷地砖的一种。如果使用无釉瓷砖，请在填缝前后进行密封。

陶

陶地砖适合较大的空间地面。这种地砖的价格比天然石材地砖和瓷地砖便宜。陶地砖非常耐磨，而且无须密封。

石英复合材质

价格昂贵的石英复合材质地砖看上去比较奢华，而且有很多颜色可供选择，包括黑色、白色、灰色、红色和蓝色。这种地砖几乎不会发生破碎或开裂的情况。

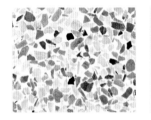

水磨石

水磨石地砖造价较为昂贵，通过在水泥和颜料中加入大理石碎片制作而成。颜色和表面抛光效果多种多样。但是，若水磨石地砖上有水滴溅，地面就会变得较为湿滑。

PVC

PVC 地砖可以呈现各种效果，价位有高低之分。这种地砖防水性能好，非常适合用于卫生间。最好请专业人员安装 PVC 地砖。

橡胶

橡胶地砖价格适中，有各种颜色和纹理。非常适合家庭卫生间使用。

无缝地坪

树脂

树脂浇筑地坪颜色十分多样，可呈现出现代感十足的地面效果。它可以直接铺装在水泥地面或专业级防水胶合板上，但不能直接铺装在地板上。

橡胶

中等价位的橡胶地坪实用、耐磨，脚感舒服，颜色和纹理选择较多，其纹理低调、沉稳，能提供较强的抓地力。

PVC

PVC 地坪属于中低价位，现代感十足，图案丰富，可以再现很多种不同材质的外观和纹理，例如木材、石材、金属和玻璃。

油毡

油毡地坪价位适中，使用天然、环保的材料制成。它易于清洁，而且对细菌和真菌具有天然抵抗力，不失为一种理想的选择。

木地板

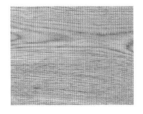

实木

实木地板价位中等偏高，安装在卫生间必须严丝合缝，这样才能把湿气挡在外面。如果地板经常会被弄得很湿，那么我们建议不要采用实木地板。

实木复合材质

这种中等价位的木地板的构造（实木板和软木板层压而成，最上一层为实木材料）决定了它不像实木地板那样容易变形。

竹材

竹材地板属于中高价位，防潮性能极佳，而且不会发生收缩、膨胀或弯曲等变形的情况。它也比较环保。铺装前需进行密封。

复合材质

有些复合材质地板是专门为卫生间设计的，尽管并不是绝对防潮，但防潮效果相对好得多。这种地板的价位属于中等偏低。

PVC

PVC 地板具有真实木纹效果，比实木地板好保养。它的价位取决于品牌，自粘型 PVC 地板价格比较便宜。

卫生间

101

10 选择墙面装饰

卫生间墙面，须具备良好的防水性能，且易清洁，尤其是湿区的墙面。不过也不必拘泥于某一种材质，比如，将壁纸与墙砖搭配使用，装饰效果别具一格。对于空间较小的卫生间，还要考虑如何实现视觉上的空间延伸。

1 选择材质

如果你的卫生间比较小，而且没有可以打开的窗户，那么选择墙面材质就必须考虑到实用性和防水性；如果卫生间空间较大，通风良好，就不妨采用比较大胆的材质来装饰卫生间的墙面。

墙砖

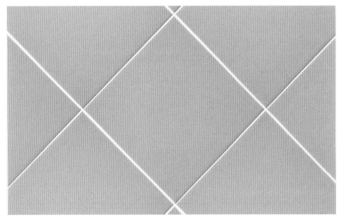

墙砖是卫生间最实用的选择，尤其淋浴房的墙面和浴缸与面盆挡水板周围的区域。可以选择陶瓷、玻璃、天然石材和马赛克等材质。

涂料

涂料不应该用于卫生间湿区的墙面，比如淋浴区，但如果你想让卫生间看起来焕然一新，仍然可以采用涂料来为卫生间其他区域的墙面增添一抹亮色。

壁纸

在卫生间里，只有不直接接触水的区域才可以用壁纸来装饰墙面，而且还要选择卫生间专用壁纸。不过，也可以考虑用透明玻璃盖住壁纸区，能起到一定程度的保护作用。

包层

木板或中密度板包层本身并不防水，但如果在其上喷涂一道适用于卫生间的木制品防水漆，便可以防潮和防溅水。包层墙面能够营造出复古感。

2 选择类型

如果想用不同的材质互相搭配来装饰卫生间的墙面，就应考察每一种材质与其他材质搭配起来效果如何。墙砖与包层墙面搭配吗？粉刷墙面的涂料与墙砖搭配吗？

墙砖

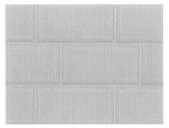
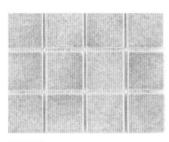

经典样式
方形瓷砖可以用于任何卫生间，颜色和图案多种多样。但如果预算有限，就可以选择普通的白瓷砖。

砖纹样式
中高价位的砖纹墙砖通常使用陶瓷材质，有光面和亚光面、直边和斜边之分，颜色缤纷多样。

锦砖样式
锦砖价格中等偏高，材质多种多样，包括天然石材、陶瓷、石灰华和玻璃，以及银或镜面玻璃等。

大块砖
平整的墙面上可贴大块墙砖（80厘米×80厘米）。这种墙砖更适合比较大的卫生间，因为大块墙砖会让空间显得更小。

涂料

厨卫专用
厨卫专用涂料价格中等偏高，但防潮效果很好，通常还可以防霉。只是可供选择的颜色较少。

亚光
如果卫生间通风良好，且墙面不会溅上水，就可以使用水性亚光漆来装饰墙面。不同的亚光涂料价格差异较大。

丝光
如果卫生间通风良好，就可以考虑使用丝光涂料，这种涂料价格适中。丝光涂料柔和的光泽会在较暗的小卫生间里反射光线。

蛋壳漆
蛋壳漆价位适中，可以用于墙面、木制品和金属制品，例如踢脚板和暖气片。它可用水清洗，表面效果接近亚光。

壁纸

PVC
卫生间专用PVC壁纸价格中等偏低，建议不要用于湿区，例如浴缸周围。

素色或图案壁纸
如果要用非卫生间专用的通用型壁纸，请确认卫生间通风状况良好并注意粘贴高度，避免水汽重的位置。这种壁纸档次高低不一。

包层

护墙板
护墙板价格中等偏低，适用于卫生间，也适用于其他房间。不过护墙板必须上漆，建议选择一种光泽柔和的涂料。

扣板
经过喷涂防水涂料，扣板就可以用在浴缸旁和面盆后方，但不可以用在淋浴区。扣板价格中等偏低。

卫生间墙面贴砖与勾缝

下面介绍浴缸两边瓷砖的铺贴方法，这个方法同样适用于面盆周围挡水板以及其他位置的墙砖铺贴工序。在开始贴砖之前，需对墙面做底漆处理，可参考墙砖黏合剂厂商推荐的底漆产品。

材料准备清单：

- 瓷砖
- 垫块
- 黏合剂
- 锯齿手抹泥刀
- 瓷砖刀或湿锯
- 勾缝抹刀或抹刀
- 勾缝剂
- 圆形海绵
- 布
- 硅酮密封胶

1 设计瓷砖位置

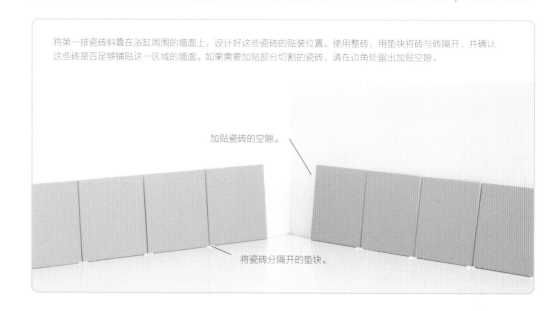

将第一排瓷砖斜靠在浴缸周围的墙面上，设计好这些瓷砖的贴装位置。使用整砖，用垫块将砖与砖隔开，并确认这些砖是否足够铺贴这一区域的墙面。如果需要加贴部分切割的瓷砖，请在边角处留出加贴空隙。

加贴瓷砖的空隙。

将瓷砖分隔开的垫块。

2 粘贴第一排瓷砖

1 用带锯齿的手抹泥刀涂抹黏合剂（如果上墙的黏合剂平坦而光滑，那么瓷砖就无法粘贴牢固）大致划分出 1 平方米的区域作为当前工作面，或者如果贴砖区域很小，也可以在每块砖背后涂抹黏合剂。

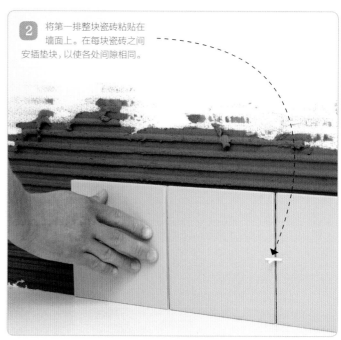

2 将第一排整块瓷砖粘贴在墙面上。在每块瓷砖之间安插垫块，以使各处间隙相同。

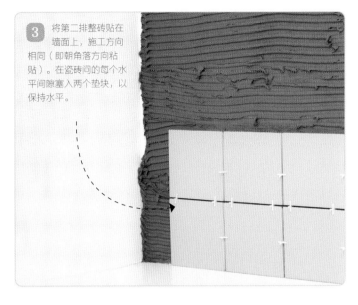

3 将第二排整砖贴在墙面上，施工方向相同（即朝角落方向粘贴）。在瓷砖间的每个水平间隙塞入两个垫块，以保持水平。

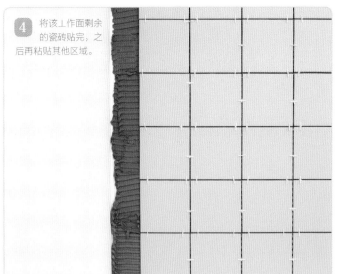

4 将该工作面剩余的瓷砖贴完，之后再粘贴其他区域。

3 测量并切割加贴在墙角处的瓷砖

1 测量并用铅笔标出两条瓷砖的分割线，以匹配角落预留空间。使用轻型瓷砖刀沿这条线在瓷砖上刻痕。

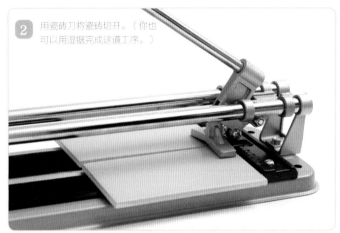

2 用瓷砖刀将瓷砖切开。（你也可以用湿锯完成这道工序。）

4 在墙角处加贴瓷砖

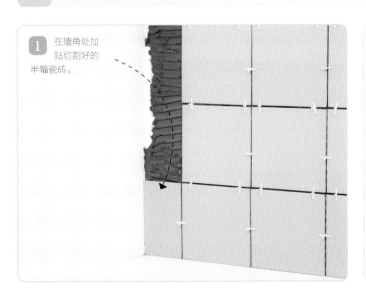

1 在墙角处加贴切割好的半幅瓷砖。

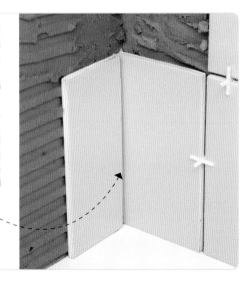

2 在邻近的墙角上涂抹黏合剂，并粘贴墙角另一侧的半幅瓷砖，使其与这侧的半幅瓷砖有部分重叠，但二者不要贴得太紧，因为需要留出勾缝的空隙。（墙角可能不平整，最好通过目测而非垫块来确定瓷砖的相对位置。）

5 粘贴毗邻墙面

1 沿毗邻墙面底部将一排整砖粘贴到位，在瓷砖之间插入垫块。

2 继续涂抹瓷砖黏合剂，并将剩余的整砖一排排粘贴到墙面上。

3 测量、切割并把剩余瓷砖粘贴到墙角区域。接下来等待瓷砖黏合剂干燥（参见制造商说明书）。

6 用勾缝剂填缝

1 黏合剂干透后便可以除去垫块。然后，用勾缝抹刀或抹铲蘸勾缝剂，将勾缝剂沿对角线方向在瓷砖表面抹开。每次工作面控制在 1 平方米左右，将勾缝剂填入缝隙，并用抹刀抹平。

2 勾缝剂干得较快，所以要在下一工作面的勾缝工作开始之前，用海绵擦去残留在瓷砖表面的勾缝剂。擦拭瓷砖也沿对角线方向进行。

3 用勾缝抹刀或抹铲将勾缝剂均匀地抹在墙角瓷砖区。

4 如有必要，可用手指在墙角瓷砖区抹平缝隙。

5 当勾缝剂干燥后，用干净的布擦掉残留的勾缝剂，并擦亮瓷砖。

7 密封瓷砖的底部

1 沿瓷砖与浴缸边缘接触的底部均匀地涂抹硅酮密封胶。

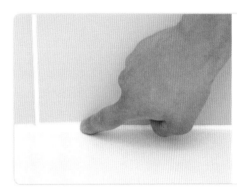

2 用湿润的手指抹平密封胶，使其看上去光滑、整洁。

卫生间

107

五招搞定瓷砖图案

如果想为卫生间加入图案和情趣，最简单、实用的方法便是利用瓷砖达到目的。首先确定你想要的效果是现代的、色彩丰富的、复古的，还是别具一格的，然后再据此挑选瓷砖，不管是纯手工制作的瓷砖，还是机器制的、嵌入金属的、玻璃的、树脂的瓷砖或锦砖，都应该以符合整体设计为选择原则。

装饰墙

在你的浴缸后面，用一片与整个房间基本色调形成撞色的瓷砖区域营造一面装饰墙。跟所有房间的装饰方法一样，令大部分区域保持低调，只用一面墙来提亮。

如果你想用一面彩色瓷砖墙来为这个区域
增加动感，注意不要使用超过三种颜色。

卫生间

渐变

从墙底部开始粘贴,先是深色瓷砖,然后用同色系逐渐变浅的瓷砖贴满这面墙。

为了获得最大视觉冲击力,可以为卫生间的所有墙面营造出这种效果。

拼缀图

用各种带图案的瓷砖创作一幅拼缀图。尽量对配色有所限制,以获得最佳拼缀效果。

装饰带

可以用瓷砖粘贴出宽装饰带来给涂料墙面增加条纹效果,让墙面看上去不那么呆板。瓷砖装饰带可以是垂直于地面的,也可以是水平的。

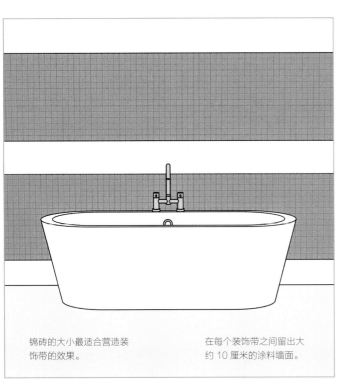

锦砖的大小最适合营造装饰带的效果。

在每个装饰带之间留出大约 10 厘米的涂料墙面。

镶边

在贴砖墙面的最外圈增加镶边。可以用特制的带图案的镶边瓷砖,也可以用不同颜色的瓷砖。

如果想突出贴砖墙面区域,可以增加垂直的镶边瓷砖来增加装饰感。

五招搞定卫生间储物空间

卫生间的空间很难得到充分利用，尤其是面积有限的卫生间。但是仍然不乏储物妙招帮你更好地利用空间，采用这些小妙招，不仅能实现强大的功能性，而且效果也十分美观，让卫生间井井有条。当然，在应用这些妙招时，要充分考虑卫生间的整体设计。

面盆以下

如果你选择的是碗形面盆，那么任何一张桌子都可以放在下面充当面盆架。如果选择带抽屉和搁板的卫生间柜，用来放置毛巾和小型卫浴用品，能成为十分宝贵的收纳空间。

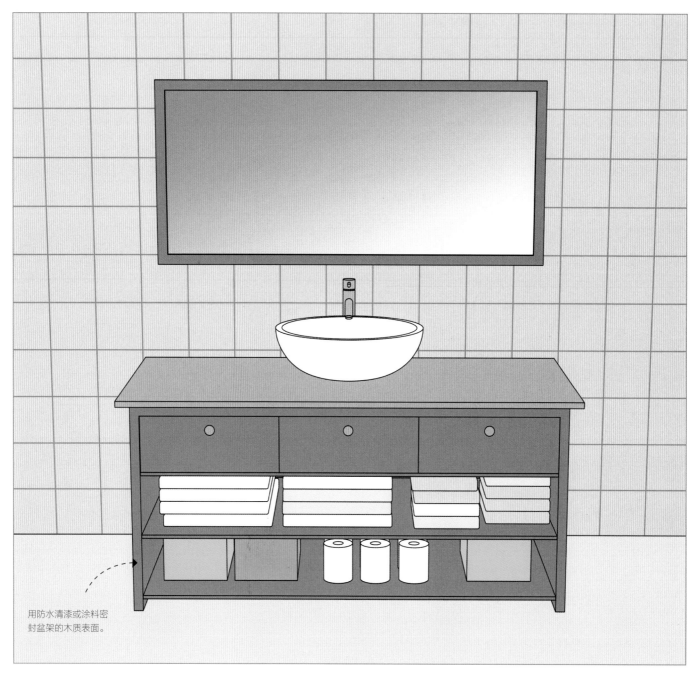

用防水清漆或涂料密封盆架的木质表面。

浴缸两端

通过在浴缸两端未被利用的空间打制搁板来收纳洗浴用品和卫生卷纸等小件物品。

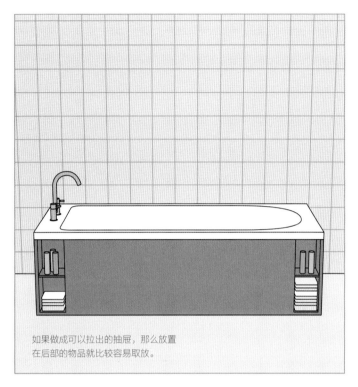

如果做成可以拉出的抽屉，那么放置在后部的物品就比较容易取放。

浴缸面板后面

能从上面拉开的浴缸侧板可以为清洁、洗浴用品提供实用的收纳空间。

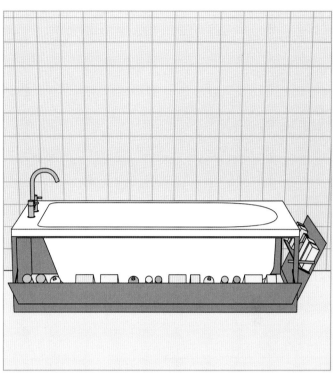

卫生间门后

毛巾架不仅可以安装在墙上，也可以安装在卫生间门背后，高效利用空间。

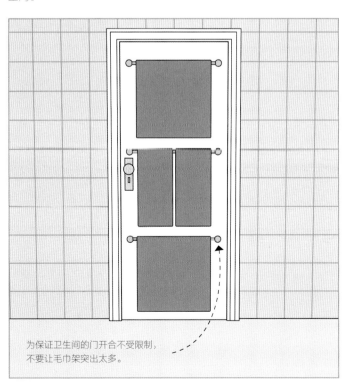

为保证卫生间的门开合不受限制，不要让毛巾架突出太多。

卫生间墙洞

在打造淋浴区或湿区时，在墙上开凿出可收纳洗发水、沐浴露和香皂的隐蔽式瓷砖墙洞。

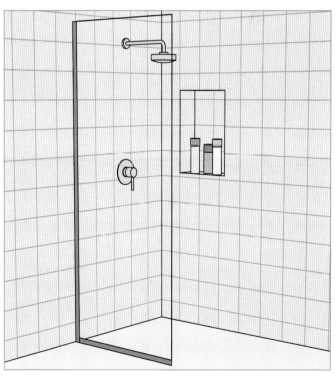

11 选择卫生间照明

卫生间的照明必须充足且令人愉悦，无论是剃须还是化妆，都得能够看清楚才行。但是，设计卫生间照明时还有一个问题需要仔细考虑，那就是环境湿度，特别是卫生间内设有淋浴的情况，请确认所选的电气配件适合卫生间的环境。

1 确定照明类型

大多数卫生间都比较紧凑，所以在照明的选择上可能会受到很多限制。卫生间里的照明设计应以环境照明和工作照明为重。

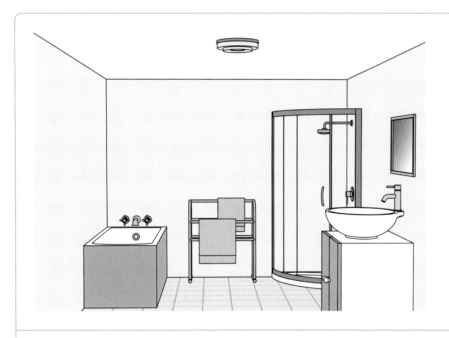

环境照明
卫生间的顶部照明应当能够照亮整个卫生间环境，确保在一天中的任何时候，使用者在卫生间中都能看得清楚。如果你想躺在浴缸中泡澡放松，可以考虑设置壁灯或烛光照明。

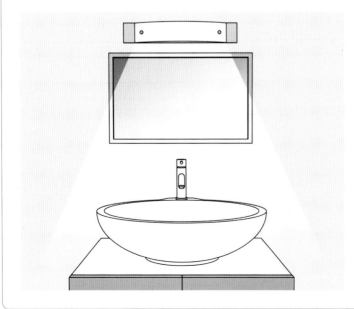

工作照明
安装在天花板上并带有强烈光照效果的射灯就属于卫生间工作照明的一种。最好能设计三套工作照明，在面盆上方、浴缸上方和淋浴上方各安装一套。如果面盆上方有洗脸镜，可以把工作照明安装在洗脸镜的上方。

如果卫生间照明不好，会让人觉得很糟糕，卫生间会让人觉得阴冷、不舒适，而且比实际空间更狭小。所以在空间和预算允许的情况下，务必合理搭配卫生间的照明。

天花板照明

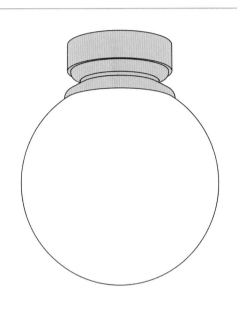

顶灯

中置顶灯通常与其他照明配合使用，为卫生间提供充分的环境照明。出于安全考虑，灯具本身必须完全封闭或与天花板平齐。如果卫生间的天花板较矮，就不适合安装形状过于突出的顶灯。

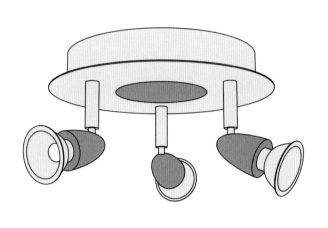

聚光灯

聚光灯可以用于卫生间的工作照明和重点照明；可调式灯头允许特定位置的精确照明。可以选择单个灯头，也可以用两到四个灯头组合的灯带或灯盘，每个灯头都可以单独调整方向。

地板照明

嵌入式射灯

嵌入式射灯为卫生间提供高水平的实用照明，而且低调的造型十分适合小卫生间或天花板较低的卫生间。如果想把嵌入式射灯安装在淋浴或浴缸上方，就需要购买密闭式射灯。

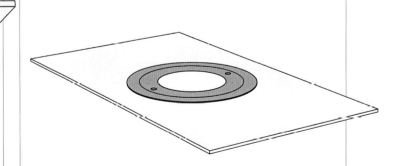

埋地灯

使用埋地灯照亮卫生间的墙面。将其安装在房间靠近墙面的角落里，可以投射出柔和的光柱，照亮你所选择的墙面区域。调光开关可以让你改变光柱的高度，并为卫生间营造出不同的氛围。

壁装式照明

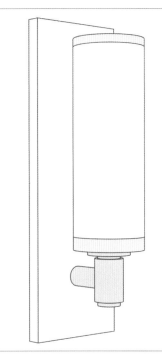

壁灯

壁灯除了可以发挥中置顶灯或射灯的作用之外，还可以提供柔和的环境照明并为房间的装修计划增添情趣。可以将其安装在壁龛内、洗脸镜的两侧，甚至浴缸的上方。

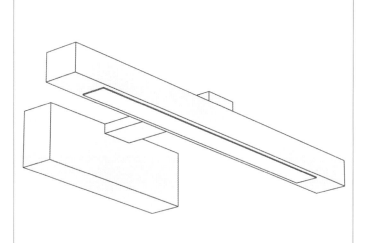

镜前灯

此类灯具可以提供充足的工作照明。它的样式一般是细长形的，而且在一侧配套有电动剃刀插座。相对于卫生间内的其他灯具，它们通常是单独工作的。一些自带照明的洗脸镜也是这样。

安全区

在考虑卫生间照明时，安全是首要问题。一定要确保所有灯具都恰当、安全，且使用在正确的位置上。电气设备必须得到充分的防水、防潮保护，因为在卫生间中难免会发生水汽凝结、潮湿和水花飞溅的情况。

虽然卫生间的照明安装应由有资质的电工来完成，但你在选择照明设备时，也应该对电气使用及安装规定有所了解。

卫生间可以划分为三个等级的"安全区"，这决定了照明设备用在哪些地方是安全的。如下所示，安全区可以用 0 ～ 2 分为三个等级，其中 0 区是最潮湿的区域。

- 0 区：淋浴区或浴缸内。

- 1 区：从浴缸或淋浴区上沿算起，一直到高度 2.5 米之间，以及水龙头或花洒头周围 1.2 米的区域。

- 2 区：0 区和 1 区之外，水平距离 0.6 米和垂直距离 2.25 米的区域。该区域还应包括浴缸附近、面盆或窗台周边的区域。

- 无分区：0 ～ 2 区之外的卫生间区域。如果浴缸或淋浴区下面的空间是封闭的，或者是不用工具开启就无法进入的，那么该区域也属于无分区的范围。

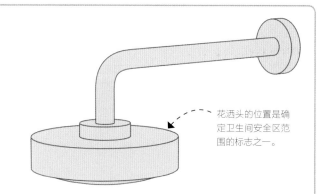

花洒头的位置是确定卫生间安全区范围的标志之一。

卫生间灯具都是有防护等级（IP）的，IP 代表了灯具的防水性能。防护程度 0（完全不防水）～ 8（在一定压力下、一段时间内浸水中对灯具无影响）。将各分区与防护等级比对，就会知道哪些灯可以安装在哪些区域。很显然，任何电器在 0 区使用都是受到严格控制的。该区域内的所有电器的电压都不得超过 12 伏，而且防护等级不能低于 7（防水浸）。

- 1 区与 0 区一样，都需要严格控制。最低防护等级需要达到 4（防止来自各个方向的溅水），但可以使用 240 伏灯具，只要满足 IP 的要求并安装 30 毫安漏电保护器（RCD）即可。

- 2 区的防护等级至少也要达到 4。

- 在无分区区域，任何灯具都可以使用，而且没有最低防护等级要求，但除了电动剃刀之外，所有电气产品，例如台灯、延长导线和吹风机，都是禁止使用的。除此之外，主光源只能使用拉绳开关或设在卫生间外面的开关。

12 选择窗户装饰

卫生间的窗户装饰首先要保证私密性和隔离性。选择可以轻松开关，并能让水汽逸散的窗户样式，不仅要防潮，还要漂亮。

1 选择类型

选什么样的窗户装饰，关键要看卫生间及其窗户的大小，然后要看窗户装饰更多是为了实用，还是仅仅为了装饰。选择一种可以清洗，或者至少很容易擦拭干净的材质。

百叶窗

百叶窗会让窗户看上去整洁、流畅，适合小卫生间。确认窗户材质防潮且易清洁，不管是木质、仿木纹还是织物。同时还要确保百叶窗条尽可能轻便。

窗帘

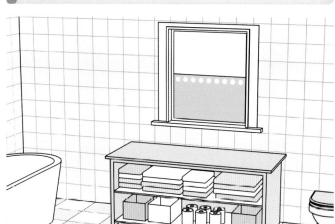

窗帘只适合较大的且通风良好的卫生间，卫生间窗帘应采用可以机洗的织物材质，而且可以经常洗涤，以防因湿热环境发霉。使用比窗户宽的窗帘杆可以将窗帘充分拉开。

透气窗

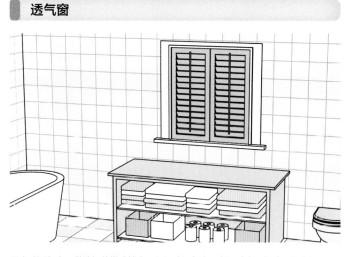

固定式透气窗可供选择的样式较少，但活动透气窗可以设计为两幅或三幅嵌板，同时可以选择标准高度或平开透气窗样式。活动透气窗是卫生间的理想选择，可以倾斜打开，遮挡阳光，保护隐私，起到隔离作用。

窗膜

窗膜可以提供完全的私密性却不屏蔽自然光线。窗膜可以按米购买或定制，用水和洗洁精就能将其贴在玻璃内侧。可以选择普通亚光或彩色窗膜。

2 选择风格

卫生间窗户装饰的选择与卫生间的大小直接相关——卫生间越小，窗户装饰及其图案就越应该保持简约。此外，窗户装饰也应与洁具相搭配。

百叶窗

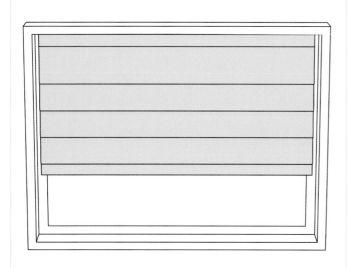

罗马帘
如果卫生间通风不好、高温、潮湿，那么一定要选择织物材质不易霉变的罗马帘。以织物为材质的罗马帘可为原本平淡无奇的房间增添漂亮的图案——不过如果卫生间瓷砖已经带有图案，那么还是选用素色的罗马帘为好。

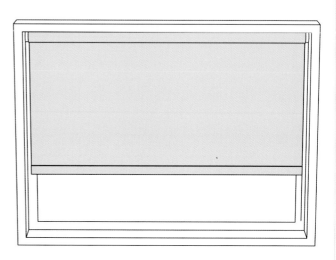

卷帘
卷帘百叶窗价格便宜，而且如果你擅长自己动手，这种百叶窗安装起来也不难。虽然大多数成品卷帘经剪裁后适用于各种窗型，但你也可以找厂家定制。请选择使用防潮织物制作的卷帘。

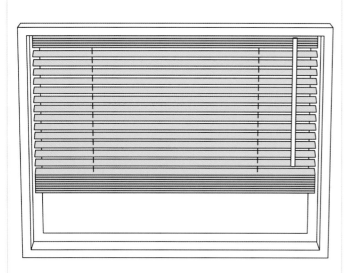

软百叶窗
这种软百叶窗由金属或木头制成，它的百叶板是可以调节的，所以在保证隐私的同时还可以控制窗户的透光量。软百叶窗有多种材质、颜色和百叶板宽度可供选择。

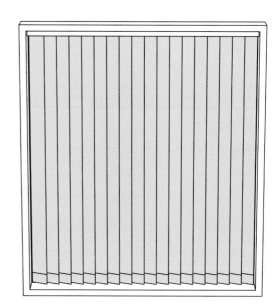

垂直百叶窗
这种垂直百叶窗的长百叶板材质为织物，可以倾斜或拖动，最适合有大窗户的现代风格卫生间。有多种颜色和面料可供选择，不过面料需能防潮和防霉。

透气窗

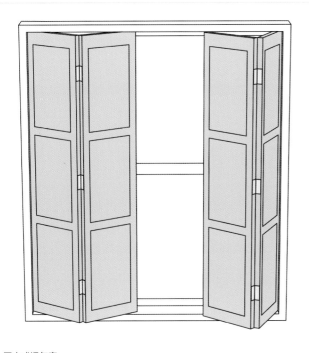

固定式透气窗
固定式透气窗的特点是晚上关闭，白天则向墙面方向折叠起来。除了标准高度的透气窗以外，还可以选择半高或 3/4 高的透气窗，出于隐私考虑，这种透气窗可以一直保持关闭，但仍可采光。

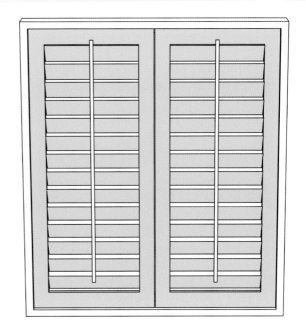

活动透气窗
活动透气窗的叶片是可以调节的，不失为卫生间窗户装饰的明智之选。最实用的类型是采用中横框设计的平开透气窗或标准高度透气窗，可以独立控制上部和下部的叶片。有各种木质或油漆罩面可供选择。

窗帘

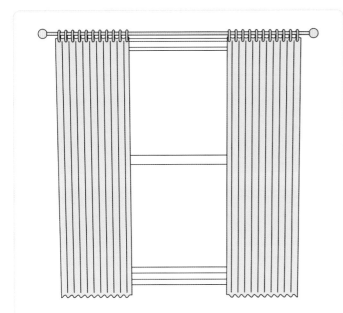

窗帘
线条简单的可水洗棉布轻盈帘或刚刚触及窗台的窗帘可营造装饰效果。例如，鲜花图案可以让卫生间洋溢着田园风情，蓝白条图案则让卫生间充满海洋气息。还可以将窗帘与一扇百叶窗或一幅窗膜配合使用，从而增强些许私密性。

窗膜

素色或带图案窗膜
如果卫生间窗户正对着其他房间，可使用素色或彩色窗膜，以降低窗户的通透性。如果卫生间在楼上而且从外面无法看见内部，就可以用带图案的窗膜（例如斑点、星辰或航海主题）来增强装饰效果。

自己动手制作卷帘

想让窗户装饰简洁而时尚，可以自己制作手工卷帘。在制作卷帘前，要考虑清楚是想让卷帘从卷轴的后面展开并在窗框凹槽内安装，还是悬挂在窗前并从前面展开。也要确定想把滑轮固定在哪一侧。

材料准备清单：

- 卷帘套装
- 螺丝刀
- 直尺或卷尺
- 手锯
- 面料
- 剪刀
- 上浆乳液
- 熨斗
- 三角尺
- 缝纫机或针线
- 铅笔
- 双面胶带

1 装支架

1 在顶部窗框内侧两端安装好支架。如有必要，用直尺或卷尺核对支架是否安装水平。

2 用手锯锯掉卷轴多余的部分，使其与支架相匹配。

2 准备面料

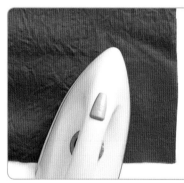

1 根据窗框凹槽的尺寸裁剪面料，在长度上为褶边余量留出 30 厘米并确保卷轴的覆盖范围；另外，为了应对面料上浆时出现的收缩情况，要在长度和宽度上各增加 5 厘米的余量。按照面料产品说明书给面料上浆并自然晾干。用烧热的熨斗熨平面料，或参考面料说明书操作。

2 根据规定尺寸精确裁剪面料，为了确保布料的边角真正呈直角，可以用一把三角尺作为辅助工具。上浆后面料的宽度应当与卷轴的宽度相同（不含支架）。

3 底摆包缝

1 将面料平摊在桌面上，正面朝下。为了让卷帘底摆刚好装下底部加重杆，需要测量杆的宽度，然后向上折叠面料的底边，使折边的深度稍稍大于加重杆的宽度。沿此毛边缝合，形成一个开口缝。

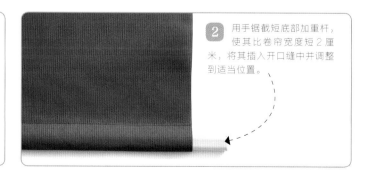

2 用手锯截短底部加重杆，使其比卷帘宽度短 2 厘米，将其插入开口缝中并调整到适当位置。

4 固定卷帘

1 将面料平摊在桌面上，如果卷帘是从卷轴的后部向下展开，请将反面朝下；如果卷帘是从卷轴的前部向下展开，请将正面朝下。在距离面料上边 12 毫米的位置画出一条水平线。

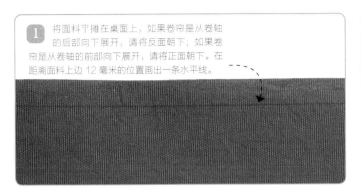

2 沿标记线在卷帘上缘贴一条双面胶带。

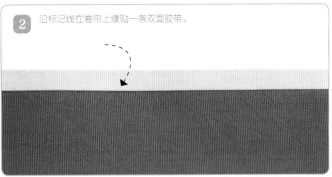

3 将卷轴放在一个平面上，并将滑轮固定在事先确定好的一侧。用铅笔沿卷轴的长度方向画一条线——这条线一定要画得准确，否则卷帘有可能挂偏。

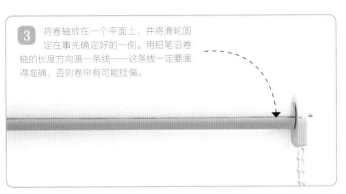

4 去掉双面胶带的保护贴纸。把粘着胶带的面料上缘沿卷轴上的标记线粘贴在卷轴上。如果卷帘从卷轴的后部展开，就将卷帘面料固定在上方；如果卷帘从卷轴的前部展开，就将卷帘面料固定在下方。

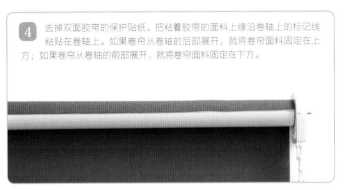

5 安装卷轴

用手卷起卷轴并将其卡在支架中。如有必要，用滑轮上下拉动卷帘直到卷帘绷紧的力度恰到好处。

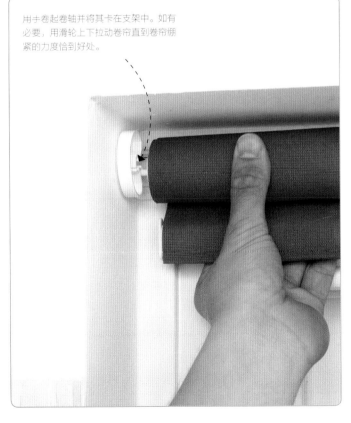

六招让卫生间旧貌换新颜

如果想让卫生间焕然一新，又不想更换洁具，也不想换地板，甚至也不换瓷砖，不改变布局，这可能吗？其实，只用很简单的方法，短短一个周末就能轻松完成卫生间的改造工程。

装饰镜

在墙面上挂一些大小和形状各不相同的镜子。在高度上交错排布，并按奇数个为一组，就能营造出时尚效果。

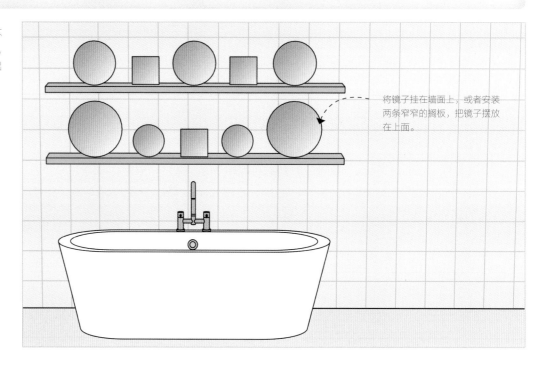

将镜子挂在墙面上，或者安装两条窄窄的搁板，把镜子摆放在上面。

壁纸

使用具有防潮性能和带图案的PVC壁纸就能打造一面装饰墙，如果某一部分墙面上的壁纸需要防潮、防霉保护，那么可以在上面再覆加一层玻璃嵌板。

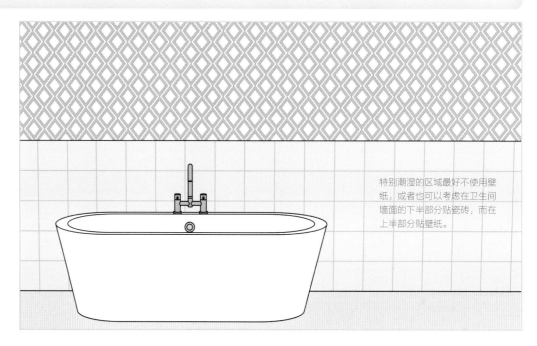

特别潮湿的区域最好不使用壁纸，或者也可以考虑在卫生间墙面的下半部分贴瓷砖，而在上半部分贴壁纸。

浴帘

更换浴帘可以轻松快速地改变卫生间的外观。

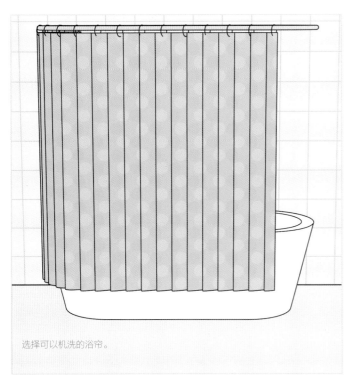

选择可以机洗的浴帘。

护墙板

用木质护墙板覆盖老旧但牢固的墙面，再在护墙板表面喷涂一层油漆使其防水。

可以在护墙板上缘安装一条很窄的木质搁板，在上面摆放洗浴用品。

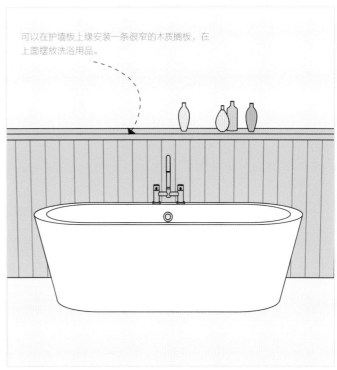

粉刷墙面

用不同颜色的涂料粉刷卫生间的一面墙，可以令人眼前一亮。如果卫生间较小，可以选用浅色调的涂料。

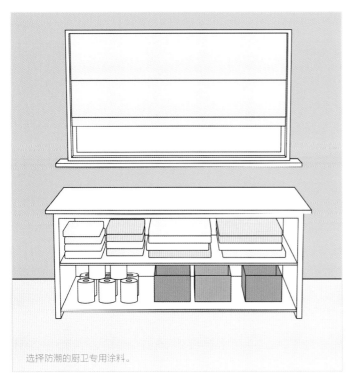

选择防潮的厨卫专用涂料。

窗户装饰

重新装饰窗户以呈现新的形象。可以选择彩色的卷帘或带装饰性图案的窗膜。

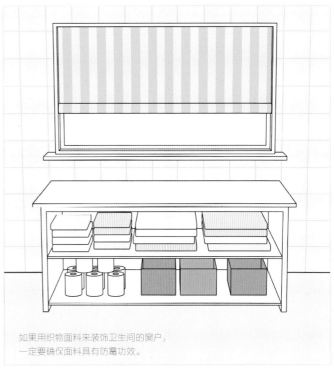

如果用织物面料来装饰卫生间的窗户，一定要确保面料具有防霉功效。

打造完美的整体卫浴

如果要布置的卫生间与卧室相通，就应该让两个空间看上去是连贯的，视觉上要达到自然、统一的效果。有很多方法可以达到这个目的，其中有不少十分巧妙的做法，比如用一些既实用又美观的物件来装点卧室卫生间。以下几条小建议可供参考。

配饰

卧室应该是一个非常个性化的空间，所以配套卫生间也应该彰显个性。在墙面上挂一些漂亮的装饰画，摆放一些别致的卫浴用品，或者搭上几条呈现对比色调的毛巾，这样的卫生间会让人感觉温馨。

窗户装饰

卧室卫生间应该与卧室的装饰风格保持一致，但是对于空间不大的卧室卫生间来说，厚重的窗帘或烦琐的百叶窗都不合适，因为卫生间需要尽可能多的光线。百叶窗应当与卧室的窗帘选择相同的面料，或者选取该面料的其中一种颜色。如果卧室是现代风格设计，卧室卫生间并不一定非得是现代风格，如果有非常适合卧室卫生间窗户的窗膜或透气窗，不妨大胆选用。

选择适当的淋浴房玻璃

用来遮挡淋浴区的玻璃会影响卧室卫生间空间的视觉感受。如果卫生间不大，则应尽量避免使用浴帘，一来浴帘容易显得廉价，二来会让空间显得很局促。同样，装饰玻璃或磨砂玻璃会从视觉上将空间一分为二，使卫生间看上去较小。最佳选择是可令视线完全通透的普通玻璃。

选择地面

选择与卧室色调一致的卫生间地面。地面材质不一定要与卧室完全相同（毕竟地毯不能防水），但如果能够找到与卧室地板色调接近的瓷砖、橡胶地板或 PVC 地坪，就能令这两个空间完美地融为一体。

挂一面洗脸镜

在面盆上方挂一面与面盆宽度相等的洗脸镜会让卧室卫生间看起来比较协调。如果在整面墙上安装镜面板或仿古玻璃，会让空间看上去更大。如果卫生间里有浴缸，也可以在浴缸上方的墙面上镶嵌玻璃或悬挂一面超大的装饰镜。一般来讲，在窗户旁边或窗户对面挂一面装饰镜会因光线反射效果让房间变得非常明亮。

设置恰当的照明

卧室可以采用柔和的情境照明，但在卧室卫生间里，照明应模拟日光效果，这样才能看得清楚。选择恰当的照明也会让卫生间看上去空间更大。可以在面盆、淋浴或浴缸上方安装隐蔽式聚光灯。在装饰镜周围加设辅助照明效果也不错。

确定卫生间色调

如果想让卧室卫生间显得宽敞些，可以为卧室墙面选择浅色调，让空间从视觉上得以延伸。如果卧室色调比较低调，那么在卧室卫生间里可以用比较亮的颜色或带图案的瓷砖，让空间看上去更有生气，还可以用带有光泽的物品巧妙地反射光线，让空间显得宽敞、明亮。

充分设计好收纳空间

如果卧室卫生间内还包括梳妆区，那么就需要巧妙地利用收纳空间。开放式置物架方便取用物品，但看上去不整齐，而且带给人杂乱、狭小的感觉。如果墙面有空间，可以选择带柜门的薄型墙面柜，把不想摆在外面的物品收纳进去。下层收纳则可以通过卫生间柜来实现。

选择合适的卫生间家具

为卧室卫生间配置合适的家具十分重要。如果卧室中摆放的是传统样式的家具，而卧室卫生间使用的却是现代装修风格，就会令两个空间看起来缺乏连贯性。因此，卧室卫生间中的任何家具，都要与卧室的风格相匹配。如有必要，你也许要对家具做些改造，例如给家具上漆，提高防水性能。

LIVING ROOM 客厅

1 客厅翻新指南

要彻底改造客厅，就要遵循一定的施工程序，按部就班地进行装修工作。我们提供了一整套系统性的客厅翻新装修解决方案供你参考，有了这套方案，你能避免过于铺张，还能预防返工情况的发生，从而有效控制预算。按照下面的步骤去开展装修计划，祝你马到成功！

1 确定预算

为了让客厅达到预期的装修效果，你愿意花多少钱？如果预算紧张，可以先将资金集中花在基本的装修项目上，比如壁炉、门、地板、装饰条，以及其他木工活等，至于普通的配饰，可以留待日后慢慢更替。预算之外一定要留出至少 10% 的资金以备不时之需。

2 设计平面布局

按照一定比例画出客厅布局简图，包括需要移动或拆除的门或墙面，需要增加的窗户或需要安装的壁炉，考虑好电源插座、灯具、照明开关、电视天线、高保真组合音响、电话接口和壁炉排烟口的位置。

3 考虑供暖系统

若想更换暖气片，要考虑以下问题：现有暖气片的位置是否合适？这些暖气片能否满足整间客厅的供暖需求？如果要拆除一些墙面或门的话，需要对客厅的供暖能力做相应的增强吗？是否要拆掉暖气片改用地暖呢？

4 预约工人

联系电工、水暖工、木工（或细木工）、瓦工以及室内设计师，请他们一一报价。如果有墙面要拆除，可能还需要一位施工工人。了解其他工序的工作安排会对每道工序产生什么样的影响，以便安排好每道工序的进场施工时间。

5 取得批准文件

若要改变房屋结构，应先从当地房地产管理部门取得批准文件。要将原来的窗户换掉也须获得相关许可，如果住在自然保护区内的话，要进行装修也得先获得相关许可。（以各地房地产管理部门的规定为准。）

6 下订单

一旦收到报价，你便可以订购地板、门窗、木制品和暖气片等东西。涂料、壁纸、地毯和灯具这些东西可以过一段时间再订购。

7 拆除老设施

铲除老壁纸，检查墙面或天花板是否需要重新抹灰或修补。清除旧的地板、木制品、已损坏且无法修理的装饰条、不合心意的壁炉（也可以拆除壁炉），以及经批准可以拆除的墙面（为了保证房屋安全一定不要动承重墙）。

8 安装新的供暖设施——第一阶段安装

首先铺设地暖上水管路，或安装新的暖气片，因为这属于破坏性的安装工作。

9 安装电气线路——第一阶段安装

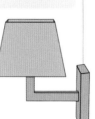

电工将在地板下、墙面内和天花板上铺设所有家用电器需要的线缆。如果你有防盗报警器需要安装，也应在这个时候布线。

10 安装壁炉——第一阶段安装

布线、配管或新壁炉烟囱衬壁的安装工作现在都可以开展了，一旦抹灰工作完成，便可以开始外围设施或附属部件的安装，或对原有壁炉进行清扫。

11 安装新窗户

安装新窗户，或者完成原有窗户的清理工作，以便符合刷漆要求。

12 墙面和天花板抹灰

抹灰工作最好让专业人员来做，为灰墙留出两周的干燥时间。在这期间，可以修理原有的石膏装饰条，而新的装饰条等到灰墙干透后也可以开始安装了。

13 铺装地面

铺装地砖，或者木地板，或者地毯下面的毛地板。若要自行安装电热地暖，必须请有资质的专业电工签字核准。

14 安装木制品

待抹灰层干燥后，安装踢脚板、门头线、门扇、门框、护墙板和挂镜线。确认细木工或木工清楚所有水电管道的位置和走向。

15 装饰

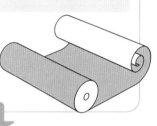

按以下顺序开展装饰工作：填补细小的裂缝，粉刷天花板、墙面和木制品，贴壁纸。

16 安排第二阶段安装

电工和水暖工可以回来安装暖气片或进行地暖施工了，此时要安装灯具和电源插座。壁炉施工也可以结束。

17 收尾工作

安装窗帘杆或百叶窗，安装门用五金件。最后铺装地毯，客厅的装修工作圆满结束。

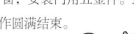

2 为客厅准备情绪板

在一所住宅中，客厅是最重要的公共空间，因为绝大多数登门拜访的客人都要在这个空间停留。因此，绝对有必要把客厅的色调搭配作为装修的重中之重。让客厅看上去完美无缺的最好办法，就是先来准备一块贴满色块、材质和物品的情绪板，这些元素要与客厅的格局、朝向和氛围相匹配。

1 寻找你喜欢的客厅的图片，并把一两张最喜欢的图片贴在情绪板上。一定不要过于苛求完全再现图片上的客厅，因为客厅的大小、采光和格局都可能与你心仪的那些图片所展现的客厅大相径庭。

选择一些可以彰显个性，而非仅仅追逐潮流的客厅图片。

2 在你的意愿清单中，有没有最想拥有的关键物件？它可能是一张图片、一块小地毯，甚至一件纪念品。或者有没有想加入新设计的老家具——比如一套沙发？以此作为出发点，或者作为色彩、图案或形状的设计灵感，围绕它搭建起一个装修主题。

利用一件你最喜欢的物品作为你灵感的源泉，它会为客厅带来特色和个性。

3 为客厅墙面或地面选择基础色，因为墙面和地面构成客厅空间内最大的色块。可以将油漆试用装涂在情绪板上，或将自己喜欢的壁纸样品贴在情绪板上，按照颜色在客厅中所占的面积比例将油漆涂在情绪板上（也就是说，若四壁都刷这种漆，就需要把试用漆涂满整块情绪板）。如果你觉得效果还不错，就可以将其作为整个客厅配色的基础色。

选择基础色时，要切记这一点：较淡雅的色调更不易让人产生审美疲劳。

选择两种（最多三种）重点色，并将样本粘或涂在基础色上，观察这些颜色是否搭配妥当。

4 使用与基础色同色系的类似色作为重点色，或使用与基础色有强烈反差的对比色作为重点色（或二者都用）。将其中一种颜色作为你的主要重点色，可以考虑用于烟囱管道上的壁纸设计，或者作为沙发套的颜色。次要重点色的使用范围要小很多，主要用于靠垫、灯罩或花瓶的选择。最次要重点色可能仅见于靠垫图案的配色中。

如有需要，可以使用对比色，但配色中应尽可能少地使用对比色。

5 增加图案和纹理，图案或纹理应当比较精致或打眼。客厅里不一定非要使用图案，但若有了图案，就会令整个空间变得灵动。如果对图案不感兴趣，也可以通过木桌和（搭在椅背上或铺在沙发上的）毛毯等物品引入纹理。

在情绪板上添加带图案的物品（例如靠垫）图片，看看这些物品是否能对客厅的配色起到提亮和补充的效果。

通过地毯、小地毯或盖毯来增加纹理，可以将相关样品贴在情绪板上以便观察效果。

6 选择你想加入配色方案中的家具（如果要换掉原有家具的话）。色彩搭配很有趣，用你掌握的配色要领，选择合适的面料色调或家具类型。在涉及形状的选择时，反复观察情绪板中的颜色和图案。认真考虑一下，在你的配色方案中，曲线优美的传统样式家具真的比现代样式家具的搭配效果更好吗？

类似台灯这样的物品可以让整个房间看起来和谐统一，尤其是在通透的大房间，画龙点睛的效果更加显著。

7 进行收尾工作，例如摆放靠垫、灯罩、花瓶和装饰品。这些物件能让客厅更有个性，并彰显你的个人品位。微妙的细节决定了一个房间装修的成败，而情绪板能帮助你高效地确定色调搭配方案，收集你想用的创意元素，并将图片粘贴在情绪板上，从而观察这些元素是否符合你的设计、构思和配色。

配饰不必做到与一切完美契合，但至少得与房间的风格相统一。

3 客厅布局要点

在设计客厅布局时，需要考虑的主要问题就是根据不同的活动对空间进行分区。从壁炉休闲区或电视区，到阅读和音乐休闲区。空间分区可以通过将家具摆放在不同位置来实现。但在确保各区域的装修与其应实现的功能相匹配的同时，还要让客厅带给人温馨、舒适的视觉感受。希望以下的建议能帮你顺利妥善地完成客厅的布局设计。

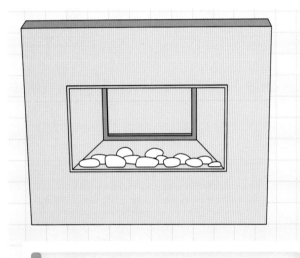

壁炉

如果客厅里现在还什么都没有，可以先选定壁炉的安装位置，以及以哪面墙来作为客厅的焦点墙面。如果客厅的格局是方方正正的，可以把壁炉安装在墙面正中的位置。如果客厅的格局是长条的，可以将其划分为会客区和就餐区，并将壁炉安装在其中一个分区的墙壁正中。

沙发

如果客厅设有壁炉，那么就自然要将座位围绕壁炉来设置。在很多现代风格的家居空间中，曾经作为视觉焦点的壁炉已经被电视取代了，而沙发和座椅也如以往一样摆放在电视周围。所以无论你的客厅采用哪种布局，单件沙发最好面对焦点墙，居中摆放。而如果是成对的沙发，则最好挨着焦点墙，在壁炉或电视的两侧摆放，或互成直角摆放（在方形的房间里，其中一件沙发可以摆放在焦点墙的对面，另一件沙发则可以正对着窗户）。确保沙发与房间的比例适当，而且在它们之间还要留有充足的活动空间。

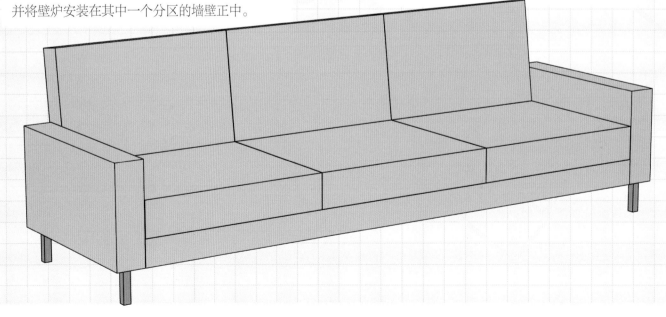

咖啡桌

在客厅里摆上一张咖啡桌绝不仅仅是增加了一个摆放杂物的台面。实际上，咖啡桌能构成第二焦点或社交休闲区。摆放咖啡桌的最佳位置是客厅里使用频率最高的座位（沙发或者扶手椅）的正前方，而且与其他座位离得也不远。不过别勉强往客厅里塞一张太大的咖啡桌，那会妨碍人在客厅里的活动。

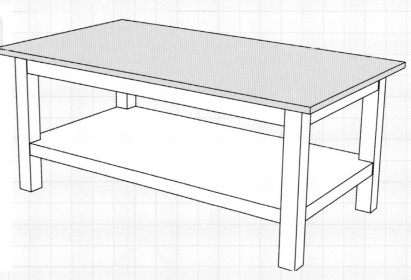

电视柜 / 多媒体柜

如果客厅里不设壁炉，那么电视便很有可能形成客厅的焦点。如果客厅不大，没有空间摆放大电视，那么最好选用壁挂式电视。在选定悬挂电视的墙面之前，要先确定如何分配客厅的座位。然后选一个点，让每个人在座位上都能舒服地看到屏幕。电视的悬挂位置不宜太高，因为大家都是坐着或躺着看电视。如果客厅内空间较大，或者设有壁炉，那最好把电视摆放在一个角落里。

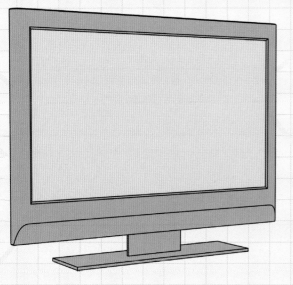

扶手椅

两件沙发的组合肯定优于一件沙发和一把扶手椅的组合，因为沙发更舒服些。但如果客厅空间只允许摆一件沙发和一把（或两把）扶手椅，那么摆放沙发和扶手椅的方式就变得极为重要。围绕焦点摆放座位，这样每个人坐下后都能看到其他人。如果客厅格局是长条形的，可以在中间摆放之外另放一把扶手椅，从而在客厅的一角或一端打造一个阅读区。

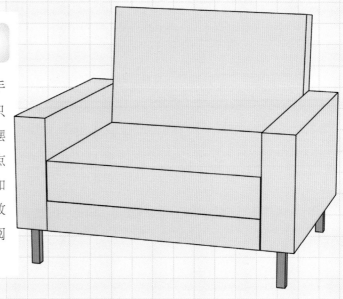

4 选择地面

在为客厅选择符合整体设计风格的地面时，要同时考虑到这种地面是否符合你的生活方式。比如，家里是否有孩子，孩子是否喜欢在客厅里玩儿，宠物是否会被允许进入客厅，或者客厅的空间功能只是供成年人放松而已。

1 选择样式

地面会对客厅氛围的营造产生重要影响。认真考虑一下，你是更想要地毯的轻松和舒适，还是地砖的时尚、现代或田园风情，抑或木地板折中的稳重。

地砖

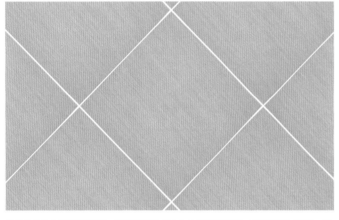

地砖比较容易保养和清洁。夏天光脚走在上面会感觉很凉爽，如果安装了地暖，那冬天也能保持温暖。有光泽的地砖会反射光线，但各种污渍也会比较显眼；亚光表面虽然可以掩盖污渍，但是不适合采光不好的客厅。

木地板

木地板能为客厅带来温馨感和独特性，而且色调选择很多。淡雅的色调能营造出轻松、悠闲的空间氛围，深沉的色调则能带给人正式严肃的感觉。

地毯

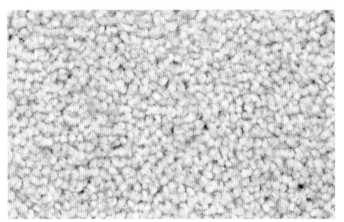

不要只考虑地毯的颜色，也要考虑材质和表面处理方式。深色的豪华割绒地毯会让客厅看上去比较传统，像圈绒地毯或类似黄麻或椰壳纤维这样的天然材质地毯则会为客厅空间带来一丝时尚气息。

无缝地坪

用水泥浇筑地坪和树脂浇筑地坪作为大型开放式客厅地面的铺装方式不失为一种明智的做法，因为地坪没有接缝，看上去时尚、简单、现代。而色调较浅的亚光无缝地坪在视觉上可以令空间得到延伸，但污渍会很明显。

2 选择材质

客厅地面材质的选择要视生活方式以及客厅的使用情况而定。还有其他因素也会影响客厅地面材质的选择，比如客厅是否与户外相通；如果不是，那么就可以选择较为华丽和明快的色调。

地砖

瓷
瓷地砖价位中等偏低，易于清洁，表面光滑、无孔隙，不过这种材质比较冰凉，光脚走在上面会有些不舒服。

陶
陶地砖价格低廉，如果客厅铺砖面积较大，这是一个不错的选择。它们不会受到污染也不需要密封，容易维护。

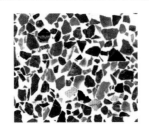

水磨石
高价位的水磨石地砖耐磨性比较强，表面高度抛光，因此地面容易打滑。这种地砖必须由专业人员铺装。

水泥
对于现代风格的开放式客厅而言，水泥地砖是一种很流行但也很昂贵的选择，有不同的天然水泥颜色可选，并有抛光和亚光之分。

赤陶
中等价位的天然赤陶地砖拥有丰富的孔洞，所以需要密封，但赤陶能营造出一种温馨的田园风格，而且光脚走在上面不像其他天然地砖那样坚硬、冰凉。

石灰华
这种天然石材地砖价格昂贵，经过抛光的光亮表面时尚而富有现代感，如果选用经过天然磨边处理的海绵状表面，看上去就会更传统一些。

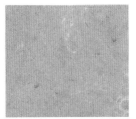

灰岩
灰岩地砖价格昂贵，但是百搭。如果客厅与花园连通，那么客厅和花园都使用灰岩地砖，就会呈现出完美衔接的效果。

板岩
中高价位的板岩地砖通常呈黑色或灰色，无论是在具有现代感还是传统风格的客厅中都能非常好地契合环境氛围。

复合材质
复合材质地砖颜色多样，可以营造类似板岩和石灰华等天然石材的纹理，如果觉得天然石材造价昂贵，可用复合材质地砖作为替代品，价格相对低廉得多。

木地板

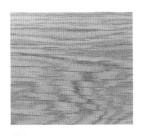

实木
实木地板价位中等偏高，如果表面留下划痕或磨损，可以用砂纸打磨掉。与实木复合浮动地板相比，光脚走在实木地板上面会让人觉得更踏实。

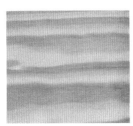

软木
如果要给木地板上漆，那么价格中等偏低的软木地板是一个不错的选择。虽然它容易留下凹痕和污渍，但也很易于修复。

实木复合材质
中等价位的实木复合材质地板可以安装成带衬垫的浮动地板。对于地面不平整或需要保护原有历史风貌的房屋地面来说，实木复合材质地板是很好的选择。

竹材
竹材地板虽取材于竹子，但质地很像实木。此类地板可以用作为浮动地板，也可以用胶水或钉子固定在地面上。竹材地板价格中等偏高。

复合材质
复合材质地板种类繁多，价位中等偏低，表面纹理十分逼真，看上去很像实木地板。

客厅

133

客厅

卷绒

卷绒地毯价位适中，表面粗糙不平，耐磨损，有素色、杂色或图案等各种样式，以羊毛或人造纤维制成。

割绒

这种中高价位的地毯看上去很奢华，但十分耐磨，其密而短的割绒给人一种柔软、光滑的感觉。

圈绒

圈绒地毯价位中等偏低，圈绒地毯与椰壳纤维和剑麻纤维地毯看起来很像，所以很多人用椰壳纤维地毯代替，但是圈绒地毯天然羊毛的温暖、舒适和耐久性却是椰壳纤维地毯无法替代的。

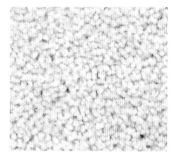

萨克森羊毛

萨克森羊毛地毯价格中等偏高，其厚重、致密的质地令其看起来带有古典的美感。光脚走在上面让人感觉柔软、舒服，但最好用在人员走动较少的房间里。

椰壳纤维

椰壳纤维地毯价格低廉，表面十分耐磨，所以如果家中有喜欢在屋里到处玩耍的儿童，这种地毯是一个不错的选择。不过光脚走在上面会感觉较为粗糙。

剑麻纤维

剑麻纤维地毯价位适中，纹理精致，光泽柔和，编织方法和颜色多样，能为客厅增添色彩和质感。

黄麻纤维

中等价位的黄麻纤维地毯采用平织方法，看起来颇有新意，适合客厅使用。虽然耐磨性稍差，但其柔软程度胜过其他天然材质地毯。

海草

海草编织地毯价位适中，十分厚实耐用。天然蜡状纹理使其抗污能力很强，非常适合时常接待宾客的客厅使用。

134

无缝地坪

水泥

尽管水泥浇筑地坪价格昂贵，但带给人时尚、现代的外观，而且特别耐用。水泥地坪可供选择的颜色很多，其中甚至包括红色和绿色。

树脂

树脂浇筑地坪价位偏高，但富有现代气息。无缝亚光或亮光表面的树脂地坪不仅适合大型开放式客厅，也适合局促的空间。

浅色地面搭配深色
墙面可以让房间看
上去狭长而高挑。

自己动手为木地板着色

如果想让廉价的松木地板看起来像豪华的红木或胡桃木，或者对严重磨损的地板进行遮瑕处理，都可以使用木材着色剂来实现。在为木地板着色时，需用胶带将房门封死，以防灰尘出去，还要打开所有窗户，使房间充分通风。

材料准备清单：

- 锤子
- 胶缝剂（可选）
- 面罩
- 专业砂光机
- 吸尘器或笤帚和簸箕
- 防护手套
- 旧布
- 变性酒精
- 纸胶带
- 木材着色剂或木材染料
- 大号漆刷
- 木器清漆

1 准备工作

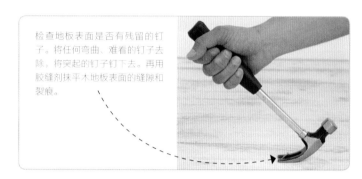

检查地板表面是否有残留的钉子。将任何弯曲、难看的钉子去除，将突起的钉子钉下去。再用胶缝剂抹平木地板表面的缝隙和裂痕。

2 地板抛光

使用专业砂光机给地板抛光，请佩戴面罩以免将灰尘吸入肺部。顺着木地板的纹理打磨地板，并沿地板的长边方向来回移动，从而令地板表面彻底清洁。

3 酒精清理

用吸尘器吸走灰尘，或用笤帚将地板扫干净。然后戴上防护手套并用浸透酒精的旧布将地板擦拭干净。

4 保护措施

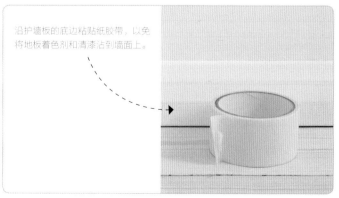

沿护墙板的底边粘贴纸胶带，以免将地板着色剂和清漆沾到墙面上。

5 木地板着色

用布在地板上一小段一小段地涂覆着色剂。如果你的地板颜色很浅，或比较新，就先用漆刷涂抹地板的边缘，并用布快速擦去多余的着色剂。然后按照常规方式涂抹地板的其他区域。

6 涂覆清漆

根据你预期的颜色深浅度，或者地板的斑驳程度，酌情重复着色过程。然后给地板涂覆一两道清漆（参考清漆说明书）。用漆刷涂覆角落和狭小区域，或者在拖把上绑上涂覆器，涂抹大块的地板区域。

5 选择墙面装饰

不要将客厅的墙面装饰局限于某一种类型——两三种墙面装饰组合起来可以为平淡的客厅空间带来令人耳目一新的感觉。你所选择的墙面装饰材料在材质和样式方面要符合住宅的特点,而这可以让你在很长一段时间都住得舒心。

1 选择材质

毫无疑问,随着时间的推移,客厅会经受一定程度的磨损,尤其是家里有儿童的情况下,所以尽可能选择最结实的表面材料:选择一种易清洁的涂料或壁纸,或者易于安装和修缮的涂层。

涂料

涂料的颜色选择很多,因此可以用涂料快速、经济地营造出全新的墙面装饰效果。为了让涂料发挥出最佳效果,原有墙面须平整完好,因为涂料无法隐藏裂痕和凹凸。墙面需要涂覆两到三层涂料。

壁纸

壁纸有素色、彩色、图案和表面处理方式等多种样式可供选择。素色壁纸比刷漆的抹灰墙面硬度更强一些。带图案的壁纸比素色墙面显得活泼有趣,而带纹理的壁纸(白色或彩色的)则适用于有一定瑕疵的墙面。

包层

不同的包层会让墙面看上去大相径庭。从以实木或中密度板为材质的传统风格护墙板到简单的复古风格扣板或薄片饰面板的外观。除饰面板之外,其他包层都可以根据整体设计用着色剂上色、刷清漆或油漆。

检查清单

· 按照适当程序做好墙面装修的准备工作。不管是刷油漆还是贴壁纸,各种裂缝和孔洞都要填补并磨平,任何不平整的表面都要用砂光机打磨平整。

· 你买的壁纸够用吗?通常要留出 10% 的余量并确保所有壁纸属于同一生产批次,这样才能做到色彩完美匹配。如果你使用带图案的壁纸,请确认你有足够的壁纸进行重复图案的拼接。

· 如果要在墙面上安装护墙板,请使用管道和线缆探测器检查抹灰层后面是否有仍处在使用状态的线缆或管道。

2 选择类型

市售涂料有各种类型，每种涂料都会呈现不同的效果，壁纸也有各种风格和纹理。如果你选择为墙面安装包层，请选择实用又美观的类型。

涂料

亚光

水性无反光亚光乳胶漆既适合现代风格又适合传统风格的客厅，并有大量颜色可供选择。不同的亚光漆价格差异很大。

丝光

中等价位的柔和丝光漆适合家庭房间使用，因为污渍很容易擦除。淡淡的光泽可以反射室内的光线。

金属质感

中等价位的金属质感乳胶漆有多种颜色可供选择，可为客厅营造奢华感。可以在装饰墙（例如烟囱管道）上使用金属质感乳胶漆。

麂皮效果

具有麂皮效果的乳胶漆价位适中，内含细小颗粒，看上去很像反绒麂皮的效果。可在墙面上以随意涂抹的方式涂刷这种乳胶漆。

壁纸

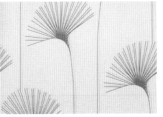

素色或图案

如果墙面上有细小的裂缝，可以使用素色壁纸，而不用涂料。带图案的壁纸有很多样式和颜色可供选择，但价格差异很大。

植绒

这种壁纸造价偏高，表面有凸花丝绒纹理，十分引人注目。颜色选择也多样。植绒壁纸比其他种类的壁纸价格昂贵一些。

金属质感

带金属质感图案的壁纸有助于反射房间里的光线，所以适合小而暗的客厅。这种壁纸的价格中等偏高。

纹理

带纹理的壁纸价格适中，有各种凸纹样式。某些凸纹壁纸还带彩色图案。

包层

扣板

这种包层通常使用中低价位的松木板制成，但你可以选购中密度板材质。扣板一般安装在一面墙面的下半部分，也可以安装在整面墙上。

薄片饰面板

如果你喜欢中世纪风格，这种中高价位的木质饰面板便是理想之选。薄木片与中密度薄板黏合在一起是最佳搭配。

下墙板

中等价位的下墙板在现代风格或田园风格的房间里都可以呈现出很好的效果。可以喷涂与踢脚板相配的柔光涂料。

自己动手粉刷墙面

现代涂料所采用的工艺远远优于传统涂料（传统涂料必须沿一个方向涂覆，然后再沿另一个方向涂覆），所以如今用涂料就能很轻松地获得极佳的墙面效果。你可能需要根据涂料的品质、颜色，以及墙面的初始状态来决定涂覆几道涂料。

材料准备清单：

· 防尘罩
· 纸胶带
· 墙面填缝剂和砂纸（可选）
· 糖皂
· 海绵
· 墙面漆
· 小号或中号漆刷
· 滚筒刷和托盘

1 准备刷漆区域

将防尘罩盖在地板和家具上。用纸胶带遮盖踢脚板的上部。用墙面填料填充并打磨任何孔洞或存在缺陷的地方，确保墙面足够平滑并满足刷漆的需要。

2 清理墙面

如果你已经将旧的壁纸扯下，可以在墙面上涂抹糖皂以去掉残留的壁纸胶浆。如果这些壁纸胶浆留在了墙面上，会导致涂料出现裂痕，最终使墙面凹凸不平。

3 粉刷墙面的边缘

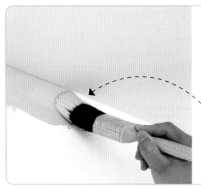

1 用漆刷沿着墙面的上部边缘（墙面与天花板交汇的地方）仔细涂覆涂料。粉刷的速度要保持稳定（不要太慢），这样可以保证涂覆过程流畅，而你的手也不会抖。

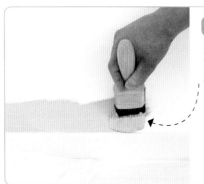

2 沿墙面的底部，也就是与踢脚板相邻的区域开始粉刷。贴了纸胶带便可以防止任何漆点飞溅到踢脚板上。

3 接下来粉刷墙角和墙边，用同一把漆刷将涂料涂抹至墙面细微的裂隙中，并沿每面墙的边缘向下涂抹。

4 粉刷墙面的其他区域

1 用一把长绒滚筒刷粉刷墙面的其他区域。这种类型的滚筒刷将确保涂料分散得既厚重又光滑，营造出淡淡的纹理效果。

2 将滚筒刷转为侧向，粉刷墙面的最上端和最下端。查看涂料产品说明书，确认涂料的干燥时间，然后再进行第二道粉刷。

六招搞定装饰墙

　　每个房间，尤其是客厅，都需要一个空间焦点。其中一种做法是创造一面装饰墙，它会让客厅的整体设计更加统一。如果你想为客厅赋予独特的主题、时代特征、风格或色调，可以参考以下小建议，成功打造属于你自己的装饰墙。

客厅

壁纸

使用带图案的壁纸打造出一个引人注目的平面区域或墙面，其色调要与其他墙面的主色调相匹配。

装饰镜

垂直悬挂装饰镜可以为平淡的墙面增添情趣。使用奇数可以营造出令人赏心悦目的效果。

借助装饰画也可以营造出类似的效果。

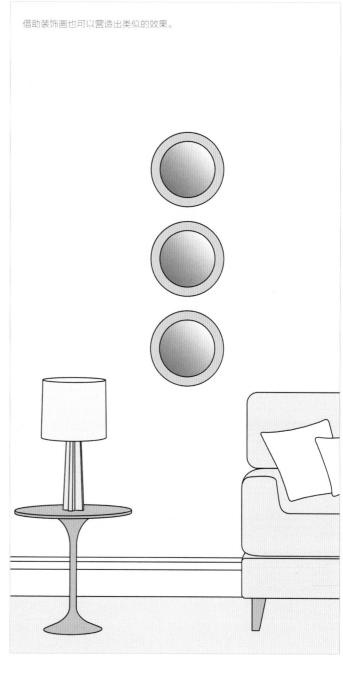

贴纸

利用时尚的壁艺贴可以迅速让整个空间焕然一新，而且不需要有很强的创造力。

想制作较大的图案，就要请人帮忙一起把壁艺贴贴到墙面上。

装饰盘

在墙面上悬挂不同风格、形状和图案的装饰盘。如果在这个区域加入三四种色调的装饰盘，会突出装饰效果。

将每个装饰盘的轮廓画下来，做成一个模板，设计各种组合。再根据设计把装饰盘挂在挂钩上。

客厅

照片墙

用风格和色彩相称但大小不同的相框打造一面照片墙。全部使用黑白照片能获得统一的效果。

木镶板

在正方形或长方形的中密度板上黏合木纹饰面或涂覆油漆，然后把它们固定在墙面上，以营造一种现代拼镶图案的效果。

为了让装饰区看上去更活泼，可以使用大小不同的镶板。

143

十招提升艺术品位

　　为了准备打造装饰墙的图画或照片，你可能已经花了不少钱，那么为什么不再花些精力将它们挂得更漂亮一些呢？设计得当会带来更棒的展示效果。先一一看过以下这十个妙招，然后再判断哪一种最适合你的展品和你的客厅。

不同形状的画框混合使用

为了获得引人注目的效果，将不同大小和形状的画框搭配起来。尽可能对称地布置展品，这样保证每一幅装饰画都处在最佳展示位置。

通过紧密排列让展示装饰品更加统一。

分组

将四张大小完全相同的照片作为一组悬挂在墙面上会让人感觉是一张更大的照片。

大幅展示

充分利用大片墙面区域，将一大幅装饰画居中悬挂，从而获得引人注目的效果。

偏置

不必总是把装饰画挂在同一条直线上，可以稍稍偏离画与画之间的相对位置，以便呈现出一种看似漫不经心的感觉。

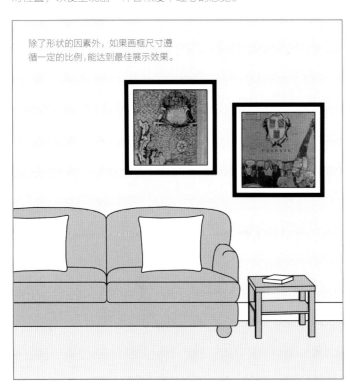

三联画

你可以悬挂一组三联画——将一幅画分成三部分，分别镶在三幅画框中，并排挂到墙上。

将一组照片、装饰画和绘画作品挂满整个墙面。画框和图片风格不必匹配，但要有一个统一的主题，不管是从色彩还是立意上，这样会将照片墙打造成一个颇为巧妙的创意。

搁板

想让空间氛围更轻松的话，可以将照片摆放在搁板上或拄在挂镜线上，将其斜靠墙面陈列。

选择大小和形状不同，但色彩主题一致的照片，以获得最佳效果。

高幅装饰画

幅面很高的装饰画，或者　组垂直悬挂但幅面较小的装饰画会吸引人目光向上，并留下房间举架很高的印象。

辅助照明

借助镜画灯照亮你的图片。将镜画灯直接安装在画框上或画框上方的墙面上。

环境关联色调

如果你将一幅图片作为客厅中的焦点，请确认它至少包含一种与装修主题相匹配的色调。

悬挂画框

　　一幅带画框的装饰画如果居中悬挂在墙面上通常展示效果最佳，不过如果将其挂在壁炉的上方，无论是在垂直方向居中还是水平方向居中，视觉效果都非常棒。找人帮你在墙面上确定挂画的合适位置，然后将这个位置标记出来。

材料准备清单：

- 卷尺
- 铅笔
- 2套吊环组件或羊眼圈
- 手锥
- 螺丝刀
- 挂画线
- 老虎钳（可选）
- 水平仪（可选）
- 画框挂钩和钢钉或螺钉（大小取决于画框的重量）
- 锤子（如果使用螺钉，则准备电钻）

1　安装吊环组件

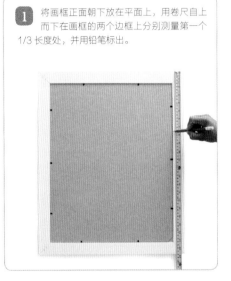

1 将画框正面朝下放在平面上，用卷尺自上而下在画框的两个边框上分别测量第一个1/3长度处，并用铅笔标出。

2 如果你使用吊环组件，将吊环的固定端对准铅笔的标记点放好，并用手锥穿过固定端上的两个圆孔在边框上打孔。如果你使用羊眼圈，可以用手锥在每个铅笔标记点处直接打孔。

3 用螺丝刀和螺钉将吊环的固定端固定在木框上，或拧好羊眼圈。

2　固定挂画线

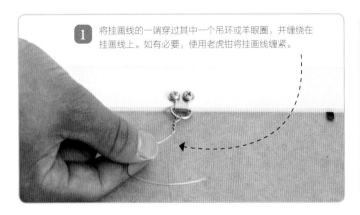

1 将挂画线的一端穿过其中一个吊环或羊眼圈，并缠绕在挂画线上。如有必要，使用老虎钳将挂画线缠紧。

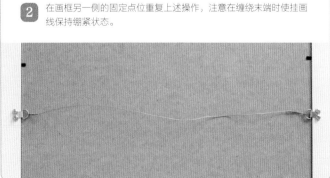

2 在画框另一侧的固定点位重复上述操作，注意在缠绕末端时使挂画线保持绷紧状态。

1 将画框托举到要悬挂的墙面上。确认它处在居中位置，然后用铅笔在墙上标出画框顶端的中心点。

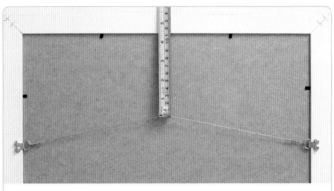

2 再次将画框正面朝下放在平面上，向上拉紧挂画线的中部，用卷尺测量从拉紧状态的挂画线的顶点到画框顶端的距离。

3 从墙面上标出的中心点向下测量相同的距离，用铅笔再确定一个标记点。如有必要，借助水平仪确保该点位于第一个标记点的正下方。

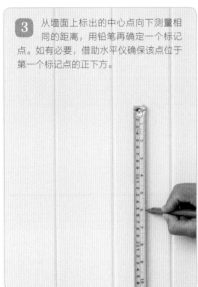

4 将画框挂钩的底座放在第二个铅笔标记点处（也就是画框的悬挂点），用锤子将钢钉楔入墙面以固定挂钩底座，然后悬挂画框。如果画框较重，可以用电钻打孔并用螺钉替换钢钉。

客厅

149

6 选择沙发

选择沙发时，你可能只关注它的外观和大小，但如果对制作工艺稍加了解，你就能大概判断出沙发的使用寿命。高品质的沙发出实木、螺旋弹簧和昂贵的羊毛填絮构成，而较为廉价的沙发则使用软木框架、织带（非弹簧）和泡沫塑料。

1 确定大小

沙发按大小分有很多种，有紧凑型的双人沙发，也有可以轻松坐满一家人的大型组合沙发。测量你的空间大小，并估计多大的沙发最适合你，然后根据这些尺寸用报纸制作一个模板，放在地板上。接下来将模板搁置在原位，生活几天时间，观察沙发的这个大小是否合适。

2 选择样式

在很多人家里，沙发都是客厅里的主要物件，所以沙发的设计会影响整个客厅的风格。如果客厅整体风格是复古，那么就应该选择一款传统样式的沙发；如果想呈现现代风格，也可以尝试将新潮的物品与复古的风格混搭起来。

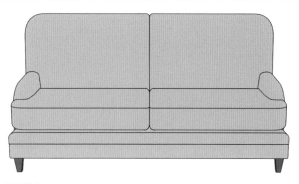

经典样式

经典样式的沙发最适合放在传统风格的房间里，这种沙发更适合用来会客，而不是慵懒地坐在里面放松。仔细研究它的细节构造，比如蓬松的靠垫、带棱角的扶手以及圆润的木腿等。深沉的色调和条纹或格子装饰布面会令整张沙发看上去比较庄重。

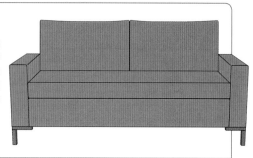

现代风格

线条简约的现代风格沙发适合风格简约的房间。可以选择低矮宽大的方正款式，搭配结实的靠垫和金属或木材质的平底。如果喜欢比较随性的感觉，可以选择低靠背沙发。如果你喜欢半躺半坐的感觉，可以随意摆放一些靠垫。

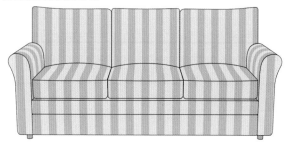

传统风格

这种风格的沙发拥有高靠背和整齐、修长的扶手（直角造型或者稍稍带有曲线的造型），是颇为流行的家庭型选择。坐垫和靠背垫的舒适性是优先考虑的问题，一般里面填充的都是泡沫塑料。

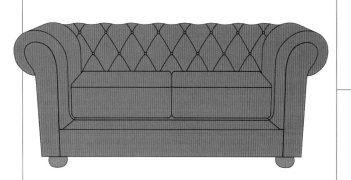

切斯特菲尔德式

这是一种样式非常传统的沙发，不过也适合摆放在现代风格的房间里，尤其是如果你特别喜欢皮革材质。靠背和扶手的高度及角度的设计使这种沙发更适合成年人坐，但半躺着不太舒服。

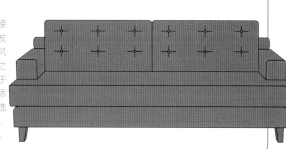

纽扣式

纽扣式靠背或靠垫使其属于传统风格沙发的一种，它是复古风格家居环境的理想之选。为了给整体属于现代风格的房间增添一丝情趣，也可以选择那种带有棱角的、流线型的沙发造型。

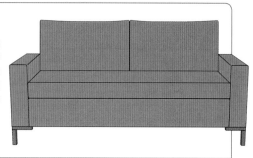

休闲沙发
这种休闲沙发的沙发腿隐藏在裙座后面，沙发上可以随意摆放一些小靠垫，而不是又软又厚的大靠垫。如果选购这种沙发，就要对舒适性考虑多一些，而美观度相对就没有那么重要，而且需要时不时拍打沙发，使其恢复饱满的形态。

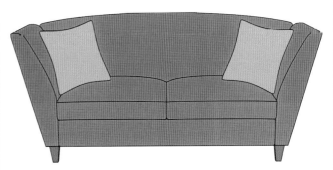

曲面靠背沙发
这种外观优雅、造型中规中矩的沙发介于现代和传统风格之间，较高的曲面靠背与坡度较陡、大致呈直角的扶手衔接，这种造型非常适合倚靠。

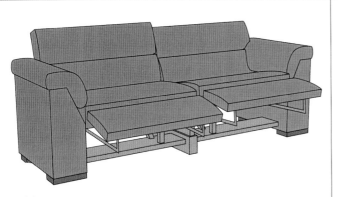

可躺沙发
可躺沙发的特色是每个座位搭配单独的、可以倾斜的靠背，而且脚踏板可以抬起来，所以如果不讲究姿势的话，你可以很舒服地躺下休息。这种沙发通常是 2～3 个座，其中有 1～2 个座位可以倾斜。

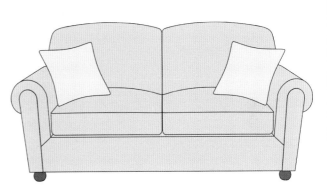

田园风格沙发
这种沙发的舒适性十分突出。它采用曲线设计，有饱满的靠垫和弯曲的扶手，用带图案的（通常是鲜花系列）面料包覆软垫，而且沙发罩一般是可以拆洗的。

客厅

151

转角沙发
L 形转角沙发最适合大型开放式空间，可以紧贴相邻的两面墙摆放，或充分利用原本用不上的墙角，如果放在房间的中央，可以将起居区与房间内的其他区域隔开。

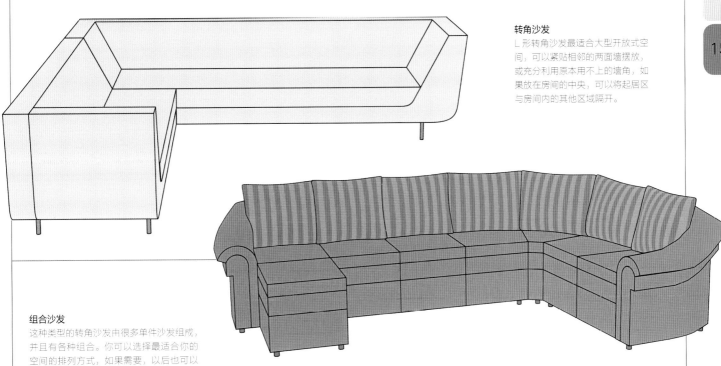

组合沙发
这种类型的转角沙发由很多单件沙发组成，并且有各种组合。你可以选择最适合你的空间的排列方式，如果需要，以后也可以重新调整摆放顺序或增加单件沙发的个数。

3 选择沙发面料

沙发面料不仅决定沙发的样子，还会影响价格、寿命和保养难度。所以在选定某种面料之前，还要考虑这种沙发的价格是否实惠，以及是否实用。

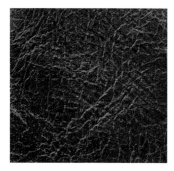

皮革
中等价位的皮革面料款式多样，从软皮到亮皮，再到经过仿旧处理的皮革面料。不过皮革沙发最好不要挨着暖气片或窗户摆放。

100% 纯棉
棉布面料经久耐用，但容易褪色，易留污渍，同时容易出现缩水或松弛等情况。质量好的纯棉面料能让沙发的品相保持长久些。纯棉面料价格适中。

天鹅绒
天鹅绒面料价格昂贵，但用天鹅绒做面料的沙发能营造出奢华和柔软的质感。它使用遮挡效果和耐久性俱佳的天然纤维（例如丝绸或棉）或合成纤维（例如人造丝）制成。

绳绒
这种非常柔软的面料价格适中，带有纹理，材质通常为 100% 聚酯或棉、人造丝和聚酯的混纺面料。长毛绳绒面料容易倒伏。

微纤维
这种低价位的微纤维聚酯面料非常纤细，但耐磨损，拥有天鹅绒或麂皮的外观和触感。它的优势在于可以用湿布擦拭干净。

麂皮绒
麂皮绒是 100% 聚酯材料，是较为廉价的选择，但手感和外观与天然材料非常接近。它很容易清洁，也比其他皮革面料更耐脏。

布纹
布纹面料的编织样式和克重选择多样，在价格和耐久性上差异很大。常见样式包括条纹布、格子布、花布和花缎等。

人造革
这种人造材料价格适中，看上去很像皮革，但寿命不如皮革那么长。不过，它也容易清洁，而且相当耐用。

牛巴革
这种价格昂贵的皮革看上去很像小山羊皮，但更为耐用，是经典皮革饰面材料的优良替代品。它进行染色和预处理，可以有效提高耐污性能。

羊毛 / 羊毛毡
这种材料有各种颜色，有 100% 羊毛，也有羊毛聚酯混纺面料，价格差异很大。它看起来美观且整洁。

亚麻布
亚麻面料非常适合制作休闲沙发和沙发套，它有类似棉布的特性，但缺乏弹性，也不褪色。它的寿命很长，但价格昂贵，而且容易起皱。

沙发床

如果想让在家里留宿的客人休息得舒服，但又没有多余的客房，那么一套沙发床可能会成为你的最佳选择和最实用的投资。不过有以下几个问题需要考虑：如果不买超大沙发的话，那么应该买一张多大的床比较好；究竟是拥有一套好沙发还是一套好卧具更重要；你是否需要移动沙发才能将其变身为一张床——此时沙发床的重量便成为一个问题。沙发床的种类有很多，而且机械结构十分精巧。以下是四种最常见的沙发床样式。

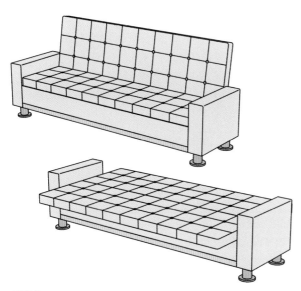

长凳式
长凳式沙发床是最简单的沙发床，它拥有床垫样式的沙发底座和靠背，将靠背向后展开就可以即刻变身为床。在所有的沙发床样式中，只有这种长凳式沙发床可以获得与任何正常的床同样舒适的感觉，而且如果你只是偶尔将其折叠起来变回沙发，那就是再好不过的选择了。

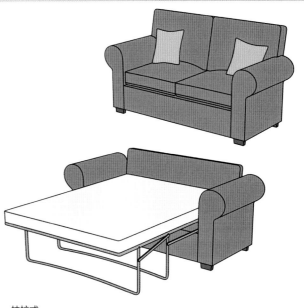

抽拉式
这种样式的沙发床最常见，从外观上看，它与普通沙发无异，有各种风格可供选择。隐藏在沙发座内的折叠床架和床垫向上和向外拉开后变成一张床。它有可能包括储藏空间，可以放下一床被子和若干枕头，不过这种沙发床通常很重。

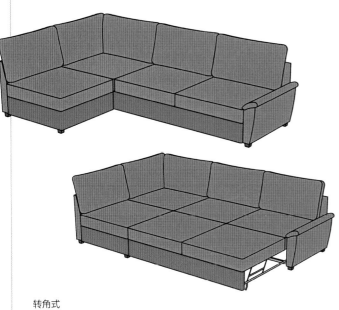

转角式
转角式沙发床通常包括一件双人沙发和一件充分利用转角的美人榻。利用从沙发座中抽出的部分将其变成一张床，或者采用抽拉式（右下角沙发床）或者采用脚轮弹出式。此类沙发床的另一大特色是有较大的储藏空间——床上用品都可以放在里面。

日式
日式沙发床通常有一个用木料或金属制作的床架，还有不同厚度和材质的床垫可供选择。它有两种基本样式——两折沙发床（上图）和三折沙发床，前者向后展开之后与长凳式沙发床类似，后者的床垫是折成三段的，这样当卧具收起后便成为一套紧凑型的沙发。

7 选择扶手椅

客厅用的扶手椅应当作为沙发的补充，但不是非得选择跟沙发相同的形状、面料或颜色，所以决定购置哪款扶手椅之前，请考察一下各种座椅的样式和外观。同时还要考虑一个问题：如果客厅里放不下第二套沙发，那么扶手椅起的主要是装饰性作用，还是用作额外的座位。

1 选择风格

你所选择的扶手椅的类型应当与客厅的风格和周围环境形成互补。扶手椅的大小也很重要：若客厅空间有限，就应选择紧凑型的扶手椅，宽大的切斯特菲尔德椅则会喧宾夺主。

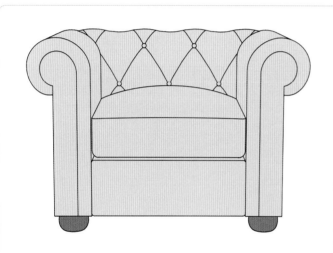

切斯特菲尔德风格
作为经典样式，切斯特菲尔德椅在传统和现代风格的房间内均适用。它的靠背和扶手的高度和角度意味着端坐其上阅读让人感觉很舒服，而稳重的设计也使其成为家庭客厅的不二选择。

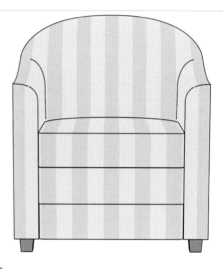

半圆靠背椅
半圆靠背椅拥有结实的扶手和连续的半圆形靠背，这种紧凑的形状意味着你可以在房间里摆下两把这样的座椅。它设计简约，无论是现代还是传统风格的家居都适用，而且这种座椅重量较轻，方便移动位置。

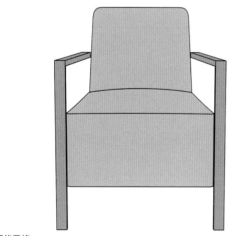

现代风格
时尚、充满现代感的扶手椅适合装饰简约的房间。你可以选择紧凑造型、直角设计、直靠背和金属或木质椅腿。请选择素色平纹织物作为面料，并根据个人喜好搭配带图案的靠垫。

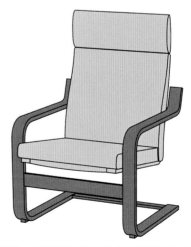

悬臂椅
悬臂椅没有后椅腿，而是利用弯曲的骨架（材质通常是木材）提供支撑和弹性。尽管骨架结构看上去似乎不稳当，但这种设计其实非常结实。高椅背提供足够的支撑力，使其成为理想的阅读座椅。

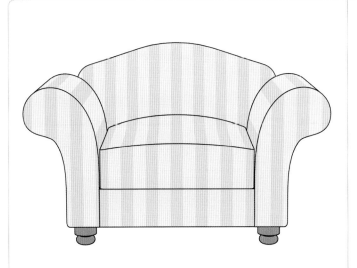

卷边扶手椅

这种扶手椅正如其名，拥有优雅的曲面扶手和曲面高靠背。坐在上面会感觉很舒服，只是无法慵懒地蜷缩在里面，所以它更适合传统、庄重的房间。

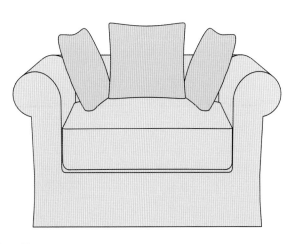

休闲风格

休闲风格的扶手椅样式比较传统，它的椅腿隐藏在织物面料的裙座下面。它不适合摆放靠背垫，最好是随意摆放几个小靠垫，并使用可拆洗的沙发罩。这种座椅特别适合窝在里面休息。

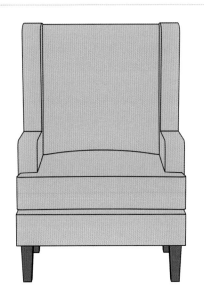

翼状靠背椅

这种扶手椅也是一种经典样式，它拥有高高的翼状靠背、弯曲扶手和可以转动的椅腿——通常装有脚轮。尽管它的造型较为挺拔，但坐着很舒服，而且摆放在现代和传统风格的房间里都很协调。

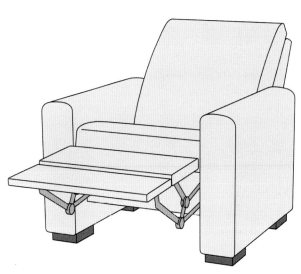

活动躺椅

这种样式的座椅拥有可以倾斜的靠背和可以抬起来的脚踏板，你可以极舒服地躺下休息。有手动和电动型号可供选择，另外，某些新潮款式的活动躺椅还带按摩功能。这种座椅的款式已经越来越多样化。

2 选择面料

　　扶手椅面料的选择与选择沙发面料（参见第 152 页）的思路基本相同，但这并不意味着座椅的面料一定要与沙发面料一致。事实上，如果你不想让房间里的家具变成"三件套"的样了，为扶手椅选择面料时恰好可以选一款能产生对比效果的面料或样式。

自己动手制作沙发盖毯

自己制作的盖毯可以完全贴合沙发，借助多层盖毯而不是一条随意遮盖的盖毯，可以令沙发看上去更加整洁，而且更高效地发挥沙发的作用。可以使用相同的面料，也可以为不同的盖毯层选择风格互补的面料。

材料准备清单：

· 底层面料：窗帘用棉质布料
· 双层面料：使用窗帘重量的棉质布料（两层的面料可以相同，也可以风格互补）
· 剪刀
· 缝纫机或针线
· 熨斗
· 大头针
· 小棒（可选）

1 测量并裁剪

分别测量每层盖毯的尺寸。底层盖毯是最大的一块面料，因为它需要覆盖整个沙发，而且要达到四边几乎拖到地板上的效果。由于需要覆盖两个扶手和沙发的整个宽度，所以中间层又窄又长。最后一块是上层盖毯，它在宽度和长度上应该与沙发座相同，使其从前到后刚好覆盖整个沙发，而且两端几乎触及地板。为了留出褶边，并让盖毯足够塞进座位的缝隙里，每块布料的尺寸都要留出几厘米的余量。

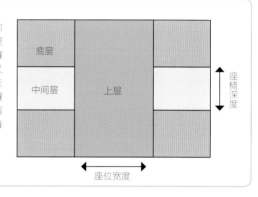

底层

中间层　上层

座椅深度

座位宽度

2 接合面料

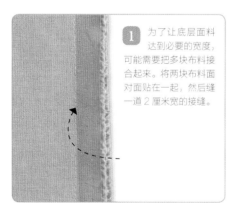

1 为了让底层面料达到必要的宽度，可能需要把多块布料接合起来。将两块布料面对面贴在一起，然后缝一道 2 厘米宽的接缝。

2 展开并摊平。将接缝按在一边并用熨斗熨平。

3 为了保证接缝牢固，再次缝纫并令其形成一道平缝。

3 制作褶边

1 为了制作出整齐的褶边，首先将面料的每条边折过去大约 1 厘米的宽度并熨平。

2 将第一个褶边再折一次，此时毛边便藏在里面了。对边也如此折叠。在面料的每个角上，折出一个 45° 的三角形。（为了让盖毯看起来平整利落，也可以在制作褶边前先修剪一下边角。）

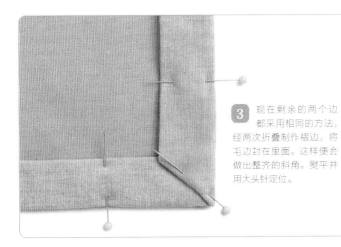

3 现在剩余的两个边都采用相同的方法，经两次折叠制作褶边，将毛边封在里面。这样便会做出整齐的斜角。熨平并用大头针定位。

4 缝好所有四个边的褶边。

4 制作盖毯重叠层

重复上述步骤，制作盖毯的中间层，然后制作盖毯的上层。根据沙发的大小，这次就不一定需要接合多块布料了。

5 铺盖毯

将底层盖毯盖在整个沙发上，在座位的边缘处将盖毯塞入几厘米，以保证整块盖毯服帖、平整。将长条状的中间层盖毯盖住两个扶手以及座位，并再次在座位的边缘处将此盖毯塞入几厘米。将上层盖毯盖在座位上和靠背上，在靠背的边缘同样塞入几厘米的盖毯（用小棒将盖毯推入坐垫边缘的缝隙，这样便可以将盖毯铺盖到位）。

8 选择客厅家具

市面上的客厅家具种类繁多，价格高低有别，一下子可能让人觉得无从选起。这时候，首先考虑你想选什么材质的家具，是选组装好的还是需要自行组装的，然后再考虑实际需要哪几种家具。

1 选择材质

客厅家具的材质很大程度上决定了房间的风格。例如，短粗型的实木家具会给你的房间带来质朴的田园风格，而闪亮的玻璃或亚克力材质则创造出更为时尚、现代的感觉。

实木
中等价位的实木家具有各种时尚和传统的样式可供选择。由于它属于天然材质，所以在纹理和颜色上选择较多。

胶合板
这种中低价位的家具材质由很薄的木质层与基材（通常是刨花板或中密度板）黏合而成。它比实木家具轻很多。

金属
金属材质的家具价位适中，通常使用金属框架和金属腿，并搭配玻璃或木质台面，呈现具有现代气息的外观；金属拉丝表面更具工业质感。

玻璃
玻璃材质的家具价位适中，玻璃会带来光线和空间的改变，不过它经常是由一整块玻璃模压成型的，所以自身较重，不容易搬动。

亚克力
这种透明的家具材质看起来很像玻璃，价位适中，通常也是由一块原料板材模压成型的。亚克力家具非常适合风格时尚的客厅。

2 选择单件家具

除了沙发以外，客厅里摆放其他家具就不存在什么非得遵守的规矩了，所以选什么家具还要取决于客厅空间的大小，以及你是否需要台面、储物空间或展示区。

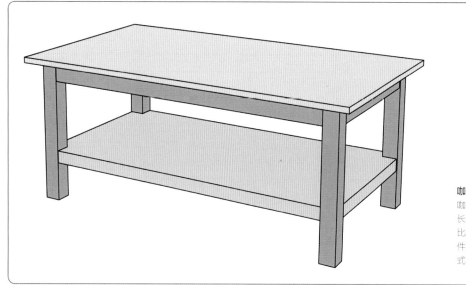

咖啡桌
咖啡桌有各种大小和形状可供选择，包括正方形、长方形、椭圆形和圆形，还有带储物空间的咖啡桌。比如能够存放杂志的单层搁板咖啡桌，可以塞入文件的带抽屉咖啡桌，或者可以存放更多杂物的掀盖式咖啡桌。

客厅

桌案

虽然某些带抽屉的桌案可以存放小物件，但桌案的装饰性还是大于实用性。桌案的高矮正好可以用来摆放物件，例如一盏台灯。桌案可以贴墙放置，或放在沙发后面。

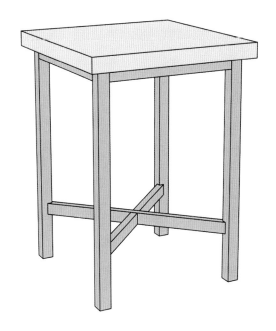

边几

边几通常放在沙发或扶手椅旁边，用来摆放像台灯这样的物件，也可用作工作台、摆放书报杂志或充当茶几。市售的边几有不同尺寸可选，所以在购买前务必核对你所需要的边几尺寸。

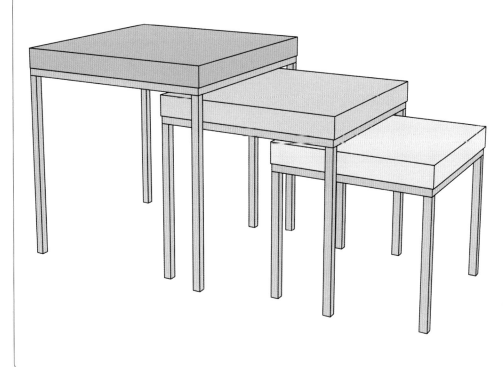

套几

这种套几非常实用，通常由一套两至三张不同大小的小桌组成，不用时可收拢在一起。需要时可将它们轻松拉出来使用。

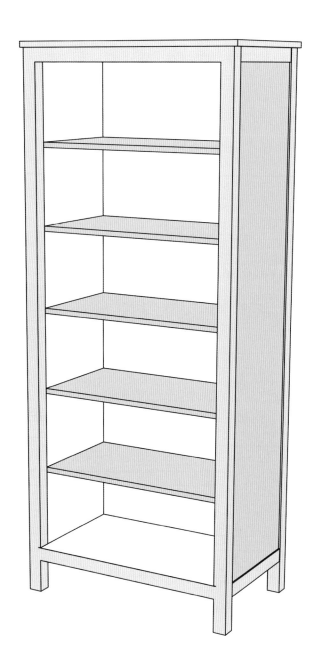

书架
除了摆放书籍之外,书架也可以用于展示装饰品、收藏品和相框。
请在购买前确认书架的深度和高度能摆得下你想摆放的物品。

置物架
开放式的置物架与书架类似,也有不同的样式、大小和表面材
料可供选择。除了提供实用的储物空间之外,这种置物架也可
以用作隔断,分隔起居区的空间。

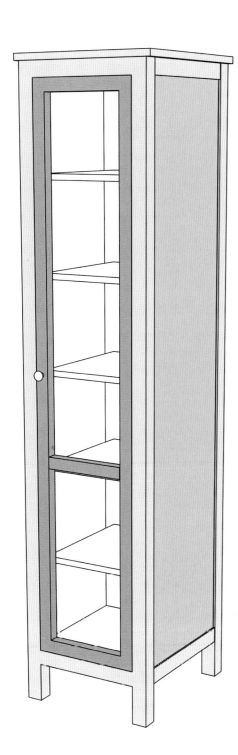

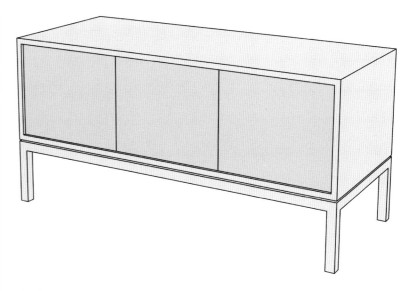

餐具柜

餐具柜也可以摆放在客厅里作储物用——不管是存放卧具、杂志和书籍还是办公用品。有些样式的餐具柜的后部预留有电源插座，因此也可以用于摆放音响或打印机之类的电器。

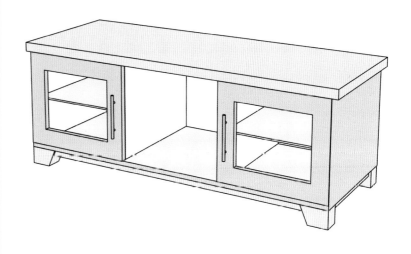

陈列柜

不同款式的陈列柜高度和宽度也各有不同，而且通常有敞开或封闭的(或镶嵌玻璃的)前立面，也有把二者结合起来的样式。那些带搁板或玻璃门的陈列柜可以用于展示装饰品或家庭照片。

电视柜

这些低矮的小柜采用专门设计，你可以在台面上摆放电视机，在搁板上或在下面的隔舱里放置家庭影院或游戏装备。如果空间有限，你还可以购买适合摆在房间角落里的电视角柜。

六招搞定置物架／搁板

　　客厅置物架／搁板不仅是实用的储物空间，还可以用于展示各种漂亮的饰物和纪念品。如果你的置物架／搁板主要用于放书，那么可以按照书的颜色和大小摆放，这样看上去会非常整齐，令人赏心悦目。

活动搁板

活动搁板采用隐蔽支撑，看起来随意而时尚。这些搁板可以单个使用或组合使用。

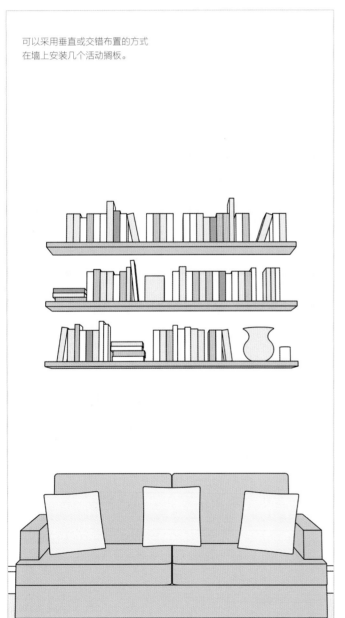

可以采用垂直或交错布置的方式在墙上安装几个活动搁板。

挂镜线高度搁板

如果不想让搁板成为客厅中的视觉中心或焦点，可以把它们安装在挂镜线高度上。

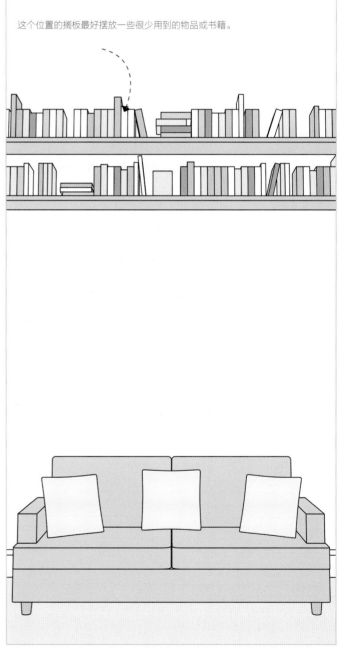

这个位置的搁板最好摆放一些很少用到的物品或书籍。

箱式搁板

安装一组或数组箱式搁板可以让你的墙面看起来整洁、雅致。

整墙式置物架

在整面墙上安装置物架。不过安装这种类型的置物架一定要保证物品摆放整齐，否则整个房间都会给人留下乱糟糟的感觉。

内凹式置物架

凹室中非常适合安装置物架／搁板。如果你在同一面墙上的两个凹室中都设计了置物架／搁板，就要考虑这两处内凹式置物架上摆放的物品看上去是否整齐。

如果你在同一面墙上的凹室中设置了置物架或搁板，请注意将书籍、照片和配饰摆放得平衡有致。

房门特型置物架

门框周围的空间或开放式房间的前部空间通常得不到很好的利用，所以安装若干置物架会创造出有价值的储藏空间。

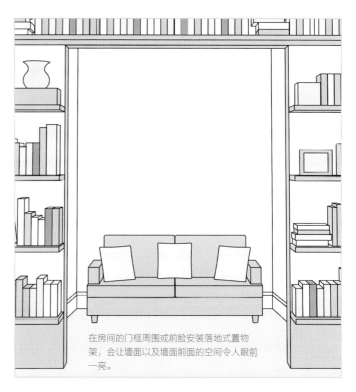

在房间的门框周围或前脸安装落地式置物架，会让墙面以及墙面前面的空间令人眼前一亮。

自己动手安装墙面搁板

在你安装墙面搁板之前，最好先把搁板固定在支架上，然后确定你希望把搁板安装在墙面的哪个位置，而不是只举着支架寻找安装位置。这样你可以更直观地把握整套搁板的相对位置，从而获得最佳视觉效果。

材料准备清单：

· 木搁板（最好选择厚实的木板）
· 支架
· 卷尺
· 铅笔
· 手锥
· 螺丝刀
· 水平仪
· 电钻
· 膨胀管（供石膏板墙或砖墙使用，视墙面材料而定；规格应当与螺钉规格匹配）
· 螺钉

安装支架

1 搁板的背面放在一个平面上，用搁板支架抵住搁板的底面。用肉眼判断支架的安装位置。

2 用卷尺测量每个支架与搁板边缘的距离，以便确认它们与搁板边缘等距。两个支架的顶面和基座也必须是平行的。

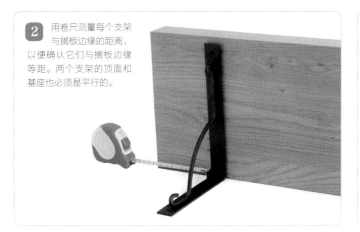

3 用铅笔在搁板的底面上轻轻标出支架安装孔。将支架安装在这个"侧面"位置，还要确保它们与搁板的底面平齐。

4 用手锥在搁板底面的铅笔标记处打孔。将搁板正面朝下放在平面上做这项工作更顺手些。

5 将螺钉穿过支架，用螺丝刀将支架与搁板的底面固定在一起。

2 标记搁板的安装位置

1 将已安装好支架的搁板托举到墙面上，仔细观察确认安装位置。沿搁板的长度方向放一个水平仪以确认搁板处于水平状态。

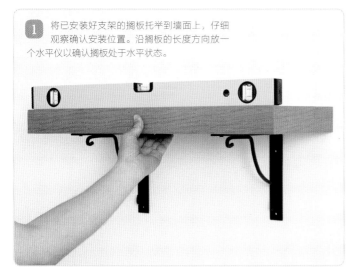

2 用铅笔在墙面上标记出支架安装孔位。

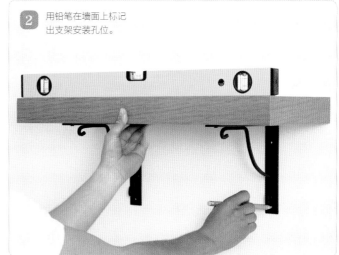

3 安装搁板

1 用电钻在墙面上铅笔标记处钻孔。选择与膨胀管相匹配的钻头。

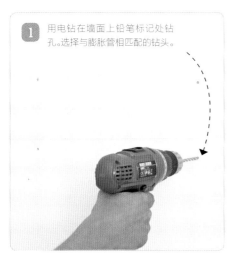

2 在钻孔中插入膨胀管，然后用螺钉把搁板固定在墙面上。

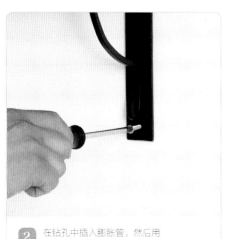

自己动手安装内凹式搁板

这些"活动"搁板（因为看不到支架或配件所以好像不是固定的）由安装在两块搁板之间的三明治结构压条组成。凹室的墙面并不总是"真实的"，也不总是笔直的，所以在切割特定尺寸的搁板之前，首先测量凹室的前后宽度，以及准备安装搁板的位置的宽度。

材料准备清单：

- 木板或中密度板（标准内凹式搁板的厚度大约是9毫米）
- 压条
- 手锯或线锯
- 木工胶水
- 镶板钉
- 锤子
- 钉冲
- 胶缝剂

- 砂纸
- 水平仪
- 电钻和钻头
- 膨胀管
- 螺钉
- 嵌缝膏（填料）
- 搁板的底漆和面漆
- 漆刷

1 木板切割

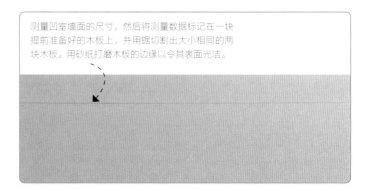

测量凹室墙面的尺寸，然后将测量数据标记在一块提前准备好的木板上，并用锯切割出大小相同的两块木板。用砂纸打磨木板的边缘以令其表面光洁。

2 在每块木板上做标记

1 要留出一定的空间才能让墙面上的固定压条嵌入搁板内；压条到木板边缘的距离至少要达到压条宽度的1.5倍。沿长压条方向，在木板的背面做出相同的标记。

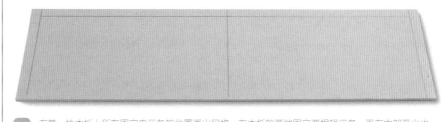

2 在第一块木板上所有固定内压条的位置画出网格。在木板的两端固定两根短压条，而在中部至少也要固定一根压条。这些压条的长度不能超过木板的深度。在木板的另一面画出相同的网格，这样你便能知道镶板钉楔入压条的点位。

3 固定压条

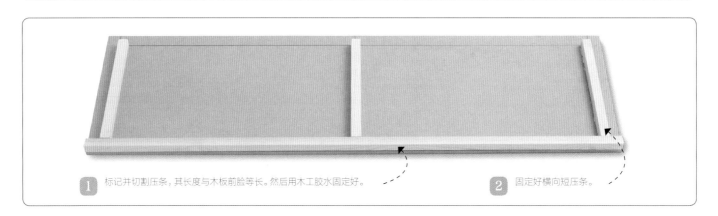

1 标记并切割压条，其长度与木板前脸等长。然后用木工胶水固定好。

2 固定好横向短压条。

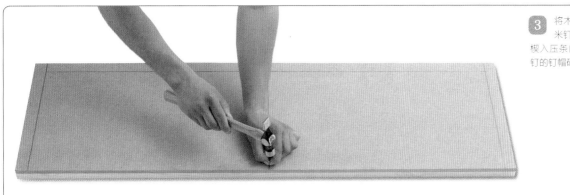

3 将木板翻转过来，每隔 10 厘米钉一颗镶板钉，钉穿木板并楔入压条内。用钉冲和锤子将镶板钉的钉帽砸到木板表面以下。

4　固定第二块木板

1 将第一块木板背面朝上放好，在所有压条上涂抹木工胶水。

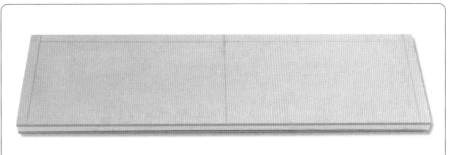

2 将第二块木板放在上一块木板的压条之上并对齐位置。

3 用锤子再次以大约 10 厘米的间隔将镶板钉钉穿上层木板并楔入压条内，再用钉冲和锤子将镶板钉的钉帽砸到木板表面以下。

4 用胶缝剂覆盖钉孔和任何其他缝隙或孔洞。搁板的两面都要处理好。

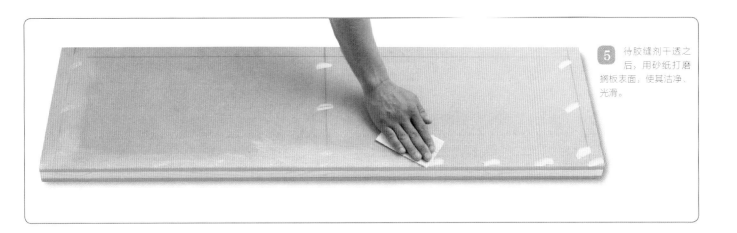

5 待胶缝剂干透之后，用砂纸打磨搁板表面，使其洁净、光滑。

5 在墙面上安装压条

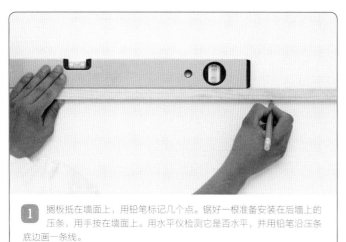

1 搁板抵在墙面上，用铅笔标记几个点。锯好一根准备安装在后墙上的压条，用手按在墙面上。用水平仪检测它是否水平，并用铅笔沿压条底边画一条线。

2 在压条上提前打三个孔，一个在中间，另外两个分列两边，距离两端5～8厘米。如果有合适的钻头，最好将每个孔都打成埋头孔。将压条重新按在墙面上，用小钻头穿过压条上的孔后在墙面上钻孔。

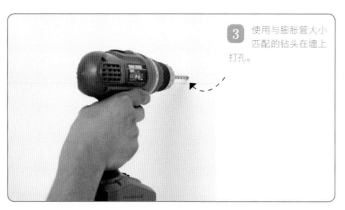

3 使用与膨胀管大小匹配的钻头在墙上打孔。

4 用膨胀管和螺钉将压条固定在墙面上。

5 采用同样的方法将短压条安装在凹室两侧的墙面上。

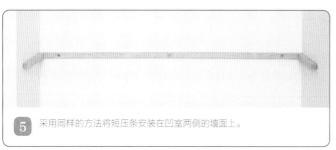

6 将搁板沿压条滑道推到凹室里就位，并用嵌缝膏填补搁板边缘和墙面之间的缝隙。

6 搁板上漆

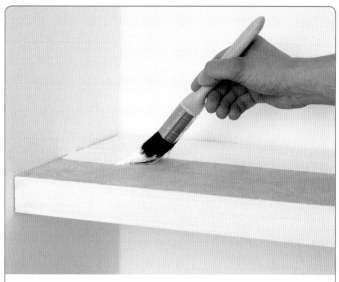

刷一道适合的底漆，然后再刷面漆。

9 选择客厅照明

客厅照明方案的设计诀窍是用不同光照强度创造若干情境。如果房间的格局不够理想,可以通过合理的照明设计在视觉上加以改善。要选择无论点亮还是熄灭都很美观的照明设备。

1 确定照明的风格

没有一种可以实现整个客厅照明的方法。你的目标应该是将工作照明、环境照明和重点照明结合起来,以便呈现不同的光照程度,这取决于空间的功能以及想营造的环境氛围。

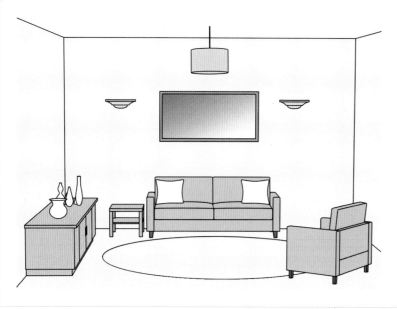

环境照明

环境照明的作用是营造氛围。它可能是你的主顶灯,当光线调暗时,顶灯会营造出一种放松的氛围。如果关闭顶灯,代之以柔和的光束照亮环境,这柔和的光束也可能来自你在房间四周布置的台灯。

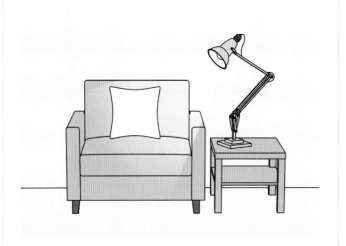

工作照明

客厅内的工作照明有可能是明亮的顶部照明——通常是一盏吊灯或固定式顶灯,也有可能是一盏万向灯或台灯。为顶灯安装调光开关会增加工作照明的光照强度,而你想放松时可将光线调弱。

重点照明

重点照明用于增加特殊的光照效果,通过它可以将你的注意力聚焦在特别的细节上,它也可以照亮一幅精美的装饰画、一件雕塑或一件家具。重点照明还可以用来影响和改善空间格局的视觉效果。

② 选择灯具

在客厅里用不同的照明设备互相搭配，这样的做法比较明智，但用哪几种照明设备相搭配，这取决于你希望营造的照明效果、住宅新旧、房间的装饰风格，以及你想在多大程度上用照明来调节空间的视觉感受。

顶灯

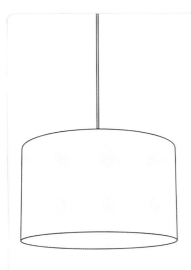

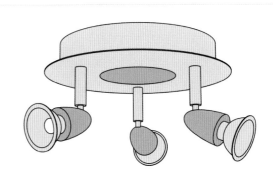

吊灯

带罩吊灯与枝形吊灯类似，也能呈现出令人耳目一新的装饰效果。亮色超大灯罩能帮助空间营造现代风格的配色效果。如果用小巧、精致的灯罩追求更为传统的外观，那么请不要将这盏吊灯作为唯一的光源，因为它的亮度可能较弱，不足以营造整个空间的氛围。

聚光灯

在现代风格的房间里，聚光灯可以用作提供重点照明的顶灯、壁灯和落地灯。不过，选择使用聚光灯时，要记住很关键的一点，那就是聚光灯多带有调光开关，可以通过调光轻松改变空间的氛围，毕竟在太亮的房间里很难让身心得以放松。

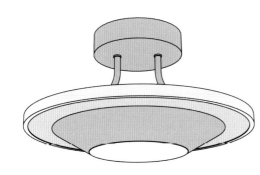

固定式顶灯

安装在客厅里的固定式顶灯应当是一种非常美观的灯具，所以如果房间举架较高、面积较大，就请选择一盏与房间比例相称的顶灯。而面积较小、举架较矮的房间依然可以安装固定式顶灯，但应选紧贴天花板的吸顶灯。

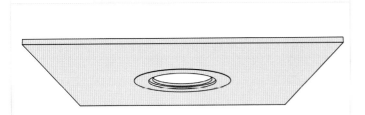

嵌入式射灯

在阴面或举架较矮的现代风格起居空间里，嵌入式射灯会营造一种类似日光的效果。不过，这些射灯需要与其他光源配合使用（例如台灯）并安装调光开关，这样在需要时可以将光线调弱。

装饰照明灯

如果客厅空间很大，可以选择一盏装饰照明灯，因为只起装饰作用，所以光照效果就不那么重要了。可以考虑选购现代或传统风格的枝形吊灯、成排式或吊坠式的风格醒目的吊灯。不管选择哪一种吊灯，在这个房间里仍需要安装其他灯具以满足照明需求，但其他照明组件要保持低调，不能喧宾夺主。

客厅

171

壁装式照明

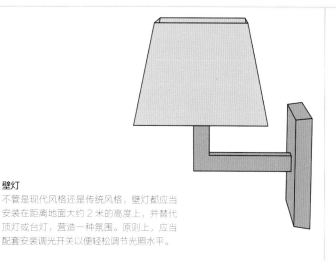

壁灯

不管是现代风格还是传统风格，壁灯都应当安装在距离地面大约 2 米的高度上，并替代顶灯或台灯，营造一种氛围。原则上，应当配套安装调光开关以便轻松调节光照水平。

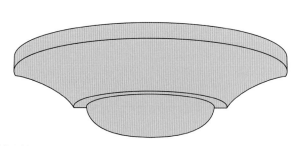

壁装上射灯

和固定式壁灯一样，壁装上射灯用于营造比顶灯柔和的光束，并可以与台灯相配合以营造更为轻松的氛围，还可以显著改善房间的格局——因为这种射灯所发射出来的光线是向上的，能让天花板看上去比实际更高些。

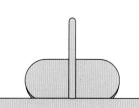

镜画灯

你可能愿意把一件最喜爱的艺术品在客厅里展示出来，最好的办法就是将镜画灯装在画框的上方或下方。为了获得最佳效果，该灯具需要在材质和表面材料上与房间内的其他灯具相匹配。

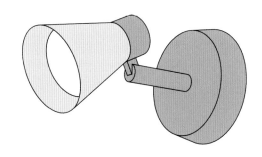

单独设置的聚光灯

单独设置的聚光灯通常用于照亮房间的特定区域或房间内的特定陈设，如建筑细节或艺术品。每个房间（或者一个超大房间的每个分区）中最好只设置一盏这种功能的聚光灯，否则你想呈现的效果可能会大打折扣。

其他照明灯具

落地灯

落地灯通常安装在扶手椅的后面，为阅读或手工活动提供工作照明。不过，市售落地灯也可以只为装饰效果而设，或者为黑暗的角落提供良好的照明。在购买落地灯之前，应对不同款式的灯罩进行试验，以确保其所投射的灯光无论是在色彩还是在光照强度上都能满足空间的需要。

落地上射灯

就像可以向上照亮天花板的壁装上射灯一样，落地上射灯也可以为举架较矮的房间增强空间感，而举架高的房间格局看上去也会更舒服些。可选择一盏可调光的落地上射灯以求最佳装饰效果。

台灯

台灯是客厅中必不可少的灯具，尤其是在现代风格的客厅中。这是因为台灯可以将光线投射到最低层面上并营造出柔和、放松的光照效果。在房间里合理布置台灯，这样在关闭所有顶灯的情况下，整个房间依然可以获得充足的照明。

10 选择窗户装饰

在所有房间中，客厅可能会是你最想好好装饰一新的房间，在这里，你可以用一些奢华的材质打造一种时尚、个性的风格，并突出舒适和休闲的感觉。不过，如果你追求的感觉更偏现代、朴素，那么也可以采用比较低调、精致的装饰方式。

1 选择类型

你也许希望在客厅窗户上使用多种类型的装饰，这样会让整个客厅看上去很有层次。那么究竟该为窗户选择什么样的装饰呢？哪种窗户需要凸显自身的装饰效果呢？

百叶窗

如果你喜欢简约的感觉，或者客厅较小，那么百叶窗便是一种非常简洁的选择。卷帘和罗马帘有丰富的颜色和样式可选，而软百叶窗的材质和颜色选择也很多。百叶窗与窗帘可以组成混搭的外观。

窗帘

窗帘是客厅窗户装饰的经典之选，有各种面料、图案、风格和帘头可供选择，因此既可以用于传统家居，也可以用于现代家居。如果认真选择，窗帘也可以与各种百叶窗搭配使用。

透气窗

固定式透气窗只有几种样式，是现代感客厅的首选。可考虑选择双框或三框透气窗，其中有标准高度、咖啡馆和平开等风格之分。透气窗也非常适合用于飘窗和拱窗。

检查清单

• 别人从外面能看到你家客厅吗？如果能，就要考虑使用半透明的织物窗帘，例如细薄棉布、薄纱或蕾丝网，一方面让光线透入，另一方面保证私密性。

• 考虑窗户周围空间的大小，并确保你能完全拉回窗帘或完全打开透气窗，这样做会让房间看上去更大些，并能接收更多的光线。

• 如果你住在一条人来车往的马路旁，建议使用由类似天鹅绒这样较重的面料制成的窗帘，这样的窗帘有助于降低来自街道的噪声。

2 选择风格

　　如果客厅是传统风格，空间宽敞，采光良好，那么个性化、混搭式的装饰便会带来一种奢华感。现代简约风格的房间通常适合较低调的窗户装饰，当然你也可搭配出较为休闲的感觉。

百叶窗

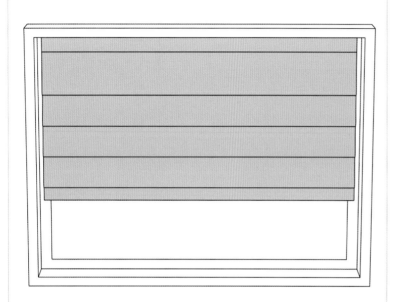

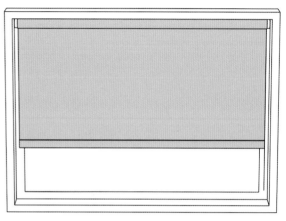

卷帘

卷帘通常看起来非常时尚，尽管它们价格不贵，却非常适合与飘窗相搭配。卷帘的颜色和样式多种多样，可以根据光线需求上下拉动。很多成品卷帘可以进一步裁剪以适合不同的窗型。

罗马帘

罗马帘使用各种面料，既适合现代风格，又适合传统风格的客厅，与窗帘配合使用时，尤为引人注目。罗马帘在向下展开时与窗户平行，而向上收起时会整齐地折叠在一起，看起来比其他百叶窗更为华丽。

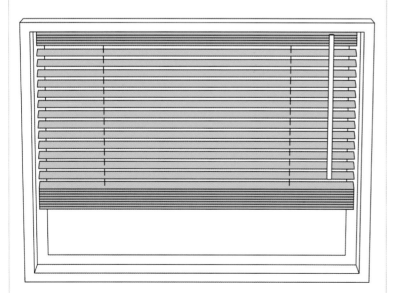

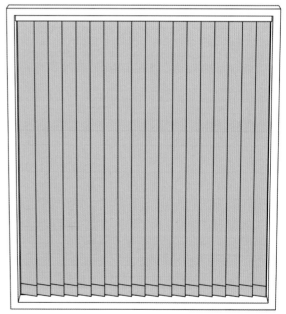

软百叶窗

软百叶窗可调百叶板实现开合，控制窗户的透光量，同时保证私密性。这种百叶窗的材质、颜色和百叶板宽度有多种样式可选。浅色的木质软百叶窗会让你的房间看上去清新自然，而深色调的木窗则带来温馨舒适的感觉。

垂直百叶窗

垂直百叶窗更适合现代风格的房间，如果窗户是标准高度或者有滑动拉门，那么这种百叶窗就是理想之选。它由可以倾斜或拉动的垂直织物条带组成，并有各种颜色和织物可供选择。

客厅

174

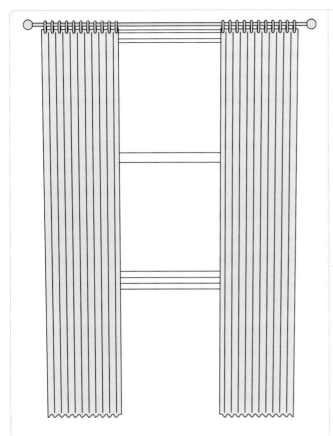

短窗帘

短窗帘通常长及窗台或刚好触及窗台下方，如果你的窗户较小，用这种窗帘可打造简洁之感。如果窗户下方安装有暖气片，也可以考虑短窗帘。这种长度的窗帘可能有些过时，所以要谨慎选择面料。

装饰窗帘

装饰窗帘比常规窗帘窄，通常是不需要拉动的。对于已经出于实用或私密目的使用百叶窗的窗户而言，搭配使用这种窗帘会起到装饰效果。如果预算有限，将它们用于飘窗是极佳的选择。

落地窗帘

全衬里落地窗帘可能价格较为昂贵，但它不仅会对房间的色调产生显著影响，还会起到一定的保温作用。将落地窗帘与罗马帘搭配使用会营造奢华之感，对大型飘窗来说尤为适用。

透气窗

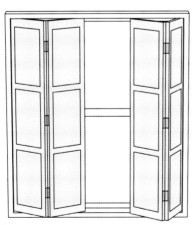

固定式透气窗

固定式透气窗在复古风格的家居中是颇受欢迎的选择，当然这并不是说它们不适合现代风格的房间。固定式透气窗的设计思路是白天向墙边折叠起来，而到了晚上才会关闭，所以如果在白天时也要考虑隐私问题，那么这种窗户可能不太适合你。

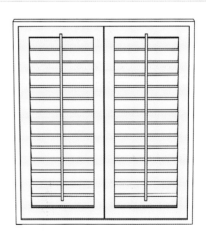

活动透气窗

活动透气窗可以在控制采光的同时保证私密性。标准高度的透气窗看上去很时髦，不过也许咖啡馆式透气窗就能满足你的需求，这种透气窗只遮挡窗户的下半部分，阻挡街上行人的视线，但依然允许光线进入房间。

七招搞定帘头

不管你决定使用素色窗帘还是带图案的窗帘，都可以通过选择漂亮的帘头令窗帘变得别致。无论你是购买成品帘、自己动手制作窗帘，还是请裁缝帮你制作窗帘，都请选择适合所在房间风格的款式。

双褶帘头

如果选择长窗帘，你可以使用双褶帘头，这样即便收起来时，窗帘仍可以保持有序的折叠状态，而且比三褶帘头看上去更休闲。

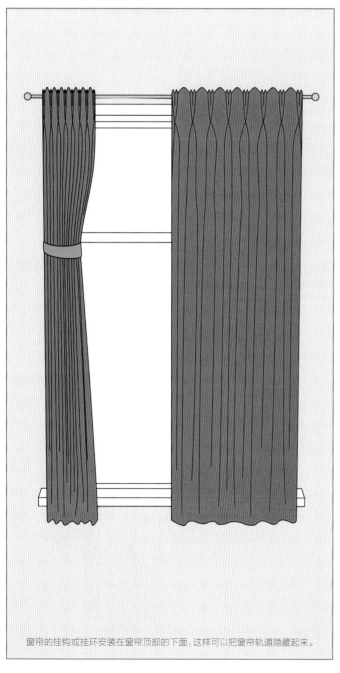

窗帘的挂钩或挂环安装在窗帘顶部的下面，这样可以把窗帘轨道隐藏起来。

打孔帘头

这种看上去十分时尚的窗帘在顶部按一定间隔打有金属孔眼，并穿在一根窗帘杆上。

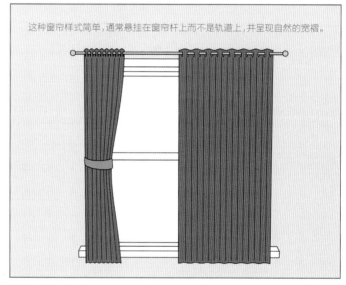

这种窗帘样式简单，通常悬挂在窗帘杆上而不是轨道上，并呈现自然的宽褶。

内工字褶帘头

使用内工字褶帘头的窗帘看上去十分醒目且极简，因此是现代风格客厅的明智之选。

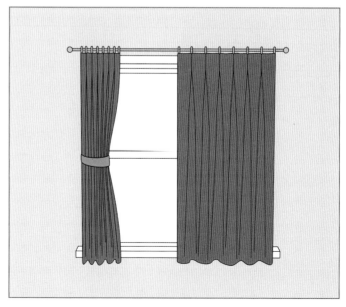

铅笔褶

铅笔褶是一种非常简单的经典帘头。窗帘带带有三个挂钩位，可以配合任何类型的轨道和窗帘杆使用。

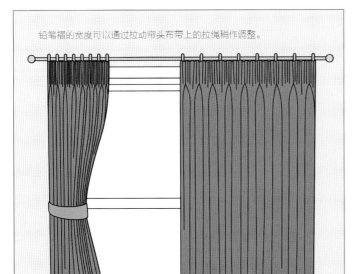

铅笔褶的宽度可以通过拉动帘头布带上的拉绳稍作调整。

吊带窗帘

缝上去的吊带使窗帘看上去既简单又时尚，但是这样的窗帘不如其他样式容易拉开和关闭。

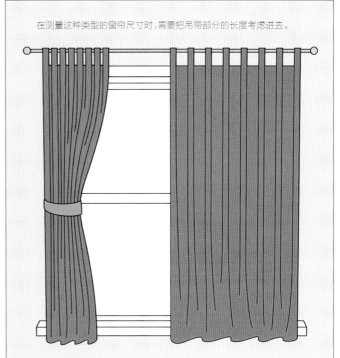

在测量这种类型的窗帘尺寸时，需要把吊带部分的长度考虑进去。

领结式窗帘

这种领结式窗帘非常适合在卧室使用，它的吊带一端缝在帘头上，另一端捆在窗帘杆上。

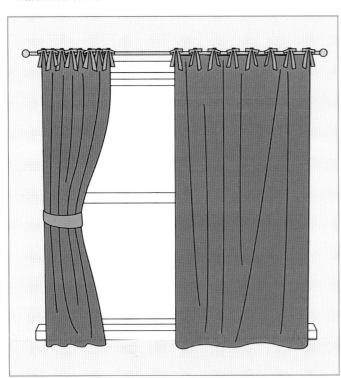

三褶窗帘

三褶帘头使窗帘的褶皱显得雅致、大气。这种帘头更适合拖地长帘。

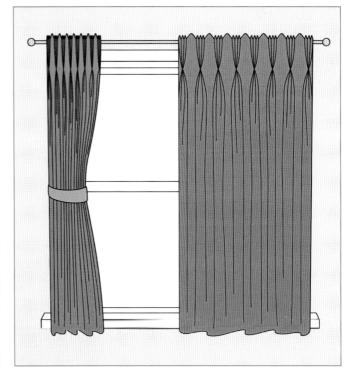

自己动手制作长窗帘

自己制作窗帘可以规避很多问题，可以确保窗帘无论是面料还是尺寸都与房间完美匹配。为了彰显时尚，可以将吊带式窗帘环直接挂在窗帘杆上，这样能省去窗帘挂钩。长窗帘可以直接触及地板，如果想让窗帘看起来更奢华，可以让窗帘更长些，甚至拖到地板上。

材料准备清单：

- 卷尺
- 面料请使用窗帘布（参见第384页的面料用量计算方法）
- 剪刀
- 缝纫机或针线
- 熨斗
- 大头针

1 选择样式

1 测量从窗帘杆底部到地板的距离。（如果你想让最终的成品帘刚好稍高于地板，则可以将这个测量结果作为窗帘的长度；如果你想让窗帘拖到地板上，则需要在此基础上再增加20～30厘米。）

2 根据确定好的长度剪裁面料，为褶边和上边留出25厘米的余量。

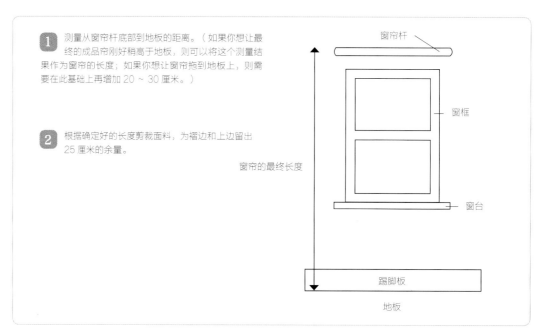

窗帘杆

窗框

窗帘的最终长度

窗台

踢脚板

地板

2 拼接布料

为了达到一定宽度，需要将多块面料拼接在一起（为了让这些窗帘挂起来好看，每幅窗帘的宽度应该是窗帘杆长度的1/2～3/4）。在拼接时，将面料正面相对拼在一起，并沿其中一边缝一道接缝。然后展开摊平，正面朝下，用熨斗将接缝处熨烫平展。

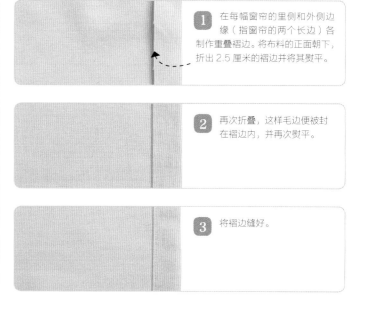

3 制作褶边

1 在每幅窗帘的里侧和外侧边缘（指窗帘的两个长边）各制作重叠褶边。将布料的正面朝下，折出2.5厘米的褶边并将其熨平。

2 再次折叠，这样毛边便被封在褶边内，并再次熨平。

3 将褶边缝好。

4　制作底部褶边

1 用同样的方式卷起窗帘底部，但这次要制作一个 10 厘米的宽褶边。折叠并熨平，然后再次折叠并熨平，最后缝合。

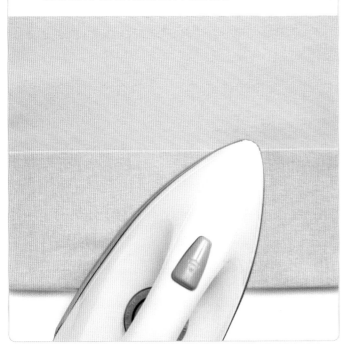

2 把底部褶边与窗帘侧边相接的部分也缝合，这样便可以将褶边空间完全封闭。

5　制作吊带

1 吊带是将窗帘挂在窗帘杆上的工具，要制作吊带，首先需裁剪面料，宽度为 20 厘米，而长度则需要保证将其对折起来后也能完全包住窗帘杆，并留有一定的活动余量，以及 1～2 厘米的缝头。如果对长度不太确定，也可以制作得比你所需要的长度稍长一些，等制作完成时，多出的长度可以被隐藏起来。

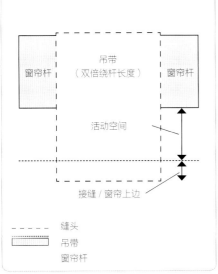

吊带
（双倍绕杆长度）

窗帘杆　　　　　　　　窗帘杆

活动空间

接缝 / 窗帘上边

- - - - -　缝头

▭　吊带

窗帘杆

2 将每个吊带布片正面相对并纵向对折，然后沿毛边缝合，形成一个管状的带子。

3 将管状带子的正面翻出，并将接缝置中，熨平。

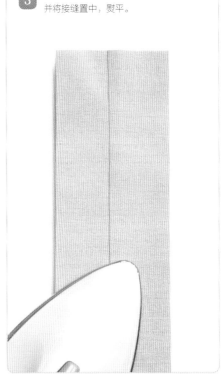

6 吊带定位

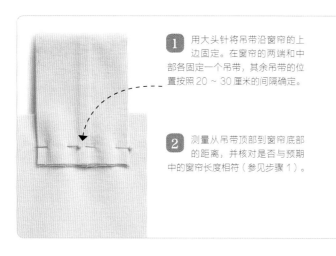

1 用大头针将吊带沿窗帘的上边固定。在窗帘的两端和中部各固定一个吊带，其余吊带的位置按照 20 ~ 30 厘米的间隔确定。

2 测量从吊带顶部到窗帘底部的距离，并核对是否与预期中的窗帘长度相符（参见步骤 1）。

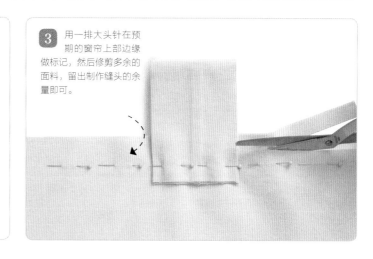

3 用一排大头针在预期的窗帘上部边缘做标记，然后修剪多余的面料，留出制作缝头的余量即可。

7 缝纫吊带

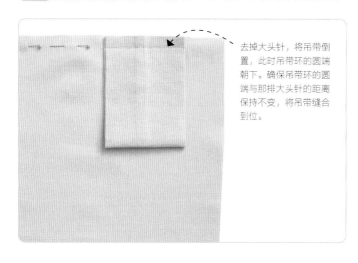

去掉大头针，将吊带倒置，此时吊带环的圆端朝下。确保吊带环的圆端与那排大头针的距离保持不变，将吊带缝合到位。

8 准备窗帘的后片

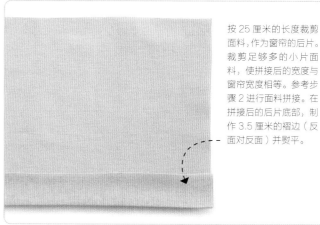

按 25 厘米的长度裁剪面料，作为窗帘的后片。裁剪足够多的小片面料，使拼接后的宽度与窗帘宽度相等。参考步骤 2 进行面料拼接。在拼接后的后片底部，制作 3.5 厘米的褶边（反面对反面）并熨平。

9 将窗帘的前片和后片缝合在一起

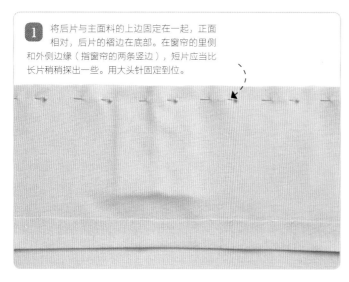

1 将后片与主面料的上边固定在一起，正面相对，后片的褶边在底部。在窗帘的里侧和外侧边缘（指窗帘的两条竖边），短片应当比长片稍稍探出一些。用大头针固定到位。

2 将前片和后片沿大头针标记缝合在一起。

10 缝纫后片

1 将后片翻过来，此时面料是反面对反面，吊带裸露在外。用熨斗熨平。

2 用大头针将后片固定到位，然后缝合。

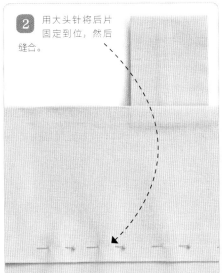

3 在窗帘边缘，将探出的面料整齐地折在夹层里，并将边缘缝合。

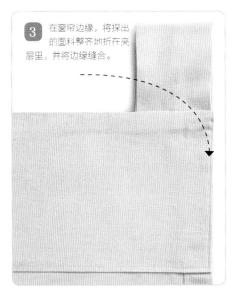

11 悬挂

令窗帘杆穿过所有的吊带环，然后悬挂在支架上。

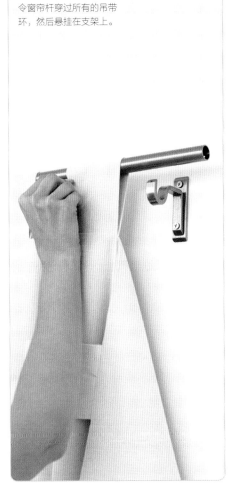

11 选择壁炉

在为客厅选购壁炉之前，请专业人士评估一下你的房子是否有烟囱（或烟道），它的功能状态是否良好，以及可用的燃料类型和所需的热量输出。有了以上基本信息以后，你就可以从各种类型的市售壁炉中选择合适的产品了。

选择类型

你首先要明确的是你究竟是想要一个与烟囱或人造烟囱配合使用的传统风格壁炉或火炉，还是想要打造嵌入墙内或安装在墙面上的现代风格壁炉。

火炉
这种火炉比前开口式壁炉的供暖效率更高，并有多种安装方式：独立安装在炉床上，嵌入壁炉预留位置；或者，如果有外部烟道的话，也可以安装在房间的中央，成为房间的视觉焦点。

嵌入式壁炉
嵌入式壁炉可以整齐地安装在炉床后面的壁炉预留位。大多数壁炉都可以安装在标准大小的壁炉预留位，不过较大的壁炉预留位也要适当扩大。在壁炉外通常有石材或木质壁炉架，镶嵌瓷砖、石材、砖块或其他防火材质。

壁装式

壁装式壁炉属于现代风格，而且不占地板空间。根据燃料类型的不同，壁炉可以完全嵌入既有炉腔或假炉腔内，或者直接挂在墙上。壁装式壁炉的形状有竖式、横式和正方形。

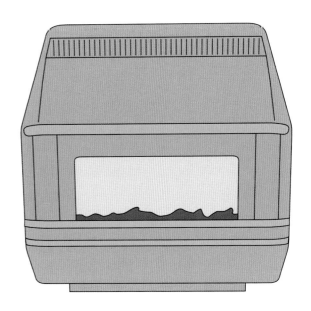

外凸式

外凸式壁炉安装在壁炉预留位前面的炉床上。外凸式壁炉的设计通常比较传统，带有玻璃前脸和黑色背景，而且很多时候还安装有黄铜装饰件。外凸式壁炉只有燃气壁炉一种类型。

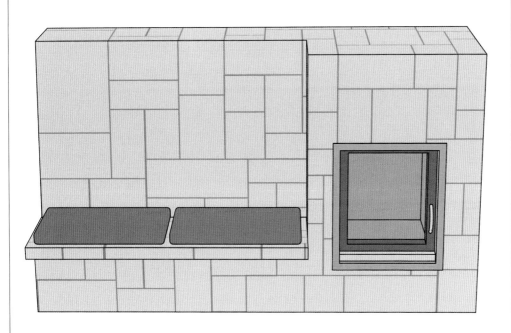

石造壁炉

在建筑面积 185 平方米以内的住宅里，此类壁炉都可以作为主加热器。石造壁炉使用砖或石材制成，生起炉火后，它会将热量储藏起来，然后在接下来的 12～24 小时里缓慢且均匀地释放热量。有一些石造壁炉除了有主加热器功能之外，还有一个较小的炉灶供烹饪，甚至带加热装置的座椅。不过这种壁炉必须与烟囱配合使用。

燃料类型

你想用的燃料类型会决定你所选择的壁炉风格。以下是购置壁炉之前需要考虑的一些问题：

• 固体燃料包括木材、煤炭、无烟燃料和木屑燃料。很多壁炉和火炉都属于多燃料型，所以它们可以使用这些燃料中的任意一种或几种。如果你选择固体燃料壁炉，就需要配套设计燃料储藏室。

• 很多燃气壁炉都要求房屋配备传统烟道并嵌入炉腔内。如果你没有烟囱或烟道，可以将平衡烟道燃气壁炉安装在外墙上，或者通过管道引到外墙上。

• 电热壁炉可以安装在房间内任何有电源插座的地方。那些价格昂贵的电热壁炉效果都十分逼真，比如说将屏幕设计为跃动火焰效果，或用全息影像形式呈现火焰效果，甚至内置烟雾机，以营造逼真的燃烧景象。

五招搞定客厅陈设

以一种富有创意的方式摆放你的饰品和收藏品，会令客厅看上去整洁、有品位。挑选一些让人眼前一亮（而不是那些纯功能性）的物品，按照下面的小建议巧妙地陈列收藏品吧。

花瓶分组展示

一个展示花瓶的好方法是，将花瓶以三个或五个为一组，分组陈列。选择高度不同、色彩各异的花瓶进行搭配组合，将它们按照四周低中间高的金字塔形摆放在一起。

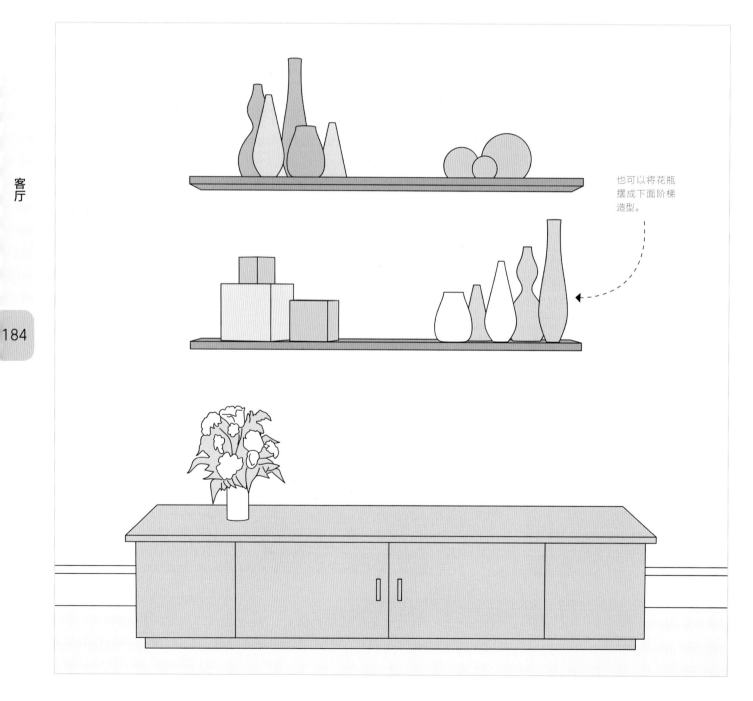

也可以将花瓶摆成下面阶梯造型。

彩色编码书架

选择色彩与房间的整体风格相配的书籍，这样布置完的书架看上去会更有格调。

箱型纪念品展示架

开放式箱型展示架比较窄，适合展示收藏品和纪念品，让四周营造出一种整洁的轮廓。

钟罩

使用钟罩展示小型收藏品。可以选择纪念品甚至精致的干花作为展示物。

你可以用漂亮的玻璃材质奶酪圆顶罩打造出这种效果。

置物架

为了让置物架上的物品陈列得更有平衡感，可以将较大的饰物交替摆放在各层搁板的两端角落里，摆出一种"之"字形的样式。

将较小的饰物摆放在搁板的另一端。

五招搞定靠垫和盖毯

　　最好不要将沙发上的靠垫和盖毯过于随意地摆放，甚至凌乱堆放。有很多方式利用它们装扮沙发，让沙发看上去或整洁或休闲。选择一种最适合客厅整体风格的摆放方式，或者根据心情和时间变换摆放的方式。

波希米亚式

若想让沙发看起来不拘一格，可以将带有动物图案的盖毯覆盖在沙发坐垫上，将四边压实，再在上面放一些带图案的亮色靠垫。

如果你不想用动物图案的盖毯，也可以用大围巾或布料盖在坐垫上。

客厅

186

整洁——两块盖毯

在双人沙发的两个坐垫上各盖一块素色小盖毯，然后在两个坐垫旁分别摆上条纹图案的靠垫。

要打造较为规矩的样式，可以选择聚酯靠垫，因为这种材质比较结实而且能保持形状；如果想要营造轻松一些的氛围，就可以选择柔软的皮革靠垫。

巧妙——一块盖毯

将一块浅色羊毛盖毯与华丽的（同样大小的）素色靠垫搭配使用，看上去会十分协调。

为了增强趣味性，可以增加一个带图案的靠垫。

复古风

格子图案的野餐风格盖毯搭配鲜花与条纹图案的靠垫会让你的沙发看上去更具复古风格。

确保所选靠垫与沙发相搭配。

只选择靠垫

选几个大小不一，但颜色和图案相似的靠垫，能够营造出非常有趣的视觉效果。

为了让视觉效果更好，请尽量均匀地排布靠垫。

12 选择小地毯

小地毯有各种尺寸、材质和形状，能够为原本平淡的房间增添纹理、色彩和图案。在房屋的某一片地板上铺上一块小地毯，可以最大限度地减少方格状，并让铺设硬木地板的房间看上去温馨、自然。

1 选择形状

你选择的小地毯主要根据铺小地毯的区域或房间的格局和风格确定。如果房间是方方正正的，可以铺上一块圆形或自然形状的小地毯（兽皮材质）来制造反差效果。如果觉得小地毯的尺寸不好掌握，记住，大的效果总要好过小的。

客厅

188

圆形
如果房间中的家具具有很多尖锐的棱角，那么用圆形小地毯来缓和僵硬的轮廓不失为一个好办法。在儿童卧室内铺一两块彩色小圆毯，也会让房间变得生动有趣。

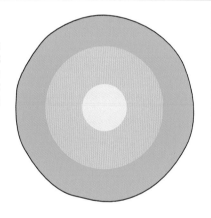

正方形
正方形小地毯非常适合正方形的小房间使用，例如用在正方形的咖啡桌或餐桌下，会形成一个醒目的视觉焦点。如果房间是长条形状的，那么可以尝试使用2～3块正方形小地毯，从视觉上分割空间。

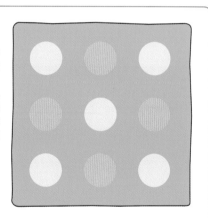

长方形
这种长方形的小地毯是最常见的样式，可以铺在房间的中间，正对着沙发，或者一直铺到墙边，给人留下房间内铺满地毯的感觉。

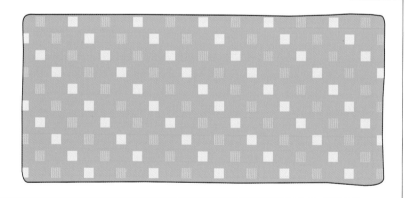

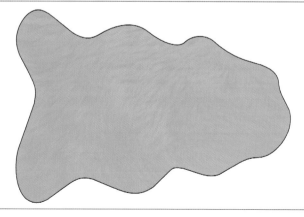

自然形状 / 动物形状
使用野兽皮或羊皮制作的小地毯通常会保留本来的不规则形状，看起来非常自然。这种小地毯能够很好地装点客厅和卧室，尤其能够让木地板或砖地板看起来更高档。此类小地毯的大小和形状多种多样，所以铺设效果也大相径庭。

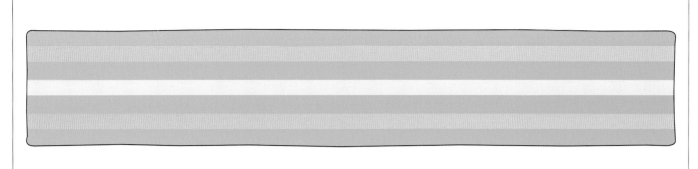

长地毯

这种长方形的地毯又长又薄，多铺于门厅，有各种长度和宽度可选，多数人选择的是条纹图案。长地毯一方面可以保护地板，另一方面可以为空间增加色彩和纹理，同时能让空间看上去更长些。

2 选择材质

你可以根据个人的喜好选择小地毯的材质和编织方式，但也要考虑将其用在何处。长绒小地毯善于营造舒适的氛围，而羊皮和其他皮革材质则能完美地融入现代风格的家居环境。

长绒

中等价位的长绒小地毯可以为环境增添质感，营造舒适和温馨的感觉。长绒小地毯的材质从羊毛到耐磨的合成纤维，多种多样，但存在易掉毛的问题。

平织

平织小地毯有用羊毛制成的，也有用合成纤维（例如聚丙烯或聚酯）制成的，价格高低有别。平织小地毯适用于任何房间。

天然纤维

天然纤维小地毯价格适中，使用海草、剑麻和黄麻之类的天然纤维编织而成，可为空间增添质感，但不像其他材质能营造出柔软、温暖的感觉。

羊皮

羊皮小地毯价格中等偏高，有各种颜色和尺寸（也可以拼接在一起）可供选择。价位较高的羊皮一般比较厚重，羊毛也更致密。

兽皮和其他皮革

中高价位的兽皮和其他皮革在纹理、色泽和大小上都十分独特。表面粗糙、拼接而成的兽皮和其他皮革制品通常稍微便宜一些。

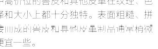

卵石纹

这些昂贵的时尚纹理小地毯看起来像由鹅卵石镶嵌而成，其实是以纯羊毛为材质，按照不同的外形缝制而成。光脚踩在上面会觉得柔软而舒适。

小地毯的保养

只需小心使用加上适当保养，便可以让你的小地毯在若干年内都光亮如新。

• 如果小地毯铺装在有阳光直射的房间里，就需要定期旋转小地毯以免出现褪色不均匀的情况。大约每六个月旋转一次即可。

• 为了防止纤维被压倒，要避免把脚轮或细腿直接放置在小地毯上，或者要做到时不时地移动家具，这样压力便不会始终集中在一个地方上。

• 长绒编织地毯以及羊毛地毯在首次铺装时容易掉毛。可以在首次使用的数周内用小型吸尘器清理，以减少掉毛情况的发生。不过有些小地毯在整个使用期内都会一直掉毛。

• 发生泼溅时，需立刻清理，将固体物质捡起来，并用干净的湿布吸干液体（千万不要擦拭）。

• 如果自己无法去掉污渍，有必要请专业清洗工来做，他们有时会创造奇迹。专业人员甚至可以修补灼烧的痕迹和破洞。

五招搞定小地毯

　　小地毯可以让客厅看上去大不一样——或增加色彩、图案，提供焦点，或营造出一种视觉错觉。小地毯可以让房间变得温馨、怡人。如果是空间通透的大房间，还可以用小地毯打造分区。要根据房间整体风格选择不同类型的小地毯。

装饰地毯

在开放式空间内铺一块较大的长方形或正方形小地毯，并将家具摆放在上面或四周，可由此划分出起居区和休闲区。

在较大的空间内，可以使用多块小地毯，但如果小地毯
不能完全与环境相搭配，至少也要起到衬托的作用。

圆形小地毯

如果你的客厅是现代风格，而且家具时尚、棱角分明，使用 大块圆形小地毯可以让这些线条变得柔和。

圆形小地毯能营造休闲的感觉，在传统的空间里也有这个效果。

三块长条小地毯

如果觉得一块小地毯无法覆盖你选定的空间，可以把三块长条小地毯并排铺装。

客厅用长条小地毯效果很好，但若想营造更为休闲的感觉，就不要尝试用地毯拼出任何图案。

组合铺放不同的小地毯

为了获得真正休闲的观感，可以尝试将不同大小、带图案的小地毯组合起来，覆盖在你所希望摆放的空间里。

为了获得更好的效果，需要让这些小地毯的色调相同。

条纹小地毯

在小房间里使用条纹小地毯会让房间显得宽敞些。水平条纹让房间看上去较宽，而竖直的条纹则让房间看上去较长。

中性色调的条纹会比亮色或深色的条纹看起来更精致。

五招让客厅旧貌换新颜

有时客厅不一定需要彻底改造和重新装修，而是稍加整理就行。不需要花很多钱，也不需要花很多时间，只用若干小时，就能让客厅完成大变身。参考以下建议，让客厅焕然一新吧。

增加新靠垫

新靠垫会立刻改变沙发的外观。把所有靠垫的外罩更换一新，或者只是增加两三个带图案或者颜色的，与你的沙发面料形成互补的新靠垫就能达到这个目的。

如果靠垫已经变形了，可以考虑更换靠垫芯。

换灯罩

灯具装饰更换起来比较容易，只要改变灯罩的大小、形状和颜色，便可以让灯具呈现出不一样的效果。

确保灯罩与灯座的大小相称，太大或太小，整体效果都会大打折扣。

改变家具的摆放位置

只需简单地移动沙发和咖啡桌的位置，便可以为你的客厅带来新鲜的感觉和氛围。

夏天时，让沙发面对窗户；冬天时，让沙发面对壁炉。

更换沙发罩

挑选新的沙发罩（更换或重新定制），或用大块布料包覆每个座位和靠垫。

更换配饰

可以更换一些新颜色或新形状的小物品，例如花瓶、蜡烛和画框。

也可以从其他房间寻找可以用在这个房间的配饰。

BEDROOM

1 卧室翻新指南

重新装修主卧室或其他卧室时，要遵循一定的施工程序，按部就班地进行装修工作。这样做，你能避免过于铺张，还能预防返工情况的发生，从而有效利用预算。按照下面的步骤去开展装修计划吧，每一个时间节点尽在掌握！

1 确定预算

你得花多少钱？预算确定了，就要精打细算，更高效地花钱。例如，如果你的墙面需要抹灰，也许就不能花很多钱来购置一张新床。做预算时，至少留出10%的资金以备不时之需，尤其做旧房改造时更是如此，因为可能存在某些需要花钱解决的隐患。

2 设计平面布局

按照一定比例绘制卧室的平面简图，图中要包括所有的门、窗和暖气片。设计好家具的摆放位置，并以此为参考，确定电源插座、顶灯、壁灯和照明开关的位置。如有必要，还要确定电视天线的位置。

3 考虑供暖系统

思考房间供暖的方式并思考供暖系统的改造能带来什么好处，例如，移动暖气片后能腾出宝贵的墙面空间吗？暖气片再大些才够这个房间用吗？

4 预约工人

联系电工、木工（细木工）、水暖工、抹灰工和装修工，并请他们一一报价。如果你不需要拆墙，此时正好可以请一位细木工师傅为打造壁柜报价。了解其他工序的工作安排会对每道工序产生什么样的影响，以便安排好每道工序的进场施工时间。

5 下订单

一旦收到报价，便可以开始订购地板、木制品、门窗和暖气片。等主要装修工作都已展开之后，便可以开始订购家具、壁纸、涂料、地毯和灯具等物品。

6 拆除老设施

铲除老壁纸。在刷漆或重贴壁纸之前，要检查墙面和天花板是否需要重新抹灰或修补。拆除破旧的木制品、已损坏且无法修理的装饰条，以及陈旧且不合心意的地板，拆除老化的电气线路和水暖管道。

7 安装新的供暖设施——第一阶段安装

如果有与新暖气片配套的新管道需要安装，要首先完成这项工作，因为这项工作有可能妨碍其他工序的开展。

8　安装电气线路——第一阶段安装

电工的第一阶段安装工作包括在地板下、墙面内和天花板上铺设线缆，以便为照明开关提供电源。如果房间内设计有嵌入式灯具，电工可以在这一阶段着手做灯具安装的前期工作。此时还要确定所有电话和电视天线的线路已经安装完成。

9　安装新窗户

一旦房间清理完成并准备为墙面抹灰，便可以准备安装新窗户了。如果窗户只是需要刷漆整修，那么现在可以准备刷漆了。在完成这项工作之后，再联系抹灰工进场施工。

10　墙面和天花板抹灰

抹灰工作最好让专业人员来做。从抹灰完成节点开始计算，至少为灰墙留下两周的干燥时间，然后再开始装饰工作。此时可以开始修理原有的石膏装饰条，或购买新装饰条。

11　铺装地面

在等待墙面抹灰层干燥期间，你可以铺装实木地板。如果你计划铺装地毯，此时可以铺装打底的毛地板。

12　安装壁柜

如果你准备现场打制壁柜，或已经从商家购买了壁柜，此时可以开始安装，然后再安装新踢脚板和装饰条。

13　安装木制品

待墙面抹灰层干燥后，安装新的踢脚板、门头线、门扇、门框和挂镜线等木制装饰条或装饰板。确保细木工或木工清楚所有隐蔽水电管道的位置和走向。

14　装饰

首先填补细微的裂缝，然后粉刷天花板、墙面和木制品，最后贴壁纸（如果需要的话）。

15　安排第二阶段安装

装饰工作完成后，电工和水暖工就可以回来安装暖气片以及灯具和电源插座了。

16　收尾工作

安装窗帘杆或百叶窗，安装门用五金件。最后铺装地毯（如果有的话），卧室的装修工作圆满结束。

卧室

197

2 为卧室准备情绪板

卧室属于住宅中的私密空间，它应该是一个让你感到平和与放松的地方。所以为你的卧室选择合适的风格并不只是选择一个装修计划，或者尝试不同的颜色和图案那么简单，而是要寻找一个能让你完全放松和感觉舒服的外观。在心里确定了优先考虑的事情之后，你便可以借助情绪板构建装修思路。

1 从书籍、杂志和网络上找一些你喜欢的卧室图片，将它们剪下来、打印或彩色复印。这些图片会帮助你更快形成具体的想法，也可能某种独特的风格或配色让你很感兴趣。将你所选择的图片编排、精选一下，以此为基础开展整个装修设计。如果你要重新装修卧室，要记下来你对房间的现状有哪些不满的地方，这样才能不犯相同的错误。

选择一两张你喜欢或者想从中挖掘某些元素的图片，贴在情绪板上，以此作为灵感的源泉。

2 选择一件你最喜爱的物件，它可能是你一定会摆放在卧室里的物品，例如一张漂亮的床、一张图片或一个靠垫等。以此作为色彩、图案或主题设计的出发点。

如果你要为这个房间贴壁纸，那就将壁纸图案中的颜色作为设定重点色的基础色。

3 先选出基础色，因为墙面是需要装饰的最大区域。考虑自己要如何利用这个房间，是否要求房间采光非常好，以便能在房间内穿衣和化妆。或者是否想打造温馨、惬意的氛围。用大头针将壁纸样品固定在情绪板上，再将油漆涂抹在情绪板上，使它们符合整个房间的整体设计。

如有必要，可以在房间的装修设计中极少量地使用第三重点色。

选择一种颜色作为主要重点色，并稍少使用次要重点色。

4 使用基础色的类似色或对比色作为重点色（或分别将类似色和对比色作为主要重点色和次要重点色）。至少选择两种颜色，但不要超过三种。使用色板和样品调试配色，仔细甄别这些颜色是否搭配得当，然后再将你最喜欢的配色固定在情绪板上。

卧室

198

5 选择你想摆放在卧室中的新家具。在选择配色时使用同样的方法，以便选出适用于床头板的面料色调，或用于衣柜门或抽屉柜的合适的材质。为了确保这些物品的空间摆放合理，可以在坐标纸上绘制房间的平面图并按比例画出家具。

形状和大小是选购卧室家具时需要考虑的重要问题，尤其当你想购买新床时更是如此。

想一想你是想让摆放在床边的家具保持同样的风格，还是更希望家具与床之间形成强烈反差。

6 增加图案和纹理，以便增强视觉效果和舒适程度。如果壁纸是带图案的，房间内也可以使用其他图案，只不过要与壁纸色调保持一致。或者通过小地毯、整铺地毯、床罩或靠垫套增添纹理，这样房间就不会给人留下平淡和冰冷的感觉。为情绪板加入你喜欢的样品或图片吧。

使用粗棒针织盖毯或床罩是为卧室增添纹理的简便方法。

199

配饰的颜色要么与你选定的配色相配，要么选择较中性、平和的颜色。

如果你选择用地毯或长绒小地毯增加纹理和舒适感，需让它与你的情绪板上的色调形成互补或保持一致。

7 进行最后的润色工作。例如摆放靠垫、床头灯、照片，以及铺装小地毯。如果想让整个房间看上去和谐统一，这些物品不一定非要完美匹配，但在色彩（这里是指你使用的重点色）、风格或主题等方面应当是紧密结合的。这些微妙的细节决定了一个房间装饰设计的成败，所以要用有限的配色和情绪板上的设计方案来帮你做出最终选择。

3 卧室布局要点

一般来说，住宅内其他空间装不下的物品都会放到卧室中，所以卧室的储物空间越多越好，这样便可以将各种日常用品收纳进来。还有一个不容忽视的事实是，卧室要容纳有可能是住宅中最大件的家具——床和衣柜，而且这可不是件容易的事。请仔细阅读以下的布局要点，以便最大限度地利用好你的空间。

床具

首先要确定床的位置。如果是一张双人床，从两侧床边应该都是可以上床的（也就是不要将床的侧面贴墙摆放）。如果卧室是坡顶，要确保床边各处都有足够的高度，还要确保卧室门不对着床，而且衣柜门或抽屉的开合都不受阻碍。如果空间紧张，就要避免使用带踏板或床腿的床，简单的床会让房间看上去更大些。如果你选择下面带抽屉的床，那最好了，因为一方面可以提供额外的储物空间，另一方面可以节省地面空间。

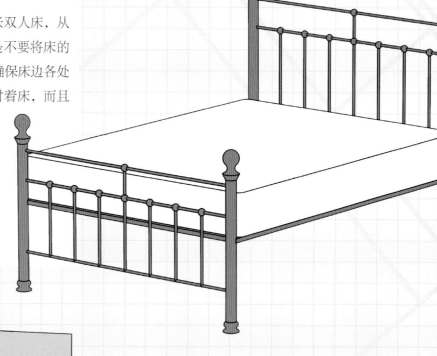

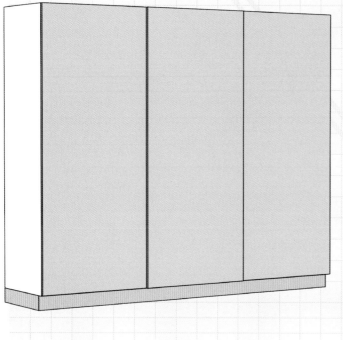

衣柜

不管是否成对摆放，独立衣柜都可以轻松妥善地被安置在凹室中，通常正对着床。如果有大衣柜，那么为了视觉效果的平衡，可以靠一面墙居中摆放。这样衣柜的空间利用效果更好一些，如果房间的墙存在角度问题，如屋顶倾斜或有废弃的烟道，衣柜也能有一定的遮蔽作用。将衣柜挨着窗户摆放会影响采光，但如果空间有限必须放在那里，也可以选择浅色柜门或门板带镜子的衣柜，以增强房间内的光线。

床头柜

　　床头柜可以起到平衡视觉的效果，而且应该成对摆放，不用两边一模一样，但大小应相当。如果房间里只能摆得下一个床头柜，也可以尝试稍稍横向移动床具，在两侧摆放两个迷你桌或接近台面高度的置物架来代替，这样就不会破坏卧室的视觉平衡。

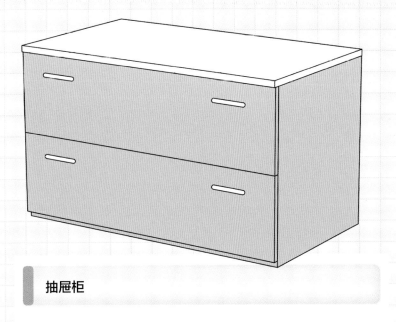

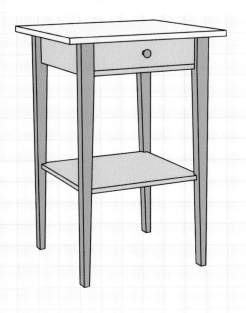

抽屉柜

　　如果卧室较大，可以考虑购买大小适中的抽屉柜，摆放在床的两边——原本摆放床头柜的位置。抽屉柜能提供很多储物空间，可以把灯具、书籍和不需要挂起来的衣物放在里面。如果房间里只能放一个抽屉柜，就将其紧贴一面无装饰的墙面居中摆放，并可以在上面放置一面镜子，以此制造视觉焦点。它还可以兼作梳妆台，只是没有配套座椅。如果抽屉柜必须与衣柜共享同一面墙，也可以考虑购置深度和风格与衣柜相称的抽屉柜，从而保持视觉上的统一感。如果想追求时尚感，也可以将其置于一组衣柜之中。

梳妆台

　　如果卧室足够大，所有基础家具都能轻松摆下，还有充足的地板空间，可以摆放一张梳妆台，以提升房间的品位。原则上，梳妆台所在的位置应该采光充足，比如放在飘窗旁边（带独立安装的梳妆镜）或与一扇平开窗呈直角摆放（壁装式梳妆镜）。确保使用者可以舒适地坐在梳妆台前的座椅里，而且还要保证座椅后面有足够的空间供其他人经过。

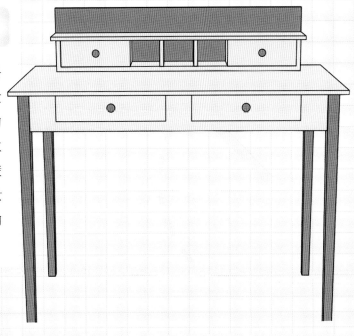

4 选择地面

选择卧室地面时，你的首要条件可能就是保证舒适性。但是同时也要认识到地板在整体设计中的重要性——很多人认为地面是房间的"第五墙面"。另外，还需要考虑地面是否容易保持清洁。

1 选择样式

如果想让地板看上去休闲舒适，铺地毯是个不错的选择，也能通过地毯为房间添色。地砖或木地板会营造出时尚感，在现代和田园风格的卧室里都适用。

地砖

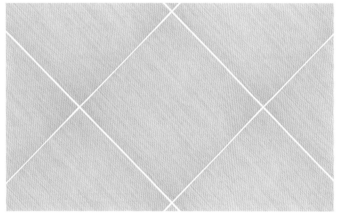

地砖对于任何卧室都适用。到了夏天，地砖让房间凉爽宜人；而到了冬季，它与地暖配合会让房间温暖如春。所以地砖非常实用。请选择大块的浅色地砖。

木地板

不同的表面处理手段和不同色调的木地板能够营造出或现代或传统的感觉。也可以选择不同种类的地板：毛地板（宽度为 15 ~ 20 厘米的木板）、狭条地板（窄木板）和镶木地板（按照块状图案或人字形图案铺装）。

地毯

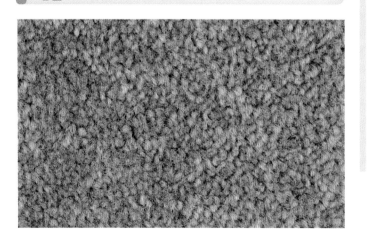

地毯的脚感柔软、奢华，而且有各种颜色和样式可供选择。素色地毯比斑点地毯、带图案的地毯更易脏。类似剑麻这样的天然地板盖毯光脚踩着未必感觉很柔软，但也能起到美观的装饰作用。

检查清单

• 水泥基层地面必须清洁、干燥和平整。用自流平砂浆修正任何偏差，确保完全干燥后再铺地板。

• 如果你要在毛地板上铺地砖，请先在上面覆盖一层硬质纤维板，光面朝上。经过防腐处理的木料不适合用作毛地板。

• 地毯最好铺装在胶合板或刨花板之类的平整表面衬垫之上。因为任何带凹槽的物体都会在地毯上留下印记。质量好的衬垫还能确保地毯效果更好，也让脚感更加舒服。

卧室的使用程度比不上其他房间，因此，如果你愿意，你可以仅凭外观选择地面材质。然而，由于你有可能光脚走在卧室的地板上，所以需要考虑夏天和冬天光脚走在上面的舒适感。

地砖

瓷
瓷地砖有亮光表面和亚光表面两种，很耐用且易清洁，但光脚走在上面会感觉冰凉和坚硬。价格差异较大。

陶
陶地砖造价较低，比天然石地砖和瓷地砖便宜，不易留下污渍，不需要密封，而且有很多风格、形状和颜色可供选择。

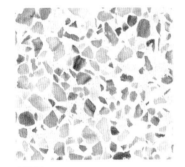

水磨石
造价昂贵的水磨石地砖由大理石碎片和颜料掺入水泥并经表面高度抛光而成。必须由专业人员铺装。

石灰华
这种天然石质地砖价格昂贵，看上去时尚、光亮，极具现代感。还有一种边缘经过滚磨处理、表面呈海绵状的样式。

灰岩
灰岩地砖既有高光亮表面，也有粗糙的亚光表面，颜色也多种多样。尽管价格昂贵，但其品质和效果会让你觉得物有所值。

木地板

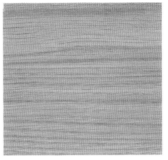

实木
实木地板价格中等偏高，非常耐磨，重新打磨即可光洁如新。

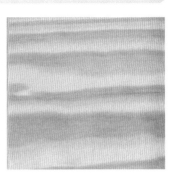

软木
如果想给木地板上漆，软木地板是一个选择，它价格中等偏低。只选用经干燥炉干燥过的产品，这样的产品不易变形。

实木复合材质
中等价位的实木复合地板看上去和摸起来都像实木地板。可以安装成带衬垫的浮动地板，这很适合不平整的地面。

竹材
中高价位的竹材地板看起来很像实木，可以作为浮动地板，也可以用胶水或钉子固定在地面上，适合大多数毛地板。

复合材质
复合木地板比实木地板和实木复合地板都便宜，以压缩纤维板为基材，在上面覆盖一层木纹纸制成。

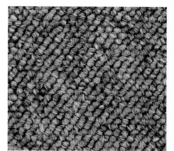

卷绒

中低价位的卷绒地毯价格特别实惠，这使其成为颇受大众青睐的选择。它的表面粗糙不平且非常耐磨。

割绒

中高价位的割绒地毯拥有致密、低矮的割绒和山羊皮一般柔软、光滑的外表。豪华而舒适的表面处理方式使其非常适合卧室使用。

圈绒

圈绒地毯价位中等偏低，既有平整和均匀的圈绒，也有呈现纹理的而高矮不一的圈绒。它看上去很像椰壳纤维和剑麻纤维地毯。

萨克森羊毛

这种厚重、致密的中高价位地毯先将羊毛制成圈绒，然后再修剪为平整的表面。光脚走在上面会感觉柔软而光滑。

椰壳纤维

椰壳纤维地毯价格低廉，织纹清晰可见，光脚走在上面会感觉较为粗糙，但它特别耐磨，而且不易打滑。

剑麻纤维

剑麻纤维地毯价位适中，织纹精致，泛着光泽，织法和颜色多样，有混合色调和单色调可选。

黄麻纤维

黄麻纤维地毯价位适中，平织的纹理让人觉得非常精致。比其他天然材质地毯柔软，但不太耐磨。

海草

天然海草生长在沿海或河畔，由海草编织的地毯价位适中。虽然看起来十分厚重，但蜡状织纹使其抗污性极佳。

卧室

增加一块小地毯

如果你打算在卧室里使用硬质地板，例如木地板或地砖，你应当考虑在床边铺一块小地毯——或者两侧各放一块。

• 选择一块豪华的长绒小地毯，颜色与房间的色调形成呼应。

• 小地毯要有一定的重量，人走在上面不会滑动或弄皱，可以消除摔倒的隐患。

• 在你做出最终决定之前，可以先用报纸，测量并裁剪出一份模板，并将其放在你希望铺设小地毯的位置，验证小地毯的大小是否合适。

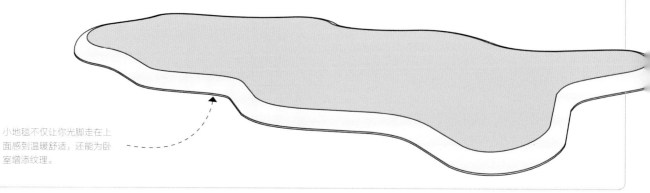

小地毯不仅让你光脚走在上面感到温暖舒适，还能为卧室增添纹理。

木地板的平行线条可以为房间营造出更长或更宽的视觉效果。

5 选择墙面装饰

当为你的卧室选择墙面装饰材料时，你思考的重点应该是你想创造什么样的墙面，而不必过于担心卧室内使用的涂料或壁纸是否经久耐用的问题。因此，除非你的墙面破损得非常严重或不平整，否则你可以尽情发挥想象力。

1 选择材质

除了在卧室内创造适当的视觉效果之外，你还需要考虑墙面的状况。如果墙面最近刚抹过灰，那你可以随便选择，但如果墙面既陈旧又不平整，贴壁纸或镶板可能是更明智的选择。

卧室

涂料

重刷墙面是又快又经济的卧室装修方法。但不要低估涂料的用量，一般墙漆都要刷 2~3 道。浅色调能延伸空间感，而厚重的深色调则能营造一种温馨、安全的感觉。

壁纸

如果你想买的壁纸特别贵，或者你还没有下定决心给所有墙面都贴壁纸，那就先在一面墙上贴上壁纸作为装饰墙吧，通常这面墙应该是床背靠着或正对着的那面墙。带图案的壁纸存在图案拼接的问题，所以一定要先计算好所需的壁纸量。

包层

下墙板带有相框效果，使用实木或中密度板制成，给人以传统的感觉。简单的扣板包层会打造一种航海或田园效果，而平面的木质饰面板会营造一种现代感。

检查清单

• 购买壁纸时最好留出 10% 的富余量。一定要确保所有壁纸都是同一批次生产，这样的壁纸不会出现色差，拼接重复图案时也不会有问题。

• 墙面的准备工作都完成了吗？不管是刷漆还是贴壁纸，各种裂缝和孔洞都要填补并抛光，还要将不平整的地方修补平整。

• 涂料试用装会帮助你对颜色和粉刷效果做到心中有数，尽量避免使用白垩色亚光涂料，因为这样的墙面一旦沾上污渍就不容易擦拭干净。

2 选择类型

使用不同类型的涂料、壁纸或包层，效果也会大不相同。市售涂料有各种表面效果，每种涂料都会营造出不同的效果，壁纸也有各种风格和纹理，包层的样式也很多样。

涂料

亚光
水性亚光乳胶漆可以最大限度地掩盖墙面的瑕疵。它既适合现代感的卧室，也适合传统风格的卧室。不同的亚光漆价格相差悬殊。

丝光
中等价位的柔和丝光漆适合较小或较暗的卧室使用。淡淡的光泽可以反射室内的光线。这种涂料具有良好的持久性。

金属质感
中等价位的金属质感乳胶漆会为卧室带来一丝奢华的气息。也可购买金属微光涂料，涂刷在亚光表面，令墙面微微泛光。

麂皮效果
具有麂皮效果的乳胶漆价位适中，有丰富的颜色可供选择，其中含有细小的颗粒，看上去像反绒麂皮。可用在墙面上随意涂抹的方式涂刷这种乳胶漆。

壁纸

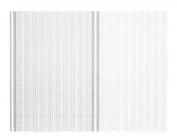   

素色或图案
如果不想用涂料，也可用素色壁纸代替，或者用带图案的壁纸来打造装饰效果。机器绘制壁纸很便宜，而手绘壁纸贵很多。

植绒
植绒壁纸的纹理呈现丝绒效果，有丰富的颜色可供选择，因此可打造十分抢眼的效果。只是价格比其他壁纸贵得多。

金属质感
金属质感壁纸的价格中等偏高，有多种多样的图案可供选择，包括现代风格的鲜花和复古风格的几何图案，也有素色和纹理的款式。

纹理
中等价位的带纹理壁纸比其他壁纸更厚，通常是各种白色凸起花纹。在不平整的墙面上粘贴纹理壁纸，可保持白色的本色，也可在上面刷其他颜色的油漆。

包层

 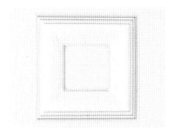

扣板
中低价位的扣板可以打造航海、田园或复古风格的墙面。这种包层通常用松木板制成，也可购买成品中密度板来做墙面扣板包层。

薄片饰面板
在墙面上覆盖中高价位的饰面板会营造出复古感。可以将饰面板与中密度薄板基材黏合在一起，这是非常好的墙面装饰方法。

下墙板
在传统风格或现代风格的房间里，这种中等价位的下墙板可以让毫无生气的墙面变得活泼，还可以在下墙板的框架内粘贴壁纸。

自己动手贴壁纸

贴壁纸是个技术活，你一旦掌握了便可以省下一笔装修费用。每张壁纸都需要涂抹一层特别厚的胶浆，所以在混配胶浆前一定要仔细看说明书——胶浆太黏稠或太稀薄都会导致胶浆在壁纸上涂抹不均。

材料准备清单：

- 壁纸
- 卷尺
- 铅笔
- 壁纸胶浆
- 上胶器 / 毛刷
- 尺式水平仪
- 壁纸刷
- 剪刀
- 壁纸刀
- 海绵
- 小号海绵滚刷

1 准备壁纸

1. 展开一卷壁纸并让它自然回卷。注意，它会回弹成一个卷。

2. 将壁纸向其反向卷起，直到它可以展平。

3. 测量尺寸（比房间高度多出10厘米），然后对齐、标记、折叠，并沿折缝剪开。

2 为壁纸上胶

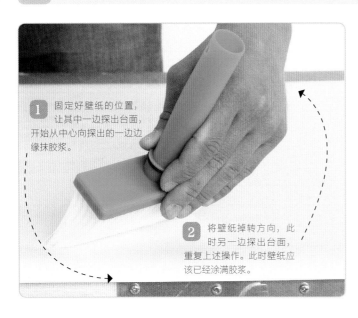

1. 固定好壁纸的位置，让其中一边探出台面，开始从中心向探出的一边边缘抹胶浆。

2. 将壁纸掉转方向，此时另一边探出台面，重复上述操作。此时壁纸应该已经涂满胶浆。

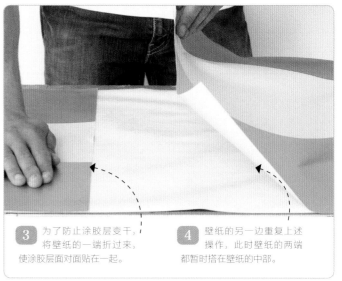

3. 为了防止涂胶层变干，将壁纸的一端折过来，使涂胶层面对面贴在一起。

4. 壁纸的另一边重复上述操作，此时壁纸的两端都暂时搭在壁纸的中部。

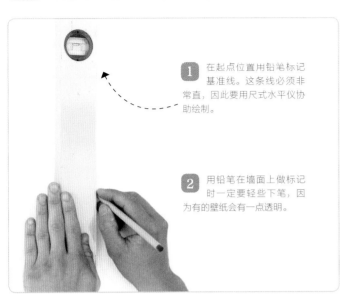

1 在起点位置用铅笔标记基准线。这条线必须非常直，因此要用尺式水平仪协助绘制。

2 用铅笔在墙面上做标记时一定要轻些下笔，因为有的壁纸会有一点透明。

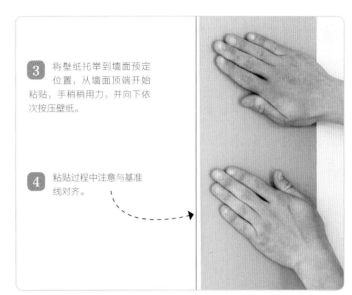

3 将壁纸托举到墙面预定位置，从墙面顶端开始粘贴，手稍稍用力，并向下依次按压壁纸。

4 粘贴过程中注意与基准线对齐。

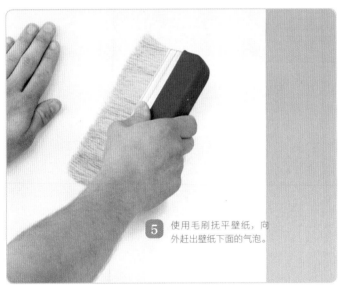

5 使用毛刷抚平壁纸，向外赶出壁纸下面的气泡。

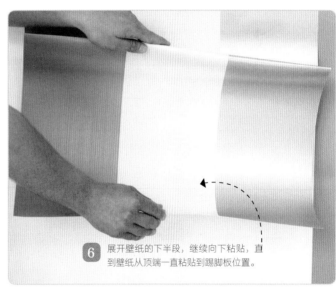

6 展开壁纸的下半段，继续向下粘贴，直到壁纸从顶端一直粘贴到踢脚板位置。

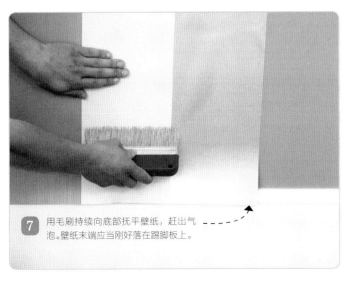

7 用毛刷持续向底部抚平壁纸，赶出气泡。壁纸末端应当刚好落在踢脚板上。

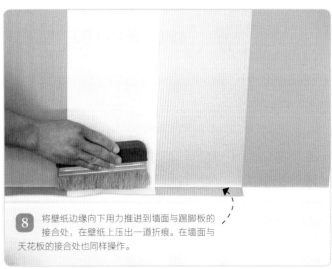

8 将壁纸边缘向下用力推进到墙面与踢脚板的接合处，在壁纸上压出一道折痕。在墙面与天花板的接合处也同样操作。

卧室

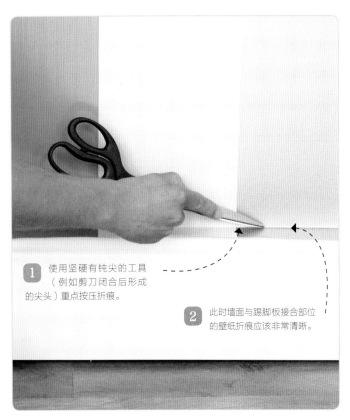

1 使用坚硬有钝尖的工具（例如剪刀闭合后形成的尖头）重点按压折痕。

2 此时墙面与踢脚板接合部位的壁纸折痕应该非常清晰。

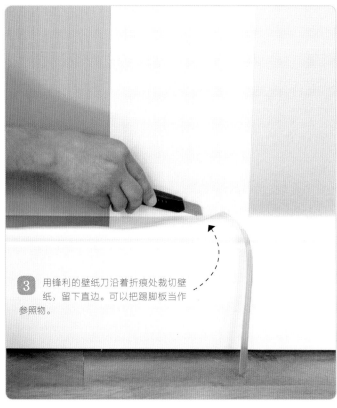

3 用锋利的壁纸刀沿着折痕处裁切壁纸，留下直边。可以把踢脚板当作参照物。

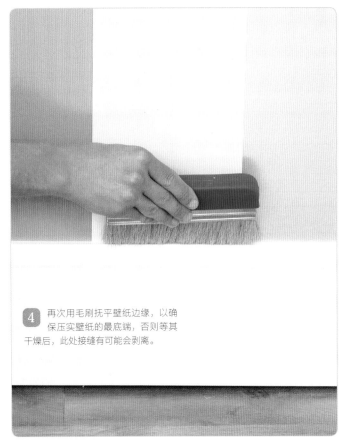

4 再次用毛刷抚平壁纸边缘，以确保压实壁纸的最底端，否则等其干燥后，此处接缝有可能会剥离。

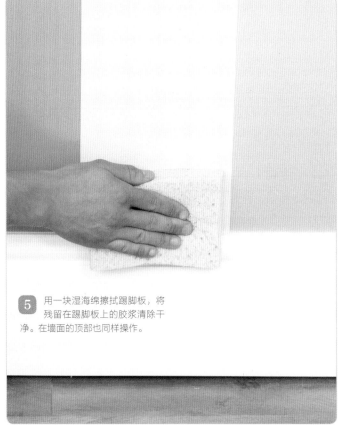

5 用一块湿海绵擦拭踢脚板，将残留在踢脚板上的胶浆清除干净。在墙面的顶部也同样操作。

5 接合下一张壁纸

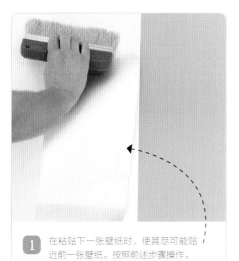

1 在粘贴下一张壁纸时，使其尽可能贴近前一张壁纸。按照前述步骤操作。

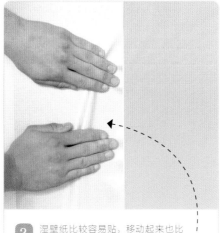

2 湿壁纸比较容易贴，移动起来也比较容易，可以一直移到它与前一张壁纸的边缘完美接合为止。

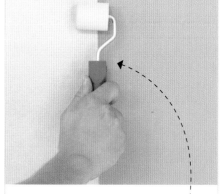

3 用海绵滚刷沿两张壁纸的接缝滚压。这能确保两张壁纸在接缝处粘贴牢固，而且海绵滚刷能够吸收多余的胶浆。

6 选择床具

床通常是卧室内最大件的家具。作为卧室的视觉焦点，床会对卧室的风格产生重要的影响。不过，千万别只考虑好不好看，选床的第一标准永远是舒适性。

1 确定床的大小

选床时，首先要考虑的问题是床的大小。测量确定卧室内的地板空间有多大，然后根据测量结果选购能在卧室中轻松摆放的最大的床。一般来说，床的长度应该比睡在这张床上的个头最高的人长 10 ~ 15 厘米。

2 选择床具的风格

一般来讲，平板床由床架和床垫构成。床垫可能是硬板床垫或弹簧床垫。选择床架时主要考虑样式和材质。

普通平板床
普通平板床是很常见的一种床，床架用织物包覆，通常还附带有储物空间。如果床架表面没有包覆织物，就要用一块挂布遮盖床架。如果你选择了带抽屉的床架，还要确保房间格局不妨碍抽屉开合。

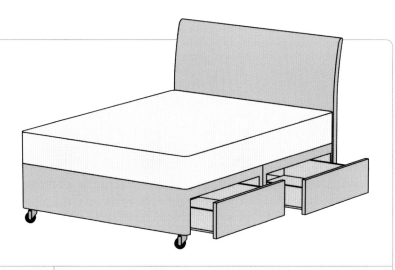

四脚平板床
四脚平板床比普通平板床看上去现代感更强一些，而且如果床腿足够高，还能提供床下的储物空间。四脚平板床就不需要挂布遮盖床架了，但是床罩与房间的整体风格应保持一致。

弹簧床
弹簧床由木框弹簧座（弹簧床架上面放床垫）以及承托整张床重量的金属框架组成。由于弹簧床架和床垫通常都是配套设计的，因此不建议改用其他床垫。

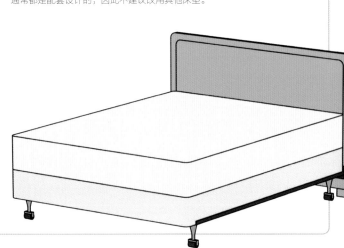

木质床架

木质床架样式很多，有优雅的雪橇床、浪漫的四柱床、田园风格的镶框床（或板条床）等。实木床架比仿木床架贵很多，但使用寿命更长。可供选择的木材很多，例如樱桃木、桦木、白蜡木和胡桃木等。

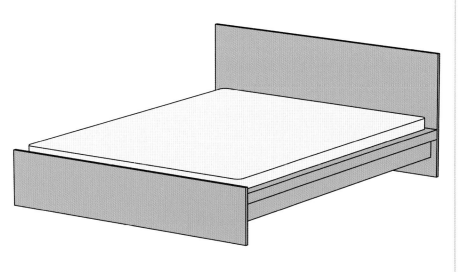

金属床架

金属床架既有传统样式，也有现代样式，颜色和表面材料选择也很多，包括古铜、镀镍和金属粉末涂层。通常金属床架本身就已经有很强的装饰性了。

软包床架

软包床架的表面包覆面料有织物、皮革或仿皮等各种材质。可根据个人喜好挑选面料类型。包布不能拆洗，所以脏了只能擦拭。

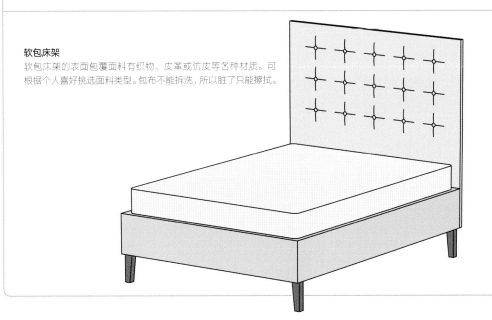

床垫类型

选择合适的床垫跟选购床架一样重要。床垫可能比床架还要贵。

· 联结式弹簧床垫使用绑在一起的弹簧圈制成，这些弹簧圈是统一移动的，所以床垫在承托人体重量时，能够均匀受力。

· 弹簧包床垫更高级一些，价格也更贵。这种床垫的弹簧是单独装在布袋中的，而且排列十分紧密，每一个弹簧包都能独立承托人身体的重量，以确保躺在床上的两个人都不会向中间倾陷。

· 记忆棉床垫能根据不同人的身体重量、对床垫产生的压力，以及人体散发的热量，有针对性地发挥承托作用。这种床垫可以避免使用者身体酸痛。

· 乳胶床垫同样贴合人体的轮廓线，可以分散身体各关节受到的压力。这种床垫不易致敏，所以对于那些患有呼吸系统疾病的人更加适用。

六招搞定床头板

在卧室中，一块独特的床头板能够彰显房间主人的个性。不管是用织物床头板，还是直接在墙上用油漆画出来的床头板，都能让床看起来更有趣。床头板的高度可以根据个人喜好而定，但宽度最好与床的宽度相同，或者更宽一些。

绷在框架上的织物床头板

自己动手制作床头板：选一块你最喜爱的织物，表面绷紧，并钉在一个与床等宽的木框架上。

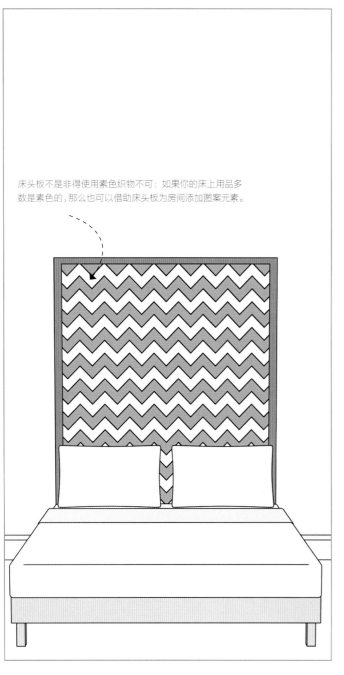

床头板不是非得使用素色织物不可：如果你的床上用品多数是素色的，那么也可以借助床头板为房间添加图案元素。

装饰床头板

回纹（或挖花）装饰床头板会让床看上去十分与众不同。可以用不同大小的面板拼成一个大的矩形装饰板。

如果想让床看起来光彩夺目，也可以在面板上喷涂金属漆，然后安装在床后的墙面上。

经典床头板

若想制作经典样式的床头板，可以选择采用纽扣装饰的包覆床头板。这会让床看起来十分抢眼，很像精品酒店床品的感觉。

不必总是拘泥于素色织物，可以尝试选择带纹理的丝绒面料，这种材质能营造出奢华的感觉。

壁纸床头板

可以在墙面上创作一个床头板效果的图案，在床背靠的一块墙面上粘贴带图案的壁纸。

织物包覆床头板

通过用织物包覆矩形泡沫板的方法制作两块独立的床头板。床头板之间留有大约 10 厘米的缝隙。

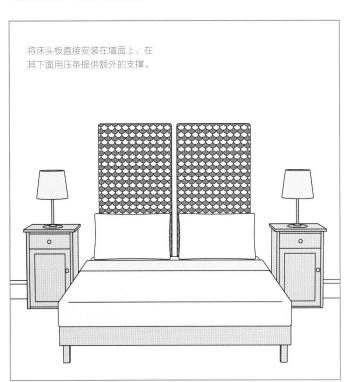

将床头板直接安装在墙面上，在其下面用压条提供额外的支撑。

喷漆床头板

如果你觉得用亮色或图案装饰墙面太夸张，那么将油漆喷涂过的中密度板安装在墙面上作为床头板也是一个不错的选择。

自己动手制作床头包布

自己动手制作个性化的床头包布，不仅能让床头板与整个房间的环境完美契合，还能为房间添加更多色彩、纹理，甚至亮片等装饰元素，从而让你的卧室更与众不同，成为真正的个人专属空间。床是整个空间中的视觉焦点，为它制作一块个性的床头板，用自己喜欢的面料包覆装饰，能让整张床看起来更加独特。

材料准备清单：

・彩色面料
・剪刀
・大头针
・针线或缝纫机

1 测量面料

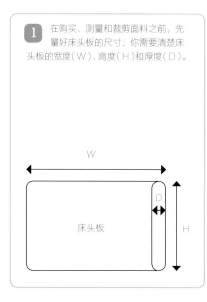

1 在购买、测量和裁剪面料之前，先量好床头板的尺寸；你需要清楚床头板的宽度（W）、高度（H）和厚度（D）。

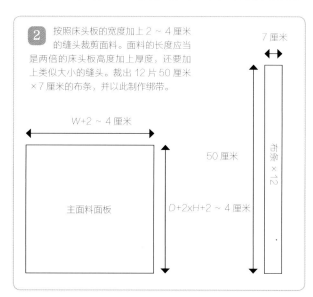

2 按照床头板的宽度加上 2～4 厘米的缝头裁剪面料。面料的长度应当是两倍的床头板高度加上厚度，还要加上类似大小的缝头。裁出 12 片 50 厘米×7 厘米的布条，并以此制作绑带。

2 制作褶边

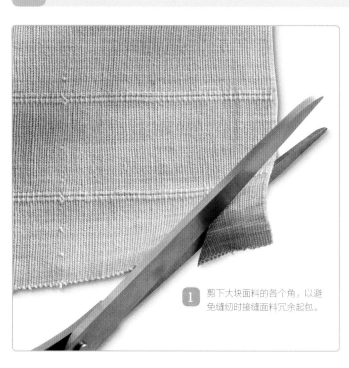

1 剪下大块面料的各个角，以避免缝纫时接缝面料冗余起包。

2 将面料的边折出大约 1.5 厘米宽的褶边，并用熨斗熨平。

③ 将其中一边再次折叠，并用大头针固定。

④ 将角折起，形成一个整齐的小三角形。

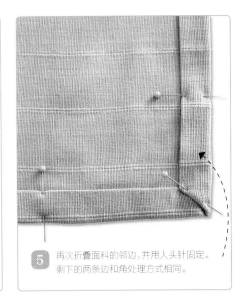

⑤ 再次折叠面料的邻边，并用人头针固定。剩下的两条边和角处理方式相同。

3 缝纫褶边

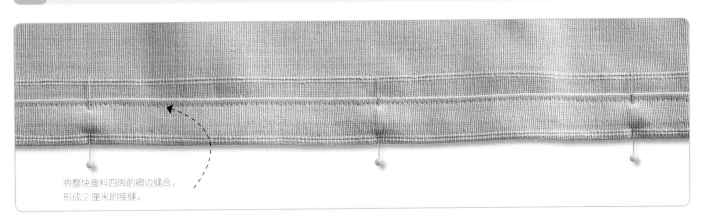

将整块面料四周的褶边缝合，形成 2 厘米的接缝。

4 制作绑带

① 将绑带的短边折起，用熨斗熨烫平整。

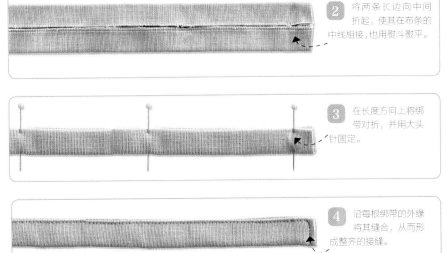

② 将两条长边向中间折起，使其在布条的中线相接，也用熨斗熨平。

③ 在长度方向上将绑带对折，并用大头针固定。

④ 沿每根绑带的外缘将其缝合，从而形成整齐的接缝。

5 将绑带缝在包布上

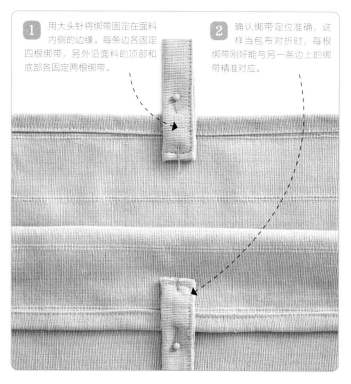

1 用大头针将绑带固定在面料内侧的边缘。每条边各固定四根绑带，另外沿面料的顶部和底部各固定两根绑带。

2 确认绑带定位准确，这样当包布对折时，每根绑带刚好能与另一条边上的绑带精准对应。

3 在绑带的固定位置缝出一个矩形包缝，这样可以确保缝合部位牢固。

6 用包布包住床头板

将包布搭在床头板上，并将配对的绑带扎好。

五招搞定床具装饰

　　无论是想为自己的床打造一丝不苟还是不拘一格的风格，都有很多值得尝试的装饰方法。花些工夫打造自己想要的效果是值得的，因为床是卧室的主要视觉焦点，当你走进自己的卧室时，一定希望自己的床看起来是舒适的。

混搭风格

用条纹床单或被罩盖住白色夹被，让夹被露出一条白边即可，条纹纵向排列。用靠垫来调节配色，靠垫的图案可以与床单或被罩不同。

铺床时将床单或被罩拉下去一些，这样白色夹被的上部分便可以露出少许。

田园风格

将一块叠起的格子毛毯盖在床尾，再在枕头前放一个带有民间工艺图案的靠垫。

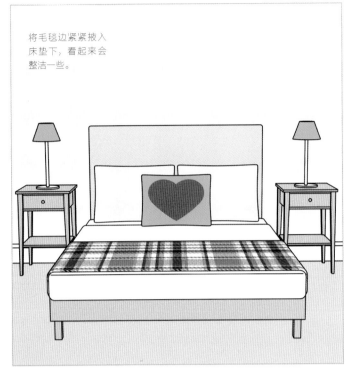

将毛毯边紧紧掖入床垫下，看起来会整洁一些。

曳地风格

及地床单可以将千篇一律的床垫和床架完全盖住，看上去还很华丽。

妙搭风格

将一条绸缎或丝绒床旗盖在床尾，搭配两个靠垫和一个印花抱枕。

床旗盖在床尾处，或床头以下 3/4 处为宜。

纹理风格

在床上斜铺一条羊毛毯，上面盖一块仿皮小毛毯，再用印花靠垫和毛皮靠垫加以点缀。

单数靠垫看起来更休闲放松。

自己动手制作抱枕

卧室的氛围可以通过配饰来调整，一间朴素、简单的卧室，用一两件配饰就能打造出或舒适休闲或奢华的风格。如果卧室需要一点新鲜感，或者你想让卧室看起来更美观、华丽，可以选一块（或几块）喜欢的面料制作抱枕，并将它们摆在枕头上。

材料准备清单：

· 彩色面料
· 熨斗
· 大头针
· 缝纫机或针线
· 纽扣
· 开扣眼刀（可选）
· 靠垫芯或抱枕芯

1 测量并裁剪面料

测量每个抱枕所需面料的尺寸，然后裁剪面料。图中尺寸的面料可用来包覆一个60厘米×40厘米的枕芯。如果你的靠垫芯或枕芯与这个尺寸不符，再根据实际情况做一些调整。图中用虚线将面料分为上、中、下三部分，其中上部和下部（62厘米×30厘米）相互交叠，形成"信封"的形状，作为靠垫的正面。

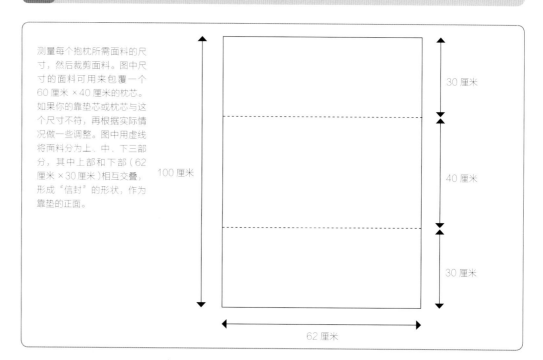

30 厘米

40 厘米

30 厘米

100 厘米

62 厘米

2 缝纫褶边

1 折叠面料的短边并熨平。

2 再次折叠面料的短边，再次熨平。用大头针固定褶边。

3 缝合接缝。这一面将成为靠垫的前脸，应尽可能地使线迹整齐。

3 折叠面料

1 将面料摊开，正面朝上，以面料的上部边缘为起点，量出30厘米和70厘米两个距离的位置。用大头针在面料的中轴线上标出这两个位置。

2 以上面的大头针为基准点，将面料的上部折叠过来，然后再以下面那颗大头针为基准点将面料的下部折叠过来，搭在上片折叠面料上面（将面料折成图示的这种形状，然后确认扣眼的位置）。

4 制作扣眼

1 沿下片折叠面料的长度方向测量出四个等距离的点。用笔在每个点上做出一个短标记线。标记线的长度应当与纽扣直径相同。

2 沿标记线的两边缝合。如果你用缝纫机来缝合线迹，请按照宽3、长0.5的数值来设定缝纫机，缝制"之"字线。

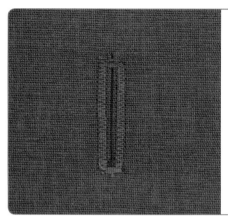

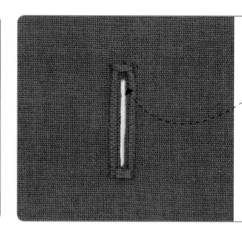

3 现在要将扣眼的两端封闭缝合。如果你使用缝纫机，在缝纫时使用最大线迹宽度并保持面料不动。一定要确认这种线迹牢牢锁住了扣眼的各边。

4 用专业的开扣眼刀（如果有的话）沿标记线割开扣眼。切割时要细心，以免割断扣眼锁边线。

5 缝纫接缝

卧室

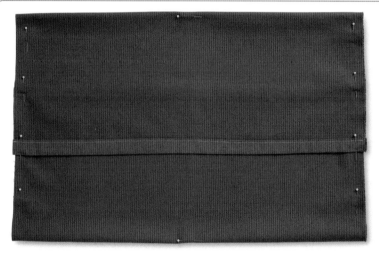

1 将面料展开重新折叠，这次让面料上片盖住面料下片（挡住扣眼），面料四周用大头针固定。

2 缝纫布套两边的接缝。

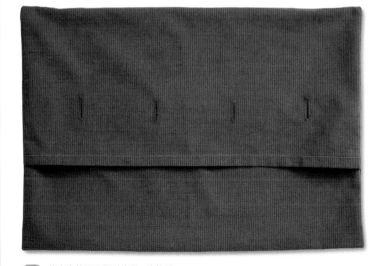

3 将布套的里面翻到外面，这将是布套的正面。将布套抚平。

4 用针线将纽扣缝好，然后塞入靠垫芯或枕芯。

7 选择衣柜

由于衣柜是卧室中最大件的家具之一，所以你一定希望它美观一些。但事实上，衣柜的体积和容量才是首先要考虑的问题，否则最终购置的衣柜可能华而不实。

1 壁装式或独立式

在考虑选择壁装式还是独立式衣柜时，要先想好自己喜欢哪种样式，哪种样式能更好地与整套住宅的风格相搭配，以及从房间的格局来看，哪种样式的衣柜能更好地利用空间，最后还要考虑你的预算情况。

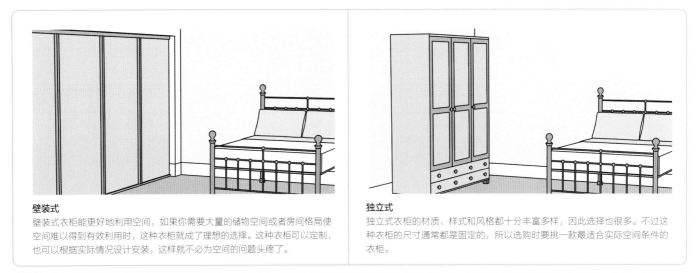

壁装式
壁装式衣柜能更好地利用空间，如果你需要大量的储物空间或者房间格局使空间难以得到有效利用时，这种衣柜就成了理想的选择。这种衣柜可以定制，也可以根据实际情况设计安装，这样就不必为空间的问题头疼了。

独立式
独立式衣柜的材质、样式和风格都十分丰富多样，因此选择也很多。不过这种衣柜的尺寸通常都是固定的，所以选购时要挑一款最适合实际空间条件的衣柜。

2 选择柜门的开合方式

选择柜门的开合方式时，的确要考虑是否好看，但首先不能忽视的是衣柜的实用性。如果空间比较紧张，滑动门可能是最好的选择，因为可以节省合页门开合时所需的空间。

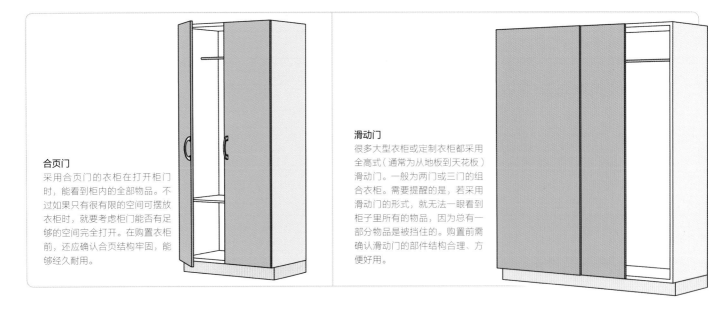

合页门
采用合页门的衣柜在打开柜门时，能看到柜内的全部物品。不过如果只有很有限的空间可摆放衣柜时，就要考虑柜门能否有足够的空间完全打开。在购置衣柜前，还应确认合页结构牢固，能够经久耐用。

滑动门
很多大型衣柜或定制衣柜都采用全高式（通常为从地板到天花板）滑动门。一般为两门或三门的组合衣柜。需要提醒的是，若采用滑动门的形式，就无法一眼看到柜子里所有的物品，因为总有一部分物品是被挡住的。购置前需确认滑动门的部件结构合理、方便好用。

3 选择柜体大小

选购衣柜时要考虑室内有多大空间可用来摆放衣柜，有多少衣物需要挂起来（如果需要折叠的衣物多于需要悬挂的衣物，就要适当加大抽屉空间）。

单门
单门衣柜造型狭长，只能提供有限的储物空间，但对小房间来说可能是唯一的选择。检查柜门开合所需的空间，确认空间允许柜门完全打开。

双门
双门衣柜是经典的独立式造型。这种样式的衣柜通常在底部设计一个或一组抽屉，不过还要检查这些抽屉的深度是否实用。

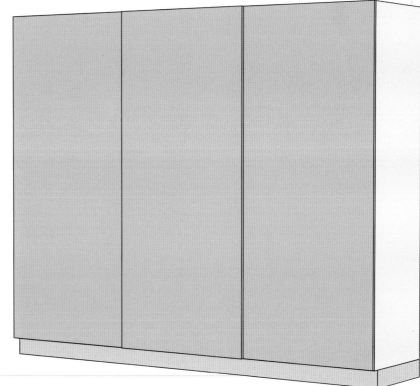

三门或多门
较大的衣柜拥有三扇或多扇柜门，提供大量储物空间，而且储物形式也很多样，例如搁板式、抽屉式或在悬挂空间的下方设计鞋架等。这样能确保你可以把所有衣物集中存放，而不必另外购置抽屉柜或储物柜。

4 内部储物空间选择

衣柜内部的储物空间与衣柜的美观度一样重要。全面考虑自己的储物需求，估计一下大致需要多少悬挂空间、多少搁板和抽屉空间。

全高式悬挂空间

如果需要在柜中悬挂连衣裙、裤子和大衣等长衣物，可以选择全高式衣柜，这样衣物便可以毫无阻碍地挂起来。但是选用这种衣柜的同时，你可能还需要购置其他家具，例如用来存放无须悬挂的衣物的抽屉柜。

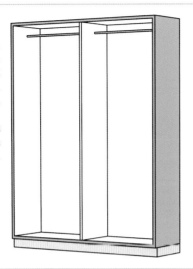

多高式悬挂空间

多高式悬挂空间设计有挂长衣物的全高挂衣杆和挂半身衣物的半高挂衣杆。切记，男性用户衣柜的内部空间可能与女性用户衣柜的内部空间设计迥然不同，女性用户可能需要更多全高式悬挂空间。

悬挂空间和搁板空间

悬挂空间和开放式搁板空间组合使用，可以让那些需要悬挂的衣物和只需叠放的衣物各得其所。确认搁板的宽度足以放下你的叠放衣物，并确认它们是可以调节的，这样便可以根据需要来调整空间。

悬挂空间和内部抽屉

如果卧室放不下独立的抽屉柜，也可以选购内置抽屉的衣柜。选择带有不同大小抽屉的衣柜，就能把从围巾到套头衫等各种衣物都妥善地收纳起来。

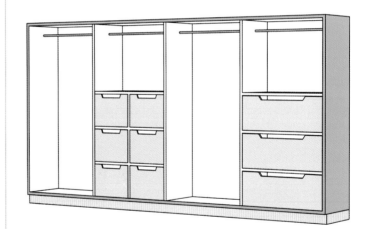

全储藏型

有些衣柜，尤其是定制衣柜，内部设计了全部类型的储物空间：多高悬挂空间、搁板和抽屉。请想好组合储物空间能否满足各种衣物的存放，以及你想怎样存放这些衣物。

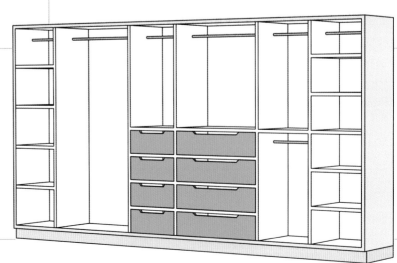

选择柜门把手

　　滑动门衣柜可能无须把手，有供手指触及的凹槽或横杆就可以了。但如果选购了需要门把手的衣柜，要尽量选择样式和比例都与衣柜相搭配的柜门把手。

T 形把手

这些有棱有角的柜门把手有不同长度和表面材料可选。最常见的材质是不锈钢或抛光碳钢。T 形把手最适合现代风格的衣柜、抽屉柜或梳妆台。

D 形把手

D 形把手与 T 形把手类似，但曲线拐角设计外形柔和。有不同长度和表面材料可选。这种把手适合现代风格的衣柜，但与曲线设计的衣柜最相配。

弓形把手

弓形把手的造型简单、优雅，只有一根流线型的光滑曲线。它或窄或宽，或圆或扁，可以适应不同的家具风格。这种柜门把手有各种表面材料可供选择。

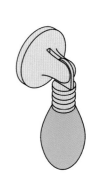

下垂式把手

这种柜门把手样式十分经典，会让衣柜看起来十分简洁。其金属表面材料十分多样，吊坠部分通常和把手的其他部件选用相同的金属材质，也有使用陶瓷材料的款式。

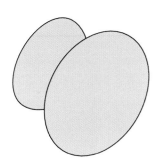

球形把手

球形把手的尺寸、材质和形状多样，选择丰富。对于传统风格的卧室而言，可以选择木质或陶瓷表面材料。如果为了追求时尚的外观，也可以选择拉丝或抛光的金属材料。

装饰把手

如果你希望为卧室的柜门把手样式增加些许乐趣，若是成年人房间，可以挑选鲜花造型的柜门把手，而儿童房间则可以使用足球或仙女造型。装饰把手的材质，有塑料、金属等各种材质。

收纳柜（袋、架）

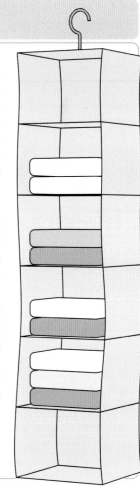

如果你想彻底重新设计衣柜的内部空间，会发现，其实各种储物需求都很容易就能实现。但也可能会觉得，要同时满足外观和储物空间的需求，或者根据现有衣柜重新设计储物空间，都不是容易的事。在这种情况下，有一种办法可以帮你解决问题，利用各种收纳柜（袋、架）可以让你以不同的方式来利用不同的储物空间满足储物需求。

· 右图是一个悬挂式收纳柜，可以固定在挂衣杆上，在悬挂空间中为叠放衣物、鞋子和配饰提供柔软的置物架。典型的收纳柜有六个隔舱，每个隔舱 30 厘米宽。你还可以购买更窄一些的款式，用来存放鞋子。

· 有三排或三排以上储物袋（贴着柜门内侧悬挂）的收纳袋可以悬吊在柜门上端的挂钩上。这些挂在柜门上的收纳袋方便存放平底鞋、皮带、围巾以及其他小件物品和配饰。

· 网格收纳架是另外一种分割衣柜空间的好办法。它的分块式设计可以在特定空间内作为置物架。

打造完美的步入式衣帽间

如果卧室中还有一个储物间，或者原本有其他用途但已闲置的空间，可以将其改造成步入式衣帽间，这样可以把这个空间好好利用起来，更有条理地收纳你的衣物，让卧室成为纯粹放松、休息的空间。参考以下建议，来动手打造完美的衣帽间吧！

使用定制家具

专业定制家具可以让你更好地利用全高储物空间，还能应对任何尴尬的角度和倾斜屋顶。如果预算不太宽裕，也可以购买组合家具，但一定要考虑周全。衣柜要避免使用柜门，因为已经有一道储物间的门来遮挡衣物了，或者如果你的衣柜区位于另一个房间内，也可以用屏风或挂帘隔开。

包含悬挂空间

根据现有衣柜估计出你需要多少悬挂空间，以及在悬挂空间中都需要设置哪些悬挂类型。为裙装、衬衣等长短不同的衣物设置不同的悬挂空间，并考虑设置滑轨式裤挂。悬挂吊轨不必设在一处，按照衣物类型和穿着季节归类设置更合理（例如将所有冬季衣物收纳在一起，所有裙装收纳在一起，所有衬衣收纳在一起，等等）。

安装开放式置物架

开放式置物架适用于你日常穿着和不需要悬挂的衣物，例如T恤衫、背心和薄毛衣。还可以安装高于头部的开放式高架置物架，用于存放较少取用的物品。

安装抽屉柜或盛衣篮

可以在步入式衣帽间中加装抽屉柜和盛衣篮，你会发现这样的收纳方式很实用。抽屉柜可以用来收纳类似厚毛衣这种不需要悬挂的衣物，盛衣篮可用来收纳内衣之类的轻薄衣物。尽量选一个高度合适，有放脚空间的抽屉柜，再购置一面化妆镜、一个梳妆台就可以了。

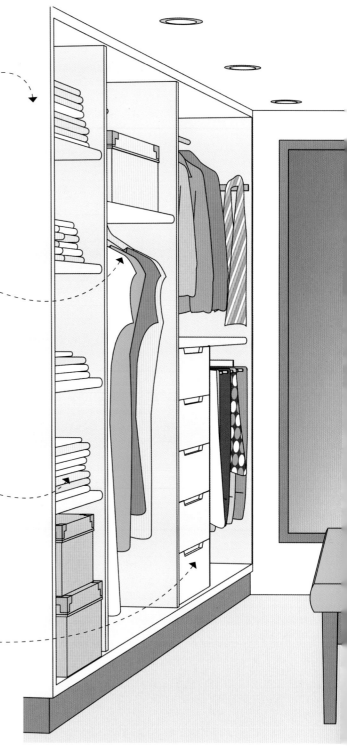

安装足够的照明

良好的照明是衣帽间的必备条件。在悬挂空间较深的衣柜内、梳妆台及其周边都需要安装照明。此外，还要确保整个衣帽间的环境照明良好，如果不能利用自然采光，可以安装嵌入式射灯（营造日光效果）或顶置聚光灯。

空间分区

如果你和家人共用衣帽间，可以将其一分为二，独立设计这两个空间。这样做可以帮你充分利用空间，避免拿错衣物，令储物空间井然有序。

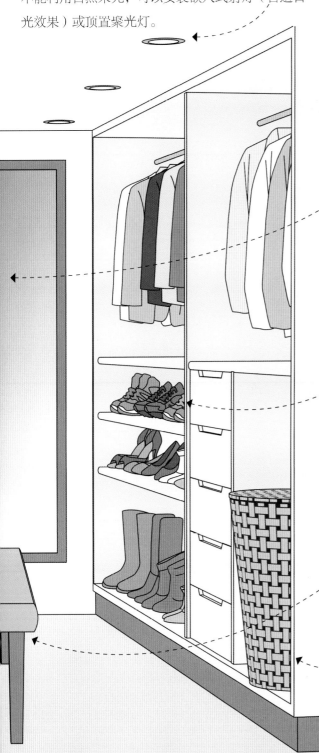

挂一面镜子

在步入式衣帽间里，要安装一面落地镜。这面镜子可以安装在一面空白墙面上或一扇门的正面或背面。如果空间足够，可以考虑在角落里单独挂一面镜子。一定要确保镜子周围采光良好，而且如果你需要在梳妆台前化妆，就可以考虑在梳妆台上再安装一面镜子。

留出鞋架空间

将鞋架空间分割成若干独立的区域，分别存放运动时穿的鞋子、白天穿的鞋子或晚上穿的鞋子，以及长靴子。最好用斜层搁板（或者装有挂鞋杆的鞋架）存放鞋履，还要在上方设置开放式鞋架用来放靴子。不要低估你需要用来存放鞋履的空间。

留出摆放座位的空间

在步入式衣帽间内留出空间摆放座位，尤其是对于设置了梳妆台的衣帽间里，这个座位就显得更重要。从哪边都能落座的简单圆凳是最实用的选择，当然也可以考虑沿空间的中心线摆放长凳，或者在一侧的衣柜内装一个座位。

增加一个洗衣篮

如果你需要在步入式衣帽间内更衣，可以增加一个洗衣篮。为了保证空间的清新、整洁，还应该给它加个盖子。为了节省空间，你还可以将长凳和洗衣篮合二为一，上掀式盖板充当座位，盖板下面是储物空间。

自己动手翻新衣柜

如果你有一件品相依然很好的木制家具，但与装修风格不太相称，那么你就要好好考虑清楚，是换掉它，还是将它翻新。本节我们就要讲一讲，如何让老松木衣柜变成一件富有复古品位的做旧家具。

材料准备清单：

· 中（颗粒）砂纸
· 喷漆除尘布或普通清洁布
· 节疤涂饰液
· 底层木器漆
· 两种色调的室内木器漆（一种是浅色调，另一种可以是它的对比色，也可以是一种深色调）
· 漆刷（其中包括一把猪鬃刷）
· 细（颗粒）砂纸（湿磨、干磨）
· 清漆

1 表面处理

1 用砂纸打磨衣柜的木质表面（如果柜门内表面需要刷漆，也要提前打磨），尽可能除去原来的清漆，提高新油漆的附着力。

2 用喷漆除尘布或微湿的普通清洁布将表面擦拭干净。

3 用节疤涂饰液涂抹衣柜表面的节疤并晾干（参考涂饰液说明书）。

1 为衣柜刷一道底漆并晾干（参考底漆说明书）。

2 用刷毛稀疏的猪鬃刷涂刷一道不匀彩漆。将油漆向木质表面任意方向涂抹。尽量保持漆刷干燥，将沾在漆刷上的多余油漆用布擦干净。

3 增强油漆的纹理层，直到对表面色彩感到满意为止。用猪鬃刷涂抹的油漆层数越多呈现出的色调就越深，纹理也越清晰。等待晾干。

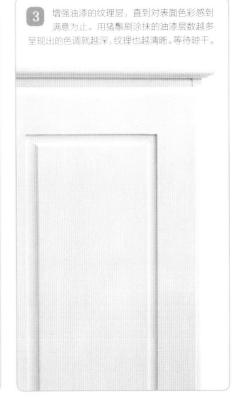

4 用随意的干刷手法将深色调油漆或对比色油漆涂刷衣柜的凹槽中、边角上。等待晾干。

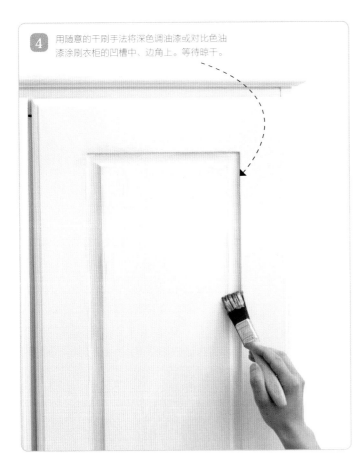

5 用干刷手法再刷一道底漆，这样下面的彩漆层还可以透出颜色。等待晾干。

3 用砂纸打磨衣柜表面

1 用细砂纸稍稍打磨衣柜表面，打造出一种做旧的感觉。

2 在打磨时，要对某些部位多加留意，尤其是衣柜框架的边、角以及门板处。

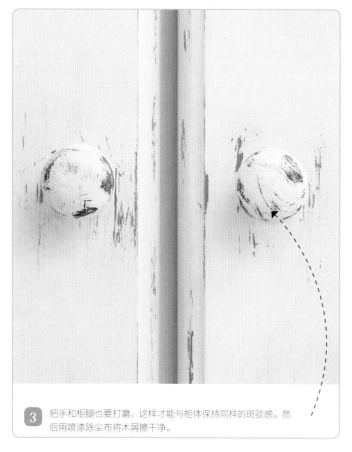

3 把手和柜腿也要打磨，这样才能与柜体保持同样的斑驳感。然后用喷漆除尘布将木屑擦干净。

4 覆盖一道清漆

为了保持衣柜表面效果，如果你愿意，可以再刷一道清漆。

翻新前

卧室

235

选择床头柜

双人卧室的床头柜通常成对购买，有现代风格也有传统风格，材质也很多样化，包括木质、亚克力和镜面玻璃等。无论你想让床头柜与其他卧室家具的风格一致，还是选择不拘一格的对比风格，都要确保它能满足你的储物需要。

选择类型

要判断哪种类型的床头柜更符合你的要求，首先要想好床头柜在你的卧室中要具备什么功能，它是否要为你提供储物空间。从简单的小桌到开放式置物架或抽屉柜，有多种多样的床头柜可供选择。

小桌
如果你只想摆一盏台灯或闹钟之类的物件，那就选择一张灵巧、雅致的小桌。很多这样类型的床头柜都只有一个抽屉或搁板，能提供的储物空间十分有限。

抽屉柜
在小卧室中，储物空间相对较小，因此带抽屉的床头柜不失为一种极佳的选择。抽屉柜的收纳功能能让房间看起来更整洁、舒适。

储物柜
储物柜可以存放抽屉柜放不下的较大物品。不过一定要记住，储物柜的内部空间比抽屉空间更难整理。

置物架
在布局合理的现代风格房间里，适合摆放带开放式置物架的床头柜，但前提是摆放在其中的物品一定要整齐有序。也可以将置物架作为一个迷你书架。

卧室

236

选择梳妆台

梳妆台在卧室中可能非常重要，除了要满足梳妆打扮的需求之外，还能收纳清洁用品，从而为卫生间节省宝贵的储物空间，甚至还可以在你做家务活时充当工作台。

选择类型

如果你只用梳妆台来化妆和梳头，那么大多数梳妆台都能满足要求。但如果你还想用它来当写字台，那就要看它的台面空间够不够大，桌面是否易于保持整洁。

基本功能梳妆台
如果储物空间不是问题，那就选择只带一两个抽屉或者不带抽屉的现代极简风格梳妆台。这种风格通常都不带装饰，因此更适合现代极简风格的卧室环境。

收纳梳妆台
为了最大限度地保持卧室整洁有序，带抽屉的梳妆台、抽屉储物柜，或者将它们合二为一的收纳梳妆台，都是不错的选择，会让化妆品和各种配饰好拿好用又整齐。

带镜梳妆台
对于那些追求经典闺房氛围的女士而言，购置带镜梳妆台不仅是为了好看，而且非常实用，值得投资。梳头和化妆时，带镜梳妆台可以省去手持镜子的麻烦。想要更全面地照出形象，可以为梳妆台配一块三面镜。

五招搞定床头照明

　　良好的床头照明对追求实用性和装饰性的人来讲都十分重要。从装饰的角度考虑，低位照明可以让卧室氛围温馨宜人；而从实用性的角度考虑，安装一盏适合阅读的床头灯很有必要，这样你就不用下床去关顶灯了。

万向灯

小号的万向灯可以放在床头柜上，而大号的万向灯可以直接放在地板上，无论哪一种都可以让你大幅调整光束的角度和高度。

复古风格的万向灯有各种颜色，你可以选一款与卧室最相配的万向灯。

台灯

台灯是床头照明的经典之选，应选购能与房间内其他风格灯具形成互补的台灯。

你所选择的台灯大小应当
与床头柜的大小相匹配。

夹灯

如果你在床后设计了一块高床头板或一块搁板，那么这种可以来回移动的夹灯就能满足不同阅读位置的需求。

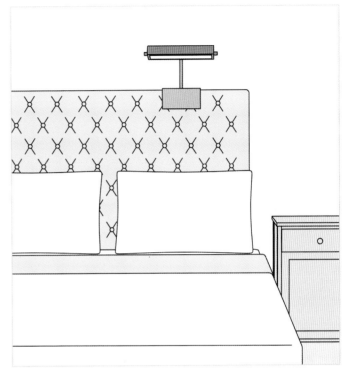

吊灯

床头柜上方的吊灯能够营造现代风格。要确认灯罩的大小是否会令下面的床头柜显得矮小。

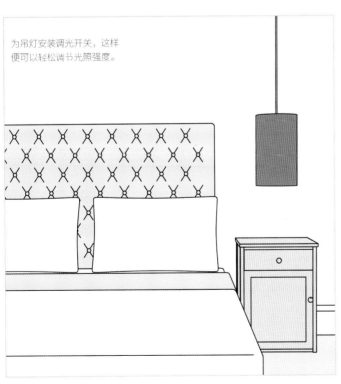

为吊灯安装调光开关，这样
便可以轻松调节光照强度。

壁灯

壁灯不占床头柜的柜面空间，在小卧室里也不会喧宾夺主。

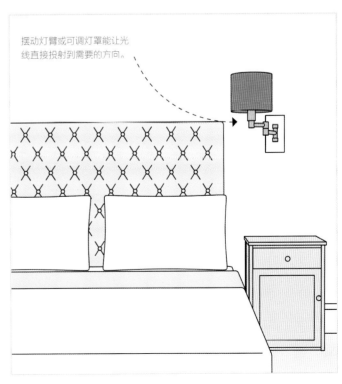

摆动灯臂或可调灯罩能让光
线直接投射到需要的方向。

10 选择卧室照明

无论你白天是否会待在卧室里，至少早晨卧室里需要良好的光照条件，最好是自然光，高效的工作照明也可以。而到了晚上，卧室里更需要的就是令人放松的光线环境。你可能还想通过照明来改善房间的比例，自然你也希望卧室中的光照看起来很好。

1 确定照明的风格

与其他房间一样，卧室也需要能满足各种情境光线需求的复合型照明条件。如果要在卧室里化妆、梳头，或者更衣，就必须有足够的光线，让你能将手头正在做的事情看清楚。

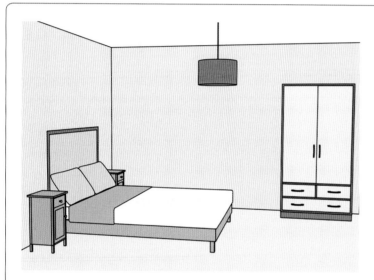

环境照明

卧室的环境照明非常重要。到了晚上可能需要将光线调暗一些，这样能让你在上床前放松下来。台灯和顶灯承担主要的环境照明，记得为顶灯配套安装调光开关。

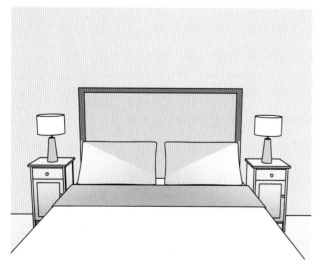

工作照明

当你在床上半卧着读书时可能需要一盏床头灯，而化妆时则需要一盏能照清面部的镜前灯，这都属于卧室的工作照明。早上的阳光是最好的光源，因此在设计人工照明的同时不要忽略自然采光，合理地布置卧室，充分利用自然光源。

重点照明

重点照明通常被用来照亮屋内陈设的艺术品，或者某个房主想突出的视觉焦点，比如有特色的建筑细节。在卧室中，重点照明可能被用来照亮书架或收藏品。不过，卧室中的重点照明不宜过于突出，使用要得当。

2 选择灯具

标准大小的双人卧室可能只有两三个光源，所以要确保它们共同发挥设计功能并提供适当的光照水平。你不必奢望它们达到完美的统一，只需确保它们不会吸引注意力相互竞争就行了。

顶灯

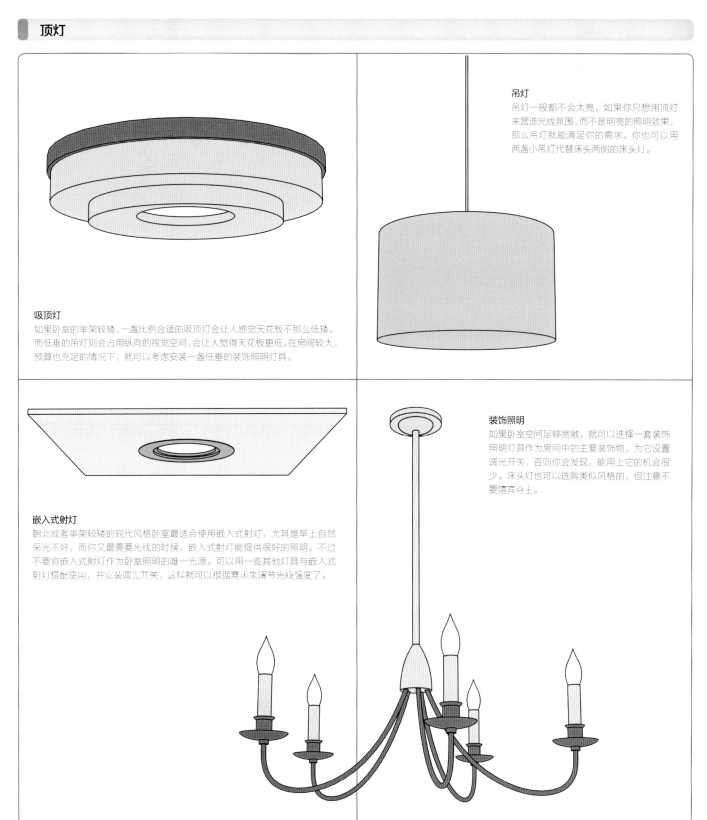

吊灯

吊灯一般都不会太亮，如果你只想用顶灯来营造光线氛围，而不是明亮的照明效果，那么吊灯就能满足你的需求。你也可以用两盏小吊灯代替床头两侧的床头灯。

吸顶灯

如果卧室的举架较矮，一盏比例合适的吸顶灯会让人感觉天花板不那么低矮。而低垂的吊灯则会占用纵向的视觉空间，会让人觉得天花板更低。在房间较大，预算也充足的情况下，就可以考虑安装一盏低垂的装饰照明灯具。

装饰照明

如果卧室空间足够宽敞，就可以选择一套装饰照明灯具作为房间中的主要装饰物，为它设置调光开关，否则你会发现，能用上它的机会很少。床头灯也可以选购类似风格的，但注意不要喧宾夺主。

嵌入式射灯

朝北或者举架较矮的现代风格卧室最适合使用嵌入式射灯，尤其是早上自然采光不好，而你又最需要光线的时候，嵌入式射灯能提供很好的照明。不过不要将嵌入式射灯作为卧室照明的唯一光源。可以用一些其他灯具与嵌入式射灯搭配使用，并安装调光开关，这样就可以根据需求来调节光线强度了。

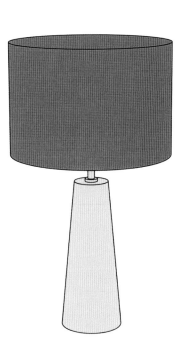
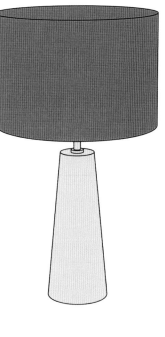

台灯

就像客厅里的台灯一样，卧室床头柜上的台灯也可以营造柔和、轻松的氛围。台灯应固定或者安放在合适的高度上，这样当你躺在床上读书时，灯光会照亮读物，但不会晃眼。

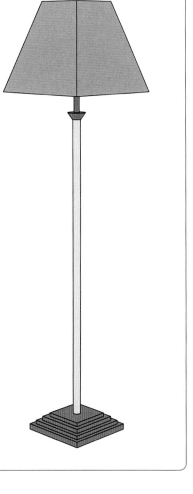

落地灯

如果卧室里放得下扶手椅，可以在旁边放一盏落地灯，不仅会起到很好的装饰效果，也能让你更愿意坐下来读本书，或做些手工活。不过要确保灯罩对应整个房间的比例恰当，不能过大。而且如果你要以这盏灯作为光源来做事，应确保它的光线足够强。

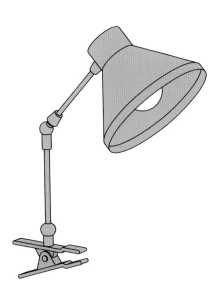

夹灯

夹灯可以固定在床头板或床具上方的搁板上。对于摆不下床头柜和台灯的小卧室而言，夹灯是很好的照明工具。如果你有晚上读书的习惯，不管有没有其他灯具，都可以考虑用夹灯作为补充光源。

壁装式照明

壁灯

在卧室中壁灯有两个用处：作为装饰照明（例如安装在壁炉腔两侧），或者作为工作照明（装在梳妆台化妆镜上方做镜前灯，或者装在床两侧做床头灯）。作为装饰照明的壁灯需要安装调光开关，当然，如果只做工作照明，就用不着调光开关了。

选择窗户装饰

有两件事情是设计卧室窗户装饰时要重点考虑的。首先，窗户装饰的叠加搭配是否能有效将光线、噪声和冷空气阻隔在窗外；其次，你选择的窗户装饰是否与整个卧室的设计风格一致，并且又能让你觉得舒适放松。

1 选择类型

你的卧室是现代极简风格还是传统繁复风格，这决定了是采用多种形式叠加搭配来装饰窗户，如将百叶窗与窗帘叠加，还是坚持只用单一精致的形式来装饰窗户，如时尚透气窗。

百叶窗

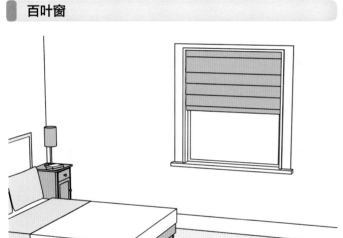

如果你想让卧室设计更有层次感，并增添一些色彩和图案，那么用卷帘和罗马帘来装饰窗户就很好。它们可以充分打开或关闭，或停在中间位置。而软百叶窗的百叶板通常只能全开或全关。

窗帘

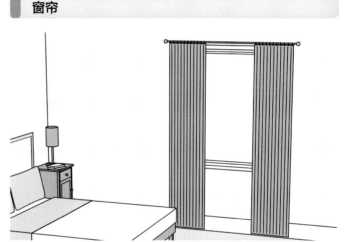

窗帘可分为落地窗帘和短窗帘，能为房间增添色彩、图案和纹理。不同面料和帘头的窗帘可以分别用在传统风格或现代风格的卧室中。

透气窗

透气窗非常适合复古风格的房间，用在现代风格的房间中看起来也很时髦。固定式透气窗样式十分有限。活动透气窗可选双框或三框结构，并有全高式和对开等样式。

检查清单

• 为了尽量减少夜间街道照明的干扰，可以考虑在窗帘下增加遮光卷帘，或购买遮光布衬里的罗马帘。

• 如果你的窗户未装双层玻璃，那么带衬里的厚窗帘能有效减少室内热量散失，还会为房间带来温馨的感觉。

• 衡量窗户周围空间的大小，确保窗帘可以完全拉开，或透气窗可以完全打开。这样房间看上去能更大一些，采光也会更好。

2 选择样式

　　每种类型的窗户装饰都可以呈现传统或现代的外观，但取决于它的材质、图案和样式，以及和它搭配的内容——床上用品、墙面装饰物和地板。在你做选择的时候，要充分考虑以上这些因素，以使它们达到和谐统一。

百叶窗

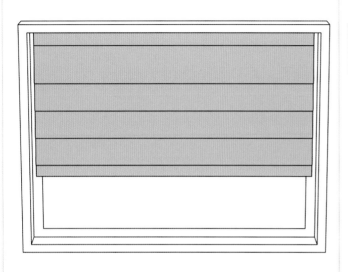

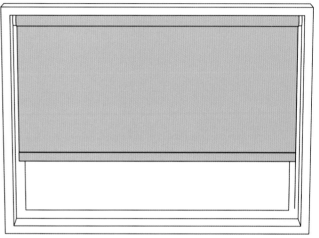

罗马帘

在向下拉开时，罗马帘附带的活褶与窗户平行，而向上收起时，这些活褶便整齐地折叠在一起，显得比其他百叶窗更有层次感。罗马帘的面料多样，与窗帘叠加搭配起来非常好看。

卷帘

卷帘比较廉价，如果你是 DIY 高手，那么安装卷帘对你来说并不难。这种窗帘面料结实，有各种颜色和样式可供选择，而且可以上下拉动，用以遮挡光线或让光线进入室内。很多成品卷帘都可以裁剪，从而精确匹配窗户的大小。

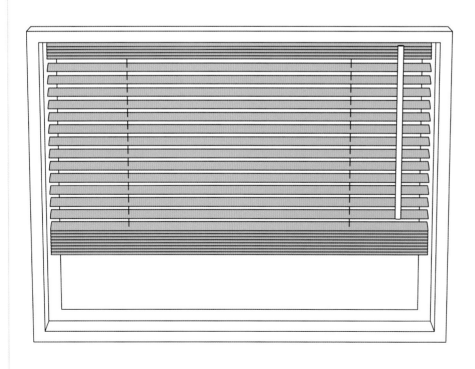

软百叶窗

软百叶窗的可调百叶板可以完全打开或关上，这样就能控制进入房间的光线。百叶板可以保持一定角度，可以很好地保护隐私。软百叶窗有各种材质、颜色和百叶板宽度可供选择。

窗帘

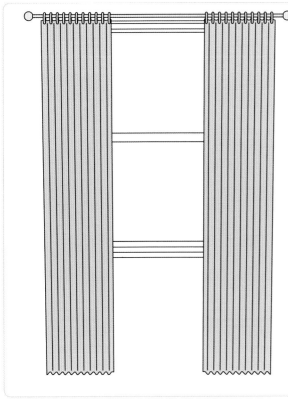

落地窗帘

落地窗帘的底端通常距地板1厘米左右，如果想让窗帘看上去更奢华，也可以让窗帘更长一些，拖在地板上。带衬里的窗帘是更好的选择，窗帘衬里不仅能有效保暖，还能让面料看上去不那么单薄。

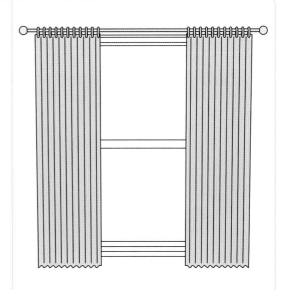

短窗帘

如果卧室的窗户比较矮小，或整体设计是田园风格，这种长及窗台或刚好触及窗台下方的短窗帘可能更实用。如果窗户下方装有暖气片，短窗帘也更合适。不过短窗帘可能会显得老气，所以选择面料时一定要斟酌。

透气窗

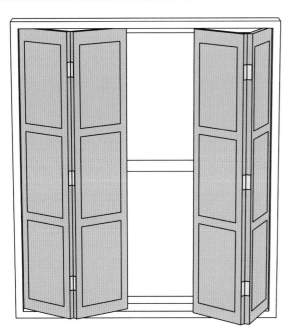

固定式透气窗

固定式透气窗以实木为材质，可以降低噪声，因此如果你住在繁华的街道旁，固定式透气窗不失为一种很好的选择。它的设计初表是白天向墙边折收起来，而到了晚上则会展开，这种透气窗尤其适合又高又窄的窗户，但也适合飘窗。

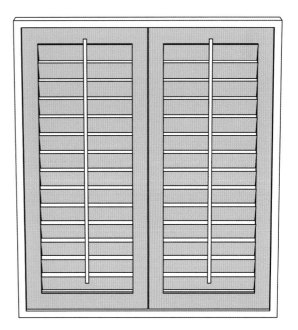

活动透气窗

活动透气窗既适合现代风格也适合传统风格的卧室。平开透气窗和带中横框的全高式透气窗是最受欢迎的两种样式，它们会让你分别开合透气窗的上框和下框，因此可以在保护隐私的同时满足采光需求而只关闭透气窗的下框。

自己动手制作遮光窗帘

带遮光衬里的窗帘可以有效遮挡光线，让人一夜安眠。按照下面的步骤制作短窗帘，窗帘下边稍低于窗台，有铅笔褶帘头，可以与任何窗帘杆或窗帘轨道配合使用。

材料准备清单：

· 卷尺
· 面料请使用窗帘布（参见第 384 页的面料用量计算方法）
· 遮光衬里（参见第 384 页的面料用量计算方法）
· 剪刀
· 缝纫机或针线
· 熨斗
· 大头针
· 铅笔褶带
· 窗帘挂钩

卧室

246

1 测量并裁剪

1 通过测量从窗帘轨道或窗帘杆的顶部到窗台下的长度，确定窗帘的最终长度。

2 根据测量好的长度剪裁面料，为窗帘褶边和上边留出 25 厘米的余量。

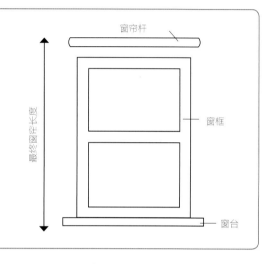

窗帘杆

窗框

最终窗帘长度

窗台

2 拼接面料

为了让窗帘有足够的宽度，需要将面料拼接在一起（为了让窗帘挂起来好看，每幅窗帘的宽度应该与窗帘轨道或窗帘杆的长度大致相当）。拼接时，先将面料正面相对放在一起，并沿其中的一边缝一道接缝。然后展开并摊平，正面朝下，用熨斗将接缝处熨烫平整。

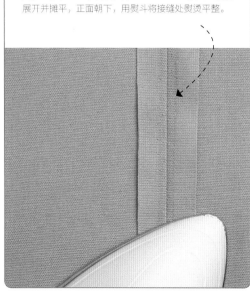

3 制作褶边

1 在窗帘的底部制作双重褶边。将面料的正面朝下，折出一条 10 厘米的褶边并熨烫平整。

2 再次折叠，这样毛边便被封在褶边内，并再次熨平。

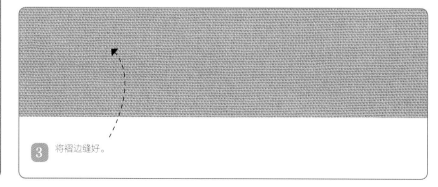

3 将褶边缝好。

4 拼接衬里

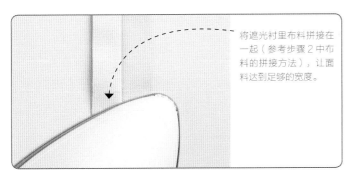

将遮光衬里布料拼接在一起（参考步骤 2 中布料的拼接方法），让面料达到足够的宽度。

5 制作衬里褶边

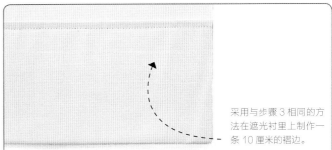

采用与步骤 3 相同的方法在遮光衬里上制作一条 10 厘米的褶边。

6 缝合面料和衬里

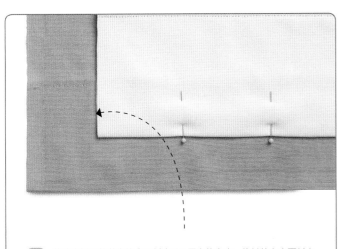

1 将遮光衬里修剪为比主面料窄 15 厘米的宽度。将其放在主面料上，与主面料正面对正面，比主面料的底边宽出 5 厘米，比主面料的两边各窄 7.5 厘米。用大头针将整幅窗帘的底部固定好。

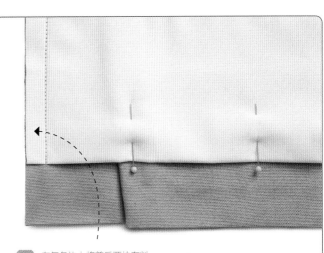

2 在每条边上将前后两块布料的边缘缝合在一起。

7 缝纫边角

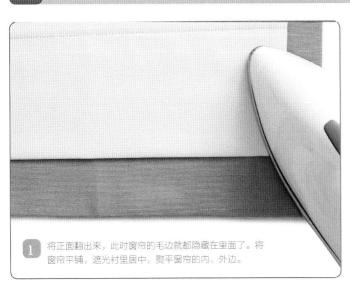

1 将正面翻出来，此时窗帘的毛边就都隐藏在里面了。将窗帘平铺，遮光衬里居中，熨平窗帘的内、外边。

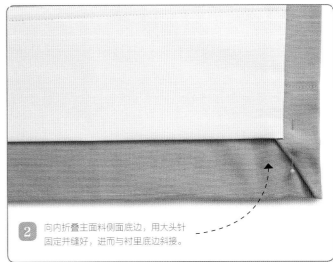

2 向内折叠主面料侧面底边，用大头针固定并缝好，进而与衬里底边斜接。

卧室

247

8 缝纫顶边

1 在褶边上测量并确定窗帘的顶部位置，插入一排大头针做标记。

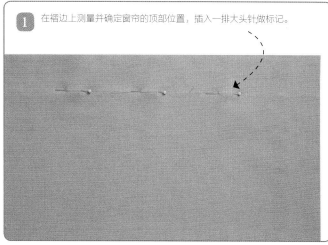

2 沿这条线将主面料向背面折叠。

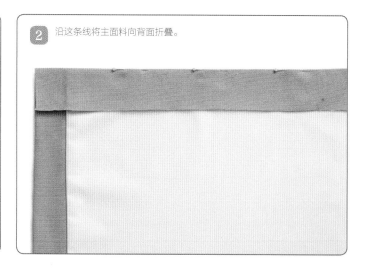

3 沿这条线熨平。

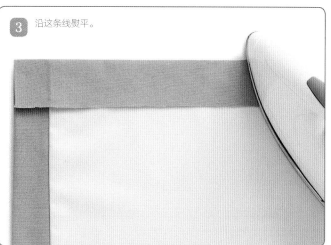

4 折叠主面料侧面边缘，制作出一个整齐的斜接边角。

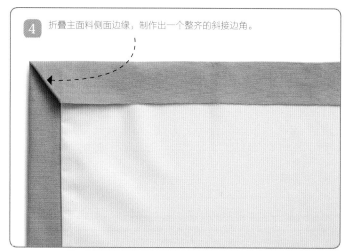

9 缝上铅笔褶带

1 沿每幅窗帘的顶边摆放一条铅笔褶带。修剪褶带的尺寸，用大头针固定好，并缝合牢固。

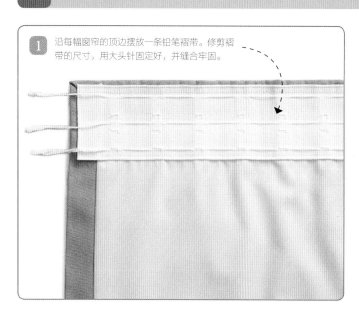

2 将丝线松散地留在窗帘的外侧边缘。而在为窗帘的里侧边缘锁边前，一定要将丝线藏到铅笔褶带的后面。

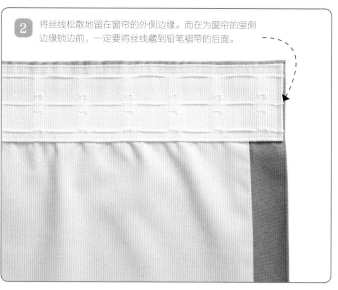

10 收紧铅笔褶带

1 在窗帘的外侧边缘拉紧松散的丝线，从而在窗帘顶部形成一排褶皱造型。

2 将窗帘挂钩依次穿入褶皱形成的洞中。将丝线打结，缠好松散的末端，使其不碍事即可。

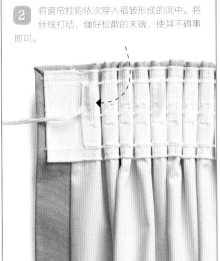

11 挂帘

如果使用窗帘杆，则将挂钩挂在窗帘吊环上；如果使用窗帘轨道，则直接挂在轨道上。

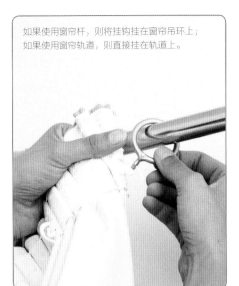

打造完美的儿童房

设计儿童房需要好好动动脑筋，因为孩子会在这个房间里玩耍、学习、睡觉，完成很多不同的活动，而且随着孩子的成长，这个房间的功能还需要不断调整。从本页起直到第 267 页的内容都是围绕家中下一代的卧室展开的。

令衣物取用方便

孩子大约 4 岁时就会希望自己选择要穿什么衣服，这种愿望甚至可能在孩子学会自己穿衣服之前就产生了。所以，孩子衣物的收纳一定要方便取用。可以考虑为孩子购置带悬挂空间和搁板的全能型衣柜，这样的衣柜能随着孩子成长的需要变换搁板的位置。将孩子日常穿着的衣物放在抽屉柜或衣柜位置较低的抽屉里，而将衣柜上部空间留给不常穿着或不应季的衣物。较高的家具应贴墙摆放，以免孩子不小心将其推倒发生意外。

设计好储物空间

在设计储物空间时，不要迷信所谓的主题家具，也不要为了追求花哨的款式而选择家具。一般说来，大件家具不应经常更换，因为它们应该可以用很多年，它们的功能应该和刚买来时一样，比如抽屉柜可以变成儿童用的尿布台；现在摆放着故事书但日后可以存放 CD 盘片和学习资料夹的书架；原本用于存放婴幼儿衣物的带搁板衣柜也应该很容易改为可以悬挂青少年服装的悬挂空间。

提供学习空间

一旦孩子到了需要做作业的年龄，他们需要有一个安静的学习空间。购买可以调节的书桌，从 10 ~ 18 岁的青少年都可以使用。确保这个学习空间还有充足的内置储物空间，用来存放文具、练习册等各种学习资料。

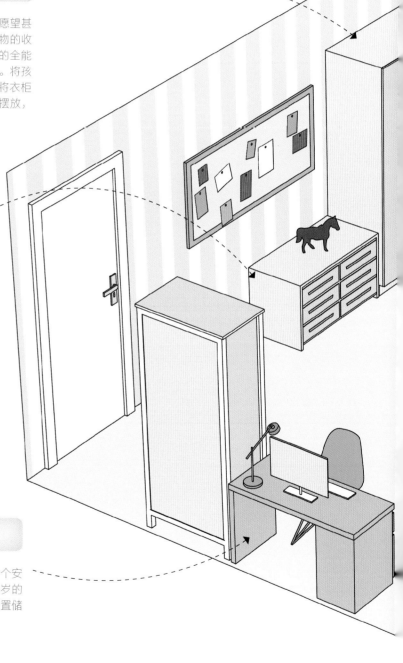

选择可以灵活变身的家具

最好选购可以随孩子成长调节的家具。床具可能是儿童房中最大件的家具，所以要购置中性色调，这样就可以延长使用寿命。或者选一张可以轻松变身的简易床。如果你能买一张含储物空间的床是再好不过了，宝宝的储物空间的大小是无法与青少年所需要的储藏需要相比的。无论你买什么，都要确保其耐用性，摆放在儿童房中的家具要有较强的耐磨性，还要容易清洁。

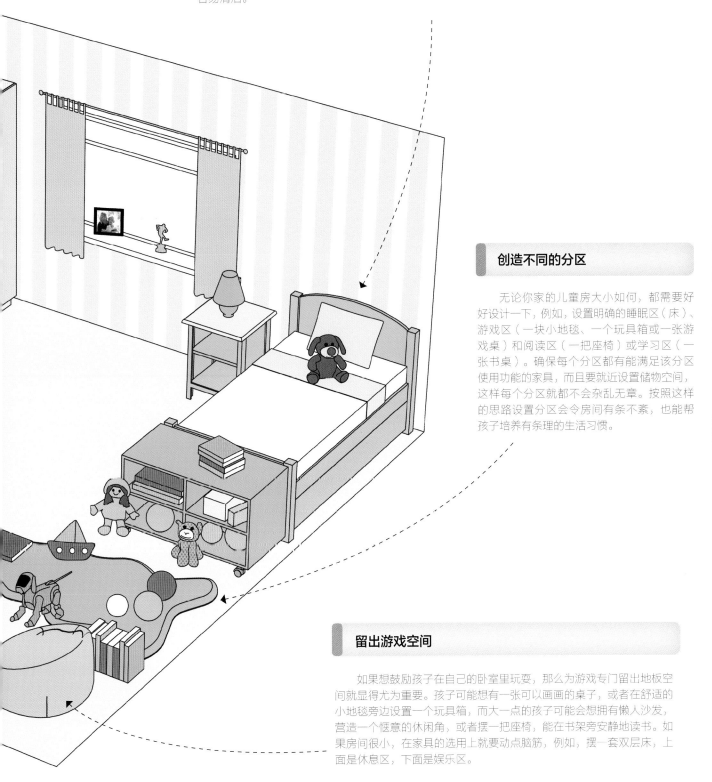

创造不同的分区

无论你家的儿童房大小如何，都需要好好设计一下，例如，设置明确的睡眠区（床）、游戏区（一块小地毯、一个玩具箱或一张游戏桌）和阅读区（一把座椅）或学习区（一张书桌）。确保每个分区都有能满足该分区使用功能的家具，而且要就近设置储物空间，这样每个分区就都不会杂乱无章。按照这样的思路设置分区会令房间有条不紊，也能帮孩子培养有条理的生活习惯。

留出游戏空间

如果想鼓励孩子在自己的卧室里玩耍，那么为游戏专门留出地板空间就显得尤为重要。孩子可能想有一张可以画画的桌子，或者在舒适的小地毯旁边设置一个玩具箱，而大一点的孩子可能会想拥有懒人沙发，营造一个惬意的休闲角，或者摆一把座椅，能在书架旁安静地读书。如果房间很小，在家具的选用上就要动点脑筋，例如，摆一套双层床，上面是休息区，下面是娱乐区。

12 选择地面

在为儿童房选择地面时，舒适性是首要考虑的因素。不过，你也需要衡量一下地板在整个房间设计中扮演的角色，由于孩子在儿童房里不仅会睡觉，还要玩耍，因此装修时，要考虑房间清洁的难度。

选择材质

儿童卧室应该比成人卧室更耐磨损，因此需要选择耐磨且易清洁的地板。另外，脚感不过于坚硬、具备一定的降噪性能，都是应该考虑的方面。

地砖

PVC 地砖价格不贵，而且有丰富的颜色和样式可用于儿童房，还配有木质或金属的防滑板。橡胶地砖耐磨性能好，而且有丰富的色彩和纹理可供选择，但价格昂贵。

木地板

木地板用在儿童房很合适，因为无论周围的装饰如何变换，与木地板搭配都没有问题。由于实木复合地板可以配套安装降噪衬垫，因此非常适合用于青少年卧室。软木、复合和木纹 PVC 地板既便宜又实用。

地毯

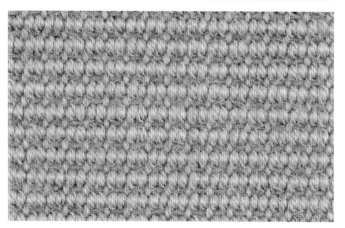

地毯柔软舒适，有非常多的色彩和样式（如条纹）可用于儿童房。素色地毯比带斑纹或图案的地毯更易脏，因此，如果要用在儿童房中最好选择易清洁的材质。

无缝地坪

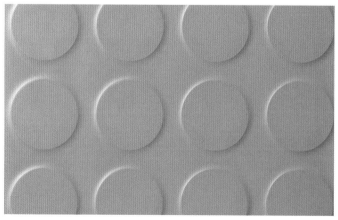

PVC、油毡和橡胶卷材地坪的脚感同样柔软舒适，而且污迹很容易清除。不管是带纹理的、素色的，还是带图案的无缝地坪，都特别适合小房间使用，由于其没有接缝，看上去会非常整洁利落。

卧室

252

13 选择墙面装饰

在装修儿童卧室时，你应该多些童心才好。不过，也不要过于教条，比如让一个自己喜爱的主题贯穿整个房间——很显然，你的孩子很快就会长大，而且你可能面临必须重新整修的可能性。

选择材质

在选择如何装修儿童卧室时，你的主要关注点应当是它所呈现的外观。请记住，你还要确认墙面可以很轻松地擦拭干净、修饰或修复。

涂料

涂料可以说是最廉价、最简单的选择，有各种效果样式可选择，但最好使用丝光或柔光涂料，比亚光乳胶漆更耐久，而且任何污迹都能轻易擦除而不损伤涂层表面。

壁纸

带图案的壁纸样式繁多，不过我们建议选择一款孩子能用得比较久的款式。所选购的壁纸最好还能轻松擦去手印等污迹。

包层

扣板式包层不仅非常耐磨，而且还可以涂刷任何颜色，因此不失为一个好选择。包层所使用的压条通常以松木制成（当然也可以购买预制的中密度板），垂直安装于护墙板木条和踢脚板之间。

检查清单

- 如果你选用亚光涂料，请首先使用试用装，确认涂层不会太呈粉末状，否则，当你需要擦除污迹或划痕时，效果不会太好。
- 你买的壁纸够装饰整个房间吗？最好留出10%的富余量，并确保它们都是同一批次生产的，避免出现色差。
- 做好墙面装修的准备工作。不管是刷油漆还是贴壁纸，各种裂缝和孔洞都要填补并磨平，另外任何不平整的表面都要打磨光滑。

手绘涂鸦墙面

如果你为孩子的卧室选择了一个装修主题，手绘涂鸦墙面会让这个装修风格更具凝聚力。下面介绍一个简单的青蛙造型涂鸦步骤，你可以在第 387 页找到这个模板。步骤 3 的点画并非必不可少的步骤，但这种方法确实会为涂鸦增加一定的层次感和趣味性。

材料准备清单：

· 纸（可选）
· 钢笔或铅笔（可选）
· 醋酸纤维纸
· 记号笔
· 壁纸刀
· 遮蔽胶带
· 墙面涂料
· 小号海绵滚刷
· 点画刷
· 丙烯酸清漆
· 漆刷

1 制作涂鸦模板

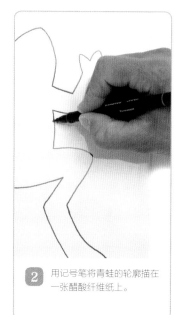

1 在一张纸上画出一只青蛙的轮廓（如果你是从一幅现成的图画上拓下来的，则跳过该步骤）。

2 用记号笔将青蛙的轮廓描在一张醋酸纤维纸上。

3 用壁纸刀将青蛙图像抠下来。扔掉抠下来的图像。用那张醋酸纤维纸做模板。

2 上涂料

1 把做好的模板贴在墙面上，观察最佳位置，然后用遮蔽胶带将模板固定好。

2 用一把小号海绵滚刷在模板上滚刷涂料。等待涂料自然晾干（参见涂料说明书）。

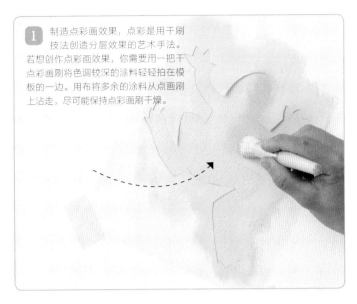

制造点彩画效果。点彩是用干刷
技法创造分层效果的艺术手法。
若想创作点彩画效果，你需要用一把干
点彩画刷将色调较深的涂料轻轻拍在模
板的一边。用布将多余的涂料从点画刷
上沾走，尽可能保持点彩画刷干燥。

2　去掉遮蔽胶带，将模板从墙面
上轻轻揭下来。然后将模板贴
在其他地方，并重复上述操作过程。

4 用清漆覆盖墙面

如果你希望保护涂鸦（它们看上去
如此生动有趣，肯定有人忍不住去
摸），可以用漆刷在整个墙面上刷
一层薄薄的丙烯酸清漆。

14 选择儿童床具

人们挑儿童床具往往不会像挑成人床具那样仔细。挑选儿童床时，主要有以下几个问题需要考虑：这张儿童床现阶段和一段时间之后是否能始终保持舒适，这张小床是否能节省空间，因为儿童房的空间通常不会很大。此外，还要考虑它的使用寿命，以及多久之后这张床就不能满足长高的孩子睡了。

1 选择基本类型

不管是储物能力、方便性，还是床下空间的优势，每种类型的儿童床都有自己的优点。如果想将这张床用得久一些，可以选择原木色或适用于多种风格的漆面。

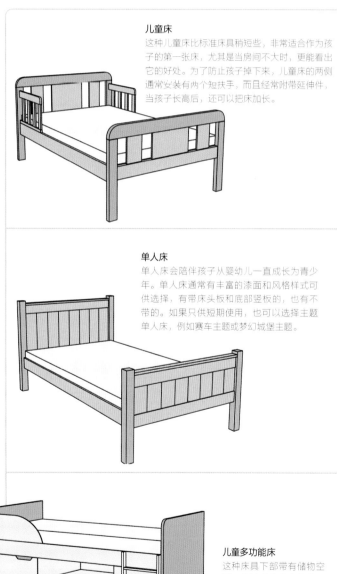

儿童床
这种儿童床比标准床具稍短些，非常适合作为孩子的第一张床，尤其是当房间不大时，更能看出它的好处。为了防止孩子掉下来，儿童床的两侧通常安装有两个短扶手，而且经常附带延伸件，当孩子长高后，还可以把床加长。

单人床
单人床会陪伴孩子从婴幼儿一直成长为青少年。单人床通常有丰富的漆面和风格样式可供选择，有带床头板和底部竖板的，也有不带的。如果只供短期使用，也可以选择主题单人床，例如赛车主题或梦幻城堡主题。

儿童多功能床
这种床下部带有储物空间，使其成为小房间的明智之选。它带有大量组合储物空间，如搁板、抽屉、衣柜和书桌等。

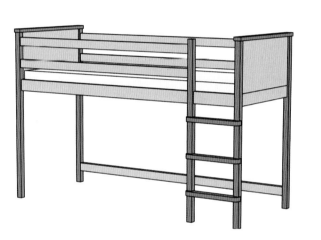

高位卧铺床
如果儿童房的面积较小，对于五岁以上的儿童来说，这种高位卧铺床就很实用了。它比标准的双层床高很多（通常是成年人可以站下的高度），床下空间可以摆放其他家具，或者作为游戏空间。

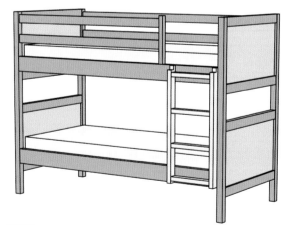

双层床
如果家里的孩子要共用一个房间，或者需要备一张床供访客留宿，这种双层床便是非常理想的解决方案。除了经典的单人床叠单人床样式之外，还有其他样式的双人床可供选择，例如，下铺是大床，附带收纳柜或可以拉出的矮床，从而提供更多的睡眠空间。

你可以通过很多方式为儿童床增加附带功能。在小卧室里，这些功能有助于为房间补充储物空间、游戏空间或角落中的工作空间。

可以变身的床
如果你购置的是一张轻便的小床，可以让这张床变身为儿童床，这样便能将其使用寿命再延长三年。它的床栏通常是与床垫分离的，而它的床垫则是可以降低的。

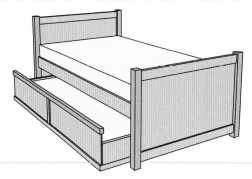

额外的睡眠空间
不管你家是否经常有来留宿的宾客，或有小朋友来和你的孩子做伴，又或者你想在他们身体不舒服时能睡在他们身边，此时设在床下、带脚轮的小矮床就很有用了。当你需要的时候，将其拉出来使用即可。

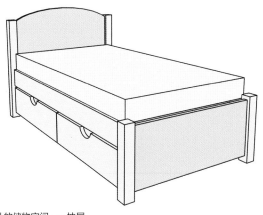

额外的储物空间——抽屉
不管是内置的还是独立的，设在单人床床下空间中的抽屉永远是有用的。如果是独立的抽屉柜，请选购那种带盖子和脚轮的，因为床下很容易积攒灰尘。

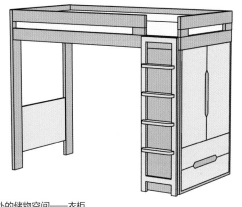

额外的储物空间——衣柜
如果你需要用有限的空间尽可能地收纳更多物品，这种附带衣柜的高床便是最理想的选择。选购带有悬挂空间和隐蔽抽屉或搁板的衣柜，因为功能的灵活性也很重要。

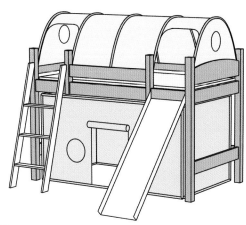

游戏床
如果是为很小的孩子选择床具，可以把滑梯或温迪屋之类的游戏元素考虑在内。如果有可能，选择当孩子长大后可以撤掉这些元素的床具。

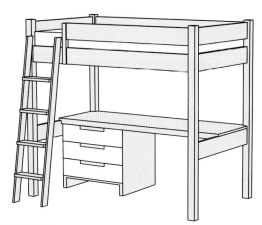

带工作区的床
如果孩子需要一个安静的学习空间，这种带有床下书桌的床很实用。此外，这种床还能提供储物空间（例如抽屉柜），能够更有效地利用空间。

五招搞定儿童房的展示空间

　　每个孩子在成长过程中，都会创作大量的图画、模型和涂鸦，他们肯定想把这些作品展示出来，你可以帮助他们。不过，展示孩子作品的方法还需要仔细琢磨一下，怎样才能让孩子精彩的艺术作品在墙面上成为一道风景线，但又不喧宾夺主呢？

利用绳索和衣夹

如果客人来访时你想让孩子的房间看起来干净、利落，可以选择一种能快捷展示和收起孩子作品的方法，可以沿墙面固定一段绳索，然后用衣夹把孩子的作品挂起来。

木衣夹看上去比塑料衣夹要好，而且夹纸也能更紧一些。

箱式框

漆面箱形框可以挂在墙上或固定在搁板上，用来陈列模型、收藏品和奖章等。

如果你想让展示品背景有一些变化，也可以在框内粘贴壁纸。

软木板

将软木地板砖改造为一块钉板或一组钉板，然后把这些钉板以不同的排列方式和形状附着在墙面上。

钉板可以保留原色，也可以为了跟墙面色调相搭配而刷成其他颜色。

大钢夹

用细长的木压条打造创意框架，并用平头钉将其固定在墙面上。最后用镶板钉把大钢夹挂在水平压条上。

磁壁

在你选择涂料或壁纸之前，先将带磁性的涂料作为底漆刷在墙面上。有了这种特殊的涂料，就可以利用磁铁在整面墙上展览孩子的大作了。

自己动手制作懒人沙发

孩子都喜欢懒人沙发包裹身体时那种柔软、舒适的感觉。最好买一些装在尼龙袋（或布袋）里的泡沫粒，这样方便把这些重量很轻的泡沫粒塞入定型的棉布罩子中。

材料准备清单：

· 铅笔
· 一大张牛皮纸
· 剪刀
· 约 3 米长的面料（请使用窗帘面料）
· 拉链（至少 20 厘米长）
· 拆线刀
· 大约 141 升泡沫球

1 准备模板

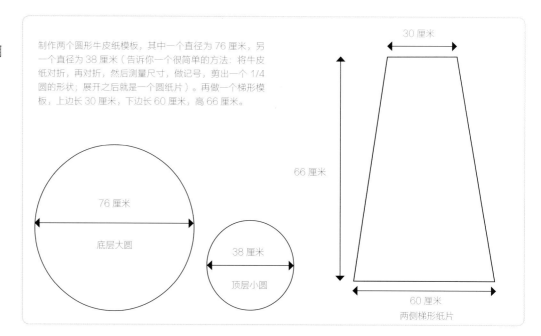

制作两个圆形牛皮纸模板，其中一个直径为 76 厘米，另一个直径为 38 厘米（告诉你一个很简单的方法：将牛皮纸对折，再对折，然后测量尺寸，做记号，剪出一个 1/4 圆的形状；展开之后就是一个圆纸片）。再做一个梯形模板，上边长 30 厘米，下边长 60 厘米，高 66 厘米。

30 厘米

66 厘米

76 厘米

底层大圆

38 厘米

顶层小圆

60 厘米

两侧梯形纸片

2 裁剪面料

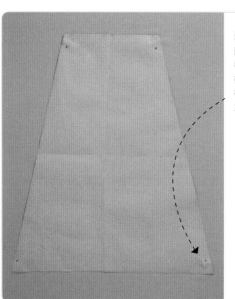

将面料平展在一个平面上，用大头针将模板固定在上面。沿着模板的轮廓剪出四个梯形和两个圆形（一大一小）的布片。

3 缝合布片

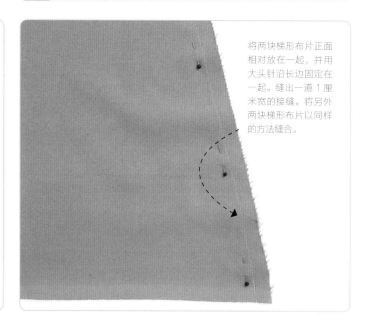

将两块梯形布片正面相对放在一起，并用大头针沿长边固定在一起。缝出一道 1 厘米宽的接缝。将另外两块梯形布片以同样的方法缝合。

4 安装拉链

1 取一块缝合好的布片，将布片摊开并用熨斗将接缝熨烫平整。

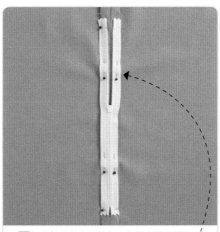

2 将拉链放在熨缝上，位置大约在熨缝自顶边至底边 2/3 处，用大头针固定好。然后沿拉链的边缘缝合，封闭拉链的两个末端以确保安装牢固。

3 将布片翻过来，用拆线刀拆除布片位于拉链处的缝合线，使拉链露出。

5 缝合接缝

用大头针将两块要缝合的布片固定在一起（正面相对并让拉链的内侧朝外）。将它们缝合，留出 1 厘米的接缝，形成一个桶状的大布套。从内侧把小圆布片与大布桶较细的一端缝合。以同样方法将大圆布片与大布桶较粗的一端缝合。再通过拉链的开口将懒人沙发套由内向外翻过来，此时便是正面朝外了。把泡沫颗粒装进布袋，然后拉好拉链。

七招搞定儿童卧室储物空间

　　儿童卧室需要有能把各种衣物、器具、玩具和游戏装备收纳起来的空间。但是与其他房间不同的是，这个房间的储物空间必须做到存取方便，如果孩子年纪较小的话，通常将收纳空间设在低矮处，而且孩子可以一眼看到，所以它不仅需要好用，还要好看。

悬挂式收纳筐

如果房间里没有富余的地板空间，可以使用挂在墙上或天花板上的收纳筐，这种收纳筐比较适合存放毛绒玩具之类较轻的物品。

确认收纳筐固定在天花板内的房梁上，以免掉下来破坏石膏天花板，也避免孩子拉扯或摆动收纳筐时给他们造成伤害。

挂墙收纳袋

漂亮的挂墙收纳袋好玩、实用，还具有装饰效果。将其挂在足够低的位置，让宝宝可以看到收纳袋里的玩具。

床下储物空间

可以将衣物、游戏装备、玩具收纳进床下的抽屉中，充分利用床下的空间。

带脚轮的置物架

当孩子要在儿童房里玩游戏或进行其他活动时，方便灵活的带轮置物架便能派上用场了。

确认脚轮上带有锁定装备。

附带收纳箱的置物架

附带收纳箱或抽屉的置物架可以很好地把杂物收纳起来，让房间看上去井井有条。

放在置物架下层的收纳筐或收纳箱非常适合收纳玩具并有助于让孩子养成有条理的生活习惯。

带储藏空间的长凳

带储藏空间的长凳一方面能提供方便的座位，另一方面可以把玩具和游戏装备收纳起来。

收纳箱

大收纳箱可以永久或暂时存放衣物、毛毯和玩具，而且在不用时还可以方便地收纳起来。

自己动手制作贴花靠垫

漂亮的贴花靠垫可以让儿童房看上去好看又富有个性。下面我们就告诉你如何制作草莓贴花靠垫（模板在第 386 页）。这个靠垫的尺寸为 45 厘米 ×45 厘米。你可以根据个人喜好制作其他图案的贴花，也可以将这个草莓贴花与其他尺寸的靠垫套搭配使用。

材料准备清单：

· 剪刀
· 素色基布
· 带纹理的红色面料
· 带纹理的绿色面料
· 直尺或卷尺
· 大头针
· 白纸
· 双面黏合衬
· 铅笔
· 熨斗
· 织补针或缝针
· 缝线（红、绿、白或黄）
· 缝纫机和线
· 边长 45 厘米的正方形衬垫

1 测量并剪裁基布

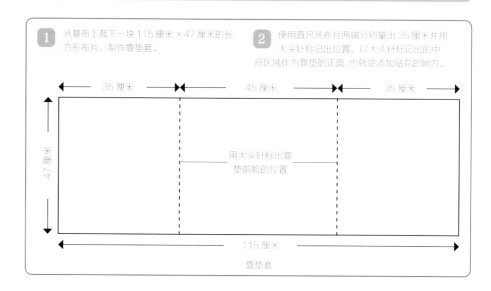

1 从基布上裁下一块 115 厘米 ×47 厘米的长方形布片，制作靠垫套。

2 使用直尺从布片两端分别量出 35 厘米并用大头针标记出位置。以大头针标记出的中间区域作为靠垫的正面，也就是添加贴花的地方。

35 厘米　　　45 厘米　　　35 厘米

47 厘米

用大头针标出靠垫前脸的位置

115 厘米

靠垫套

2 画出草莓主题

1 用铅笔在一张白纸上画出带梗的大草莓图案。

2 将双面黏合衬覆在图案上，用大头针固定好，并用铅笔描出草莓的轮廓。

3 用剪刀将整个图案剪下来。

4 接下来，沿着草莓梗和草莓轮廓剪下来，这样草莓本体和梗部各自形成了一个贴花图案。

3 将草莓图案移到布片上

1 将草莓图案的双面黏合衬熨烫，使其粘在带纹理红色布片的反面，而梗部的双面黏合衬则粘在带纹理绿色布片的反面。

2 用剪刀剪出这两个图案的轮廓。

4 将草莓主题图案放在基布上

1 确认基布正面朝上，将图案布片（号双面黏合衬的一面朝下）固定在基布的中心位置。用一把直尺或卷尺准确定位草莓和它的梗部。

2 通过熨烫将剪下的草莓图案粘到基布上，之后再将它的梗部的剪切图案粘到基布上（根据黏合衬的说明书调整熨斗的温度）。

5 沿草莓主题图案边缘将其缝到基布上

1 使用红色缝线和织补针（或缝针），采用锁边绣手法沿草莓图案边缘将其缝到基布上。

2 采用绿色缝线和锁边绣的手法，沿梗部图案边缘将其缝到基布上。接下来给草莓增加装饰物，用独特的撩针手法将白色或黄色线绣在草莓图案上，作为草莓籽。

6 缝合靠垫套

1 将基布翻过来，让反面朝上。折叠两条短边（边长47厘米）并用缝纫机做出褶边。

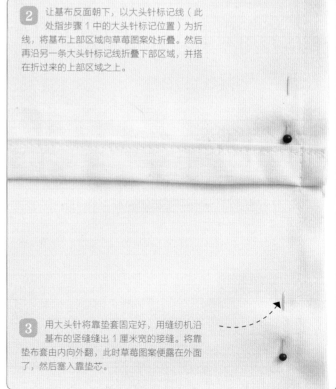

2 让基布反面朝下，以大头针标记线（此处指步骤 1 中的大头针标记位置）为折线，将基布上部区域向草莓图案处折叠。然后再沿另一条大头针标记线折叠下部区域，并搭在折过来的上部区域之上。

3 用大头针将靠垫套固定好，用缝纫机沿基布的竖缝缝出 1 厘米宽的接缝。将靠垫布套由内向外翻，此时草莓图案便露在外面了，然后塞入靠垫芯。

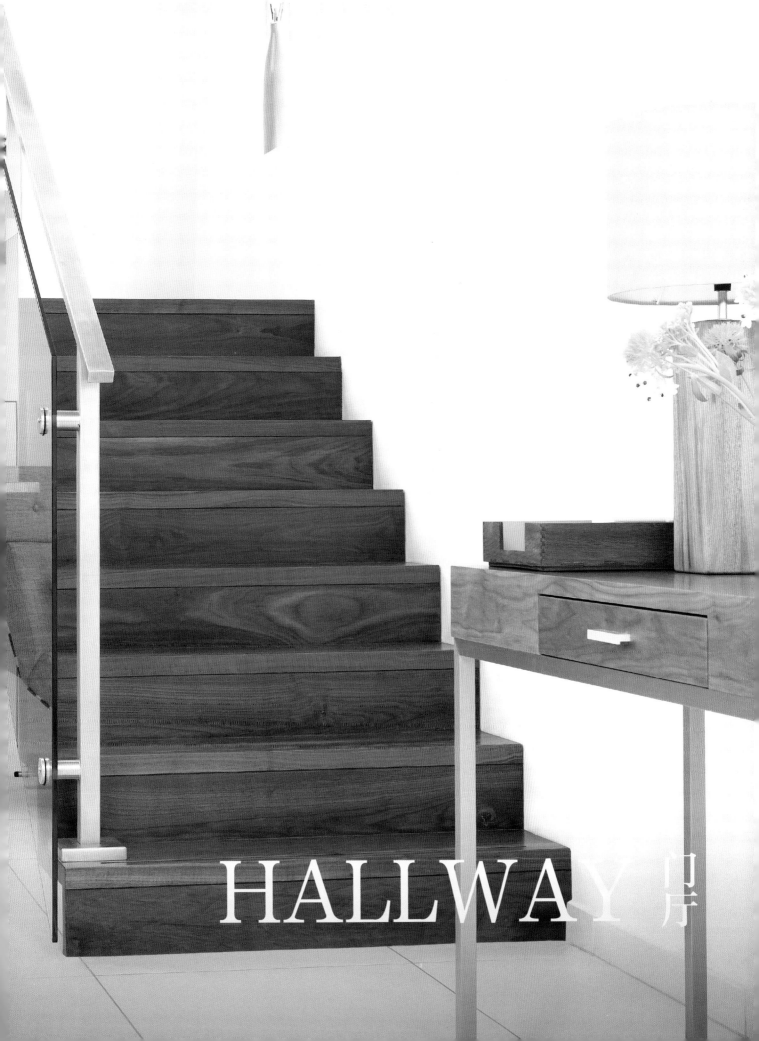

HALLWAY 户

1 门厅翻新指南

门厅的翻新工作应当等到其他房间的改造工作结束之后再进行，这是因为装修师傅带着工具和物品通过门厅时，有可能会不小心磕碰、损坏门厅的装修。门厅的装修工作应遵循一定的先后顺序开展，所以为了更好地完成这项工程，建议你参考下面的步骤进行。

1 确定预算

确定你能为门厅的装修花多少钱。大多数门厅的空间都不会太大，所以你可以用从家具上省下的钱购置好一些的地板和照明设备，以及其他配饰。做预算时，至少要留出 10% 的资金以备不时之需。

2 安排工程计划

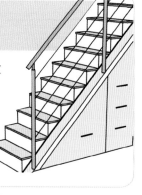

列一张储物空间清单，设计好新灯具的位置。如果你想把楼梯下的空间改造成储藏间或安装马桶和面盆，请按比例绘制空间布置图。

3 重新设计供暖系统

如果门厅原来采用暖气片供暖，可以考虑换成地暖，后者的散热更好而且可以节省宝贵的墙面空间。

4 预约工人

联系电工、水管工、木工、水暖工和装修工，并请他们一一报价。把你的改造计划跟每一位师傅解释清楚，这样你便可以安排好施工进度，让每位师傅都能在适当的时间进场施工。

5 订购材料

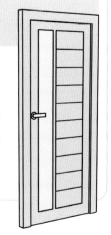

一旦你收到报价，约好了工人，便可以开始订购主材（包括水暖器材、地板、新门及卫生洁具等），也可以请工人代劳。此外，还需订购你想让木匠定制的物件，例如一段新楼梯。

6 拆除老设施

铲除老壁纸，检查墙面和天花板是否需要重新抹灰或修补。清除破旧的木制品。拆除已损坏的地板、陈旧的电气线路和暖气管道。如果你要安装新楼梯，现在便可以拆掉老楼梯。至此，装修准备工作可暂告一段落。

7 管路安装——第一阶段安装

新的供热管道此时应该开始安装了，如果有新的卫生洁具，也请在这个阶段安装。

8 安装电气线路——第一阶段安装

电工将安装新灯具的电气线路，重新定位电源插座和照明开关，确定地暖控制开关的安装位置，另外如果你想在楼梯下的空间打造一个卫生间，还要安装排气扇。

9 安装新门窗

如果你家的入户门也换了新的，很有可能需要配套安装新的门框和保温设施。如果有窗户需要更换或翻新，此时也可以做这方面的工作。

10 安装新楼梯

安装新楼梯时有可能把墙面弄脏，所以最好在抹灰前安装新楼梯。

11 订购其他装修材料

此时可以订购壁纸、涂料、灯具和门用五金件。

12 小修补

在这个阶段，可以根据需要对墙面和天花板进行小修补，或者重新抹灰。如果毛地板不够平整，可以此时修补。

13 铺地板

如果要安装地暖，在这个阶段应该已经安装完成了。在地暖层上面铺装新地板，如有必要，还要对地板进行密封。

14 联系木工

木工或细木工师傅现在可以更换踢脚板、护墙板或挂镜线、门头线、装饰条和门框，对水暖管道和电气线路的包装进行测试验收，安装或现场制作你的储物柜。

15 装饰

依次粉刷天花板、墙面和木制品，最后贴壁纸。

16 安排第二阶段安装

此时水管工和电工可以返场安装灯具、电源开关、卫生洁具（根据需要），并完成其他零部件安装。所有需要包入墙内的部件都将完工并刷漆。

17 收尾工作

安装门用五金件，并完成镜子、长条地毯、小地毯、装饰画和家具的装饰收尾工作。

2 为门厅准备情绪板

人们通过门厅从外面进入温馨的家中。尽管从功能上来看，它基本上只是一个过渡区，但人们进入房子后，要通过门厅到其他房间去，也许会将外面穿的衣物留在门厅里，因此这个空间也要保持整洁。利用情绪板来帮你打造一间漂亮的门厅，让这个人来人往的空间看上去更整洁、宽敞，令人舒心。

1 从书、杂志中或网站上找一些你喜欢的门厅图片。复印、打印或者剪下这些图片，其中可能有你喜欢的房间布置，也可能有令你心仪的元素，还包括你想参考的好想法，就算图片中的内容不是门厅也可以。从这些图片中精选出一些，贴到情绪板上。这能帮助你从众多配色和元素中做出选择。

仔细观察你最喜爱的图片，从中挑出你可以用于门厅的元素，可能是照明、家具、储藏空间或墙面和地面等。

2 找一个可能在门厅中成为视觉焦点的关键物品。它可能是一块门帘的面料、一片在墙面上粘贴的壁纸、一面大装饰镜、一张古色古香的桌案，或你已有的某个物件。将该物品的图片粘贴在情绪板上，以它为基础开展整个门厅的装修设计。

将选定用作焦点的物件作为灵感来源，围绕它形成一个设计主题，挑选特定的配色方案，或打造某种别具一格的复古风格。

3 为门厅选择基础色。切记，深色调有可能影响自然采光的效果，并且影响房间的视觉格局。根据自己对采光的需求，在情绪板上按照色彩搭配的比例加入壁纸或涂料的样品（也就是说，假如整个门厅的墙都需刷漆，那么情绪板也要用这种漆整个覆盖），以便观察你所选择的配色或图案是否恰当。

决定是要使用浅色调作为基础色，从而在视觉上延伸空间，还是要追求某种效果而使用深色调或图案。

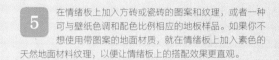

加上一块壁纸样品，观察壁纸的款式和图案比例是否合适。

主要重点色和次要重点色可以是基础色的类似色，或是基础色的对比色，或者二者一个是类似色一个是对比色。把一些样品加到情绪板上，观察配色是否协调统一。

4 可以使用两种重点色，但不能多于三种。第三种重点色只能用得很少，它可以是一种重点色的类似色，也可以是壁纸图案中的一抹金属色调，或者长条地毯上条纹的颜色。

5 在情绪板上加入方砖或瓷砖的图案和纹理，或者一种可与壁纸色调和配色比例相应的地板样品。如果你不想使用带图案的地面材质，就在情绪板上加入素色的天然地面材料纹理，以便让情绪板上的搭配效果更直观。

在情绪板上加入地板样品，以便观察哪种样式的地板与你的设计最搭配。

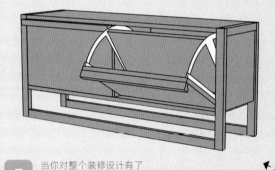

6 墙面、地板和织物的颜色一经确定，就可以选购灯具、门用五金件和楼梯毯压条之类的固定设施和配件了。在情绪板中加入这些固定设施和配件的图片，在接下来选购家具的过程中，这些图片会很有帮助。

7 当你对整个装修设计有了完整的想法以后，再选购新家具，你首先要弄清楚，究竟是选一件设计简洁的家具，还是选一件造型别致的家具，好为极简装修风格增添几分情趣。另外，还要考虑这件家具的材质。

要选择设计巧妙，能让杂乱的物品妥善归置，且材质较好的储物柜。

寻找固定设施和配件的图片，如长条地毯和楼梯毯压条，它们在满足你的装修需要的同时还具有某种风格和外表。

8 为门厅的装修选添装饰品，可以从一件引人注目的物件开始，例如一面镜子、一幅或一排装饰画，大都安装在桌案的上方，或者靠近入户门的墙面上。然后再根据这个物件选择其他颜色和纹理与之相称的饰物，让整个房间看起来和谐统一。

在小配饰上可以多花点心思，以靠垫为例，它可以将一把原本只能用来坐的椅子转变成让人觉得温馨、舒适的座位。把类似这样的图片加入情绪板。

3 门厅布局要点

门厅通常是一处狭长的区域，空间有限，却不得不容纳一些大件物品，同时还要给人留下漂亮的第一印象。尽管如此，还是有一些办法能让你尽可能地从装饰性和功能性两方面更好地利用空间，避免布局失误。参考下面的小建议，成功打造你的门厅布局吧。

桌案

如果门厅狭长，那么可能唯一能用来摆放桌案的地方就是入户门边左手边或右手边靠墙的位置。如果门厅太小，实在放不下一张桌子，还可以在与桌面高度相当的墙面位置，或在暖气片上方，安装一个结实的托架，并在托架上安装一块搁板。如果门厅比较宽，那么摆放桌案的位置可以从装饰的角度好好设计一番。如果将桌案贴着入户门旁边的墙面摆放，尽量居中放置，以平衡视觉效果，如果桌案摆在入户门对面，那它就成为人们进门后看到的第一件物品。

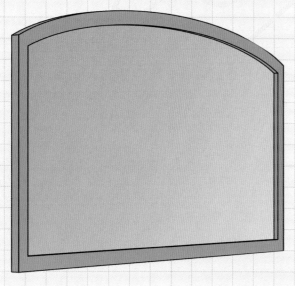

镜子

如果你有摆放桌案的空间，在桌案上方居中悬挂一面镜子，既实用又好看。一面在宽度上与桌案的长度相匹配的镜子看起来会比较舒服，而且能让门厅看上去更长些。如果房间太小，摆不下一张桌子，可以在与入户门相邻的墙面上安装一面长镜，或者一面落地镜（如果门上镶有玻璃的话），这样能反射自然光线，让门厅看上去更宽些。如果门厅较小，可以在入户门对面的墙面上悬挂一面大镜子。

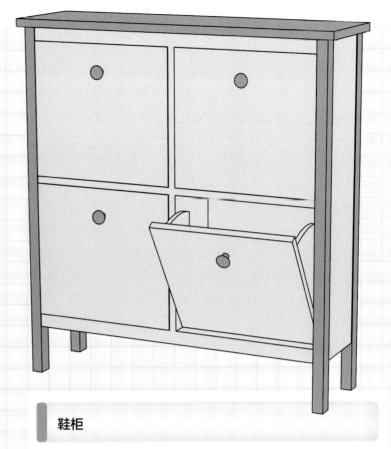

衣帽架

　　壁挂式衣帽架是小门厅的最佳选择，因为它不占地板空间。将衣帽架安装在两侧均留有空间的墙面上，这样臃肿的大衣挂上去就不会碍事。仔细想想如何隐藏衣帽架和所挂衣物，是安装在带滑动面板或柜门的嵌壁式空间内，或者安装在楼梯下的储物柜内，还是购买采用现代材料制作的时尚衣帽架，使其看上去尽可能美观一些。独立式衣帽架放在门厅里效果更好，不过它需要占据地板空间，所以最好放在门厅的角落里。

鞋柜

　　若能在壁挂式衣帽架下方摆放一个鞋柜（最好不摆在明面上）是再好不过了。把鞋存放在桌案下面带盖子的收纳筐里，或储物柜附带的较深的抽屉里或搁板上。带铰链式翻板抽屉的窄鞋柜也可以考虑，而且你可以将鞋柜的顶板当作台面来用。

座椅

　　如果入户门附近有空间，可以在这个空间里摆放一条长凳或一把座椅，这样进了门便可以坐下来脱户外穿的鞋子。或者也可以购买带上掀盖板的长凳，它可以提供存放鞋靴的空间。

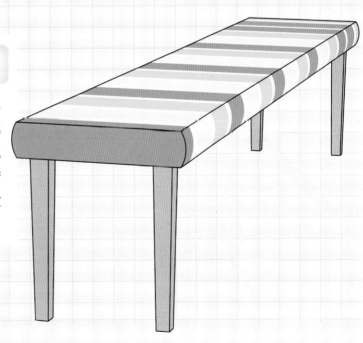

4 选择地面

门厅会让进入房门的人对整个房子留下第一印象，所以，门厅的地面一定要美观。可以为门厅选择的地面种类繁多，也都很漂亮，不过请记住，这里的地面是踩踏频率最高的地方，因此耐磨性要特别强，还要方便保养。

1 选择样式

虽然门厅地面实用至上，但你肯定也希望它能很有格调，而且要与整体家居风格保持一致。地毯显得很温馨，地砖看上去整洁或质朴，木地板则既美观又实用。

门厅

276

地砖

地砖是门厅最实用的选择，它容易清洁，通常保养也不难。不要选显脏的色调。如果你的门厅较小，地砖采用对角线的方式铺装可以在视觉上实现空间的延伸。

木地板

木地板会让门厅看上去温馨而富有个性，根据铺装方式的不同，可以让短空间看着较长，或者令狭窄的空间看着更宽一些。如果整体方案选择了简约风格，可以通过镶木地板为门厅增添品位、丰富图案。另外，木地板的颜色选择也很多。

地毯

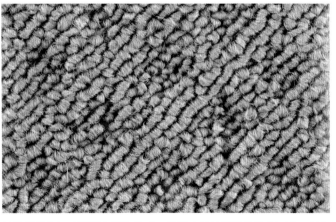

地毯可以为门厅增添色彩和纹理。带图案的地毯可以隐藏污渍，并为简约的家居环境增添趣味性。虽然浅色地毯很容易脏，但也不要绝对排斥浅色调，因为对小空间来说，浅色调的地面会令空间看起来敞亮些。

无缝地坪

对于开放式门厅而言，浇筑水泥地坪和浇筑树脂地坪会营造现代感。如果选择地坪，就要对颜色和表面涂料仔细斟酌，亚光涂料会让空间看起来大一些，但也会让污渍暴露无遗。

2 选择材质

　　你所选择的地面材质需要满足以下几个条件：有一定弹性，容易清洁，色调和表面处理方式不易暴露污渍。如果你没有在门口脱鞋的习惯，那么地砖和木地板对你来说就是实用之选（主要出于保护地毯的考虑）。

地砖

  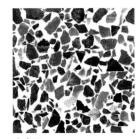  

瓷

表面光滑、致密无孔的瓷地砖容易清洁。有釉面砖（表面有水的话会变得很滑）和无釉砖可供选择，而且价格范围很宽。

陶

陶地砖价格便宜，如果铺装面积较大，不妨选择陶地砖。这种材质耐脏而且不需要密封，很容易保养。

水磨石

水磨石地砖价格昂贵，但经久耐用，它采用大理石碎片、水泥和颜料制作而成。不过它有一个缺点，如果表面有水会变得很滑，因此如果家中有儿童，这种材质就要谨慎选用。

水泥

水泥地砖有多种颜色和表面处理方式可供选择，例如抛光型、亚光型和露石型。这些地砖价格昂贵但经久耐用。

赤陶

如果你想把门厅装饰得温馨、怡人，这种中等价位的多孔地砖是不错的选择。挑选做过预封处理的赤陶地砖，或请安装师傅帮你做密封。

石灰华

这种昂贵的天然石质地砖有各种尺寸和色调。还有经过抛光处理的和拥有天然滚磨效果的石灰华地板可供选择。

灰岩

造价较高的灰岩地砖能为光线稍暗的门厅增添一抹亮色。可以选择高抛光度的亮面地砖或者较为粗糙的亚光地砖。

黑板岩

黑板岩地砖具有不平整的天然表面，不像其他地砖那么容易打滑，而且不显脏。这种地砖属于中高价位的地砖。

复合石材

这种中低价位的地砖可以作为诸如板岩和石灰华等天然石质地砖的备选。为了降低成本，你可以自己拼装。

木地板

 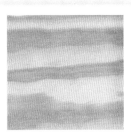  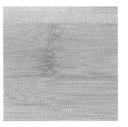 

实木地板

实木地板属于中高价位的地板，经久耐用，而且磨损和划痕可以用砂纸打磨掉。如果想提高品位，可以选用镶木地板。

软木地板

如果你喜欢实木地板，但预算有限，也可以退而求其次，选择中低价位的软木地板，如松木地板。只不过它比较容易留下刮擦痕迹和污渍，但也可以做修复处理。

实木复合地板

这种中等价位的地板看上去很像实木地板，但铺上垫层就可以成为浮动地板，这种方法非常适合不平整的地板和地面。

竹材地板

竹材地板价位中等偏高，经久耐用，外观漂亮。可选择经过油处理的竹材地板，这种地板可做局部修补。

复合地板

如果你的预算只允许选用中低价位的地板，复合地板就比较合适。纹理逼真的罩面漆、有细节设计或拼花处理的款式，这样的复合地板效果最好。

门厅

277

地毯

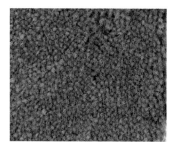

卷绒地毯
卷绒地毯很耐磨，价位中等偏低，表面
粗糙。带图案和杂色的卷绒地毯遮污效
果好，很适合用于门厅。

割绒地毯
中高价位的割绒地毯耐磨且脚感舒适，
拥有密实的短割绒，看起来精致、优雅。

圈绒地毯
圈绒地毯属于中等价位的地毯，它使用
的纱线在地毯表面形成圈状。如果家中
养宠物，就要尽量避免使用这种地毯，
因为地毯上的圈圈有可能把它们的爪子
钩住。

无缝地坪

水泥地坪
抛光之后的水泥地坪给门厅带来一种现
代的工业化感觉，是非常时髦的选择。
尽管价格昂贵，但特别耐用，而且有各
种颜色可供选择。

树脂地坪
浇筑树脂地坪有亚光或亮光表面以及各
种颜色可供选择。这种高价位地面适合
用于与客厅连接的开放式门厅。

地板照明

嵌入式地板照明能让门厅明亮，还能为门厅增添趣味，
但需要在地板铺装前布线。

• 灯具本身与地板平齐，所以它们需要嵌入毛地板内。
如果你的灯具需要嵌入水泥毛地板中或与地毯搭配使
用，最好听取专业建议。

• 这种类型的照明会营造出现代气息，所以最好与
瓷砖或木地板之类的硬质地面搭配使用。

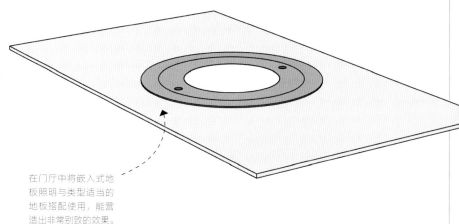

在门厅中将嵌入式地
板照明与类型适当的
地板搭配使用，能营
造出非常别致的效果。

如果你选择的地板是中性色
的硬质地板，在其上覆一块
漂亮的带图案的彩色小地毯，
会为门厅增加色彩和纹理。

5 选择墙面装饰

由于门厅通常很窄，而且是人们进出住宅的必经之地，所以此处的墙面需要比其他房间的墙面更耐磨。另外，当访客进入房子时，门厅会给其留下第一印象，所以这些墙面的"颜值"一定要非常高才行。

1 选择材质

在考虑使用哪种类型的材料装饰门厅墙面时，要考虑门厅的面积和你的生活习惯。如果门厅较窄，请选择较为坚韧、容易修复的墙面装饰材料。如果空间不是问题，那么对墙面材料的装饰性要求可以超过功能性。

涂料

涂料非常适合家庭门厅的墙面使用，如果表面弄脏或磕损，很容易修补。如果家里孩子较多或养了很多宠物，墙面的涂层一定得能用布擦拭，另外，为墙面涂料选择的颜色一定是不显脏而且很耐磨的。

壁纸

亚光壁纸可以隐藏墙面上的细微瑕疵，而且可以很自然地将图案引入原本单调的空间。选择一种可以轻松擦拭干净的壁纸，切记，带光泽的壁纸样式有助于反射门厅里的光线。

包层

除了能让门厅墙面的视觉效果更好之外，墙面包层还可以为墙面提供良好的保护。扣板和传统风格的镶板既可以只用于护墙板木条以下的墙面，也可以全高式安装。

检查清单

• 如果你已经选择用涂料粉刷墙面或安装镶板的方法，最好留一些涂料，这样当涂层受到磕碰或磨损时，你还可以用来修补。

• 确保壁纸粘贴牢固，因为这个区域人员往来频繁，壁纸边缘很容易撕开。如果壁纸已经不牢固了，请尽快用壁纸胶浆重新粘好。

• 尽管带光反射效果的壁纸和涂料非常适合小门厅使用，但用这样的墙面装饰要求墙面必须非常平整，因为光亮的表面同样会让墙面上的小突起或裂缝暴露无遗。

② 选择类型

要为门厅的墙面选择涂料、壁纸或包层装饰，有两大因素是必须考虑的——是否耐用，以及是否美观。墙面装饰材料最好既结实又能改善空间的视觉效果。

涂料

亚光
水性亚光乳胶漆有大量颜色可供选择，可以最大限度遮挡不平整的墙面。不同的亚光漆价格差异很大。

丝光
柔和丝光漆价位适中，非常适合家庭门厅使用，任何污渍都很容易擦除，而且还可以反射室内光线。

金属质感
金属质感乳胶漆价位中等，为门厅营造奢华气息。它可以充分反射光线，使房间看上去更宽敞。在装饰墙面上使用这种涂料可以达到非常好的视觉效果。

蛋壳漆
中等价位的丙烯酸蛋壳漆非常结实耐用，可以充分抵抗污渍和磨损。它适合用于墙面以及木制品。

壁纸

素色或图案
如果墙面上存在细小的裂隙，可以选用素色壁纸，这种壁纸很容易清洁。不过不同的材质和款式的素色或图案壁纸价格差异很大。

植绒
如果门厅比较大，就很适合使用这种凸花丝绒纹理的中高价位壁纸。即便出现污渍，也可以用软布小心地抹掉或擦拭掉。

金属质感
金属质感壁纸会让空间熠熠生辉。小门厅可以选择浅色调背景和精致样式的金属质感壁纸，这样能让空间看上去大一些。这种壁纸价位中等偏高。

纹理
中等价位的带纹理壁纸比其他壁纸都要厚，不仅耐磨，还可以掩饰不平整的墙面。可以选购凸纹壁纸或压花彩色壁纸。

包层

扣板
扣板价位中等偏低，耐磕碰和刮擦，通常使用松木板（也有中密度板材质可供选择）制成，可以上漆。

薄片饰面板
这种价位不等的木质饰面板有不同的表面处理方式。成品板材有不同尺寸，在大型装修项目中，还可以拼接使用。

下墙板
中等价位的下墙板会为你的墙面增加纹理和情趣。为下墙板内侧喷涂与基材不同的颜色，会让装修风格更显活泼。

6 选择照明

要想设计好门厅的照明需要花一番心思，因为它通常是一个修长而狭窄的空间，所以进入这个空间的自然光线也就比较少。门厅照明的作用在于让空间看上去宽敞而又明亮。在具体的设计实践中，有很多种方法能帮你实现这一点，也有不同的照明风格和类型可供选择。

1 确定照明的风格

如果你是彻底从头设计门厅的照明方案，可以将重点照明和环境照明结合起来，不管门厅的空间有多小，这种方法都可以帮助你创造出不同的光照强度，并让本来毫无个性的空间充满生机。

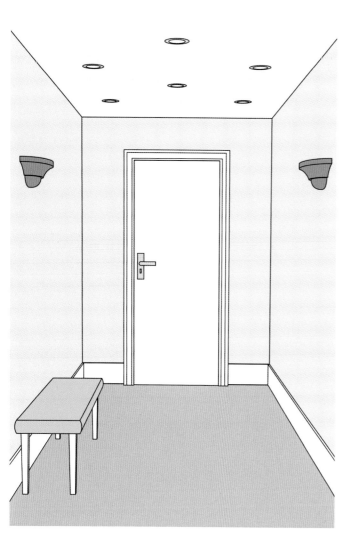

环境照明
门厅的环境照明应当尽可能地模拟自然光线。除非你的门厅空间非常狭小，否则最好不要仅仅吊一个灯泡了事，因为灯泡的光线太弱，不足以照亮整个房间。可以考虑嵌入式射灯，或者在天花板上安装一组聚光灯来为空间提供照明。如果需要，还可以摆放一盏台灯让门厅的氛围柔和下来。

重点照明
重点照明主要是为了营造效果或氛围。在门厅里，踢脚板灯或楼梯上的台阶灯都可以提供低矮空间的照明，与此同时，为墙面上的装饰画增加照明也是个好方法。巧妙利用重点照明，可以让门厅更有特点，看起来空间也更大。

首先考虑门厅的空间。举架太低不适合大型吊灯，但如果是一间宽敞的门厅，则可以安装一盏枝形吊灯。然后考虑灯具的风格。对于老住宅来说，不必非用传统风格的灯具不可，用现代风格的灯具可以制造奇妙的反差效果。

顶灯

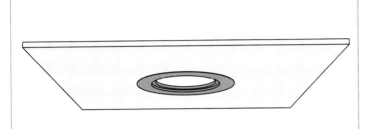

嵌入式射灯

对于狭小、低矮的门厅而言，嵌入式射灯是完美的选择，它会使房间看上去更宽敞、更明亮；而对于狭长的门厅来说也是如此，因为嵌入式射灯发出的光线通常非常接近日光，而且光照强度足以照亮四周。

吊灯

如果你的门厅较小，一盏吊灯也许就够了。切记灯罩的悬挂高度尽量贴近天花板，这样的话，房间里个头最高的人伸胳膊时也不会碰到它。灯罩也是需要选择的，它能够向上和向下投射光线，这种方法会让空间看上去大一些。但是如果门厅的天花板很低，那么就不要考虑吊灯了。

装饰照明

装饰照明灯具非常适合拥有挑高天花板的大门厅，而且为了对整个门厅实现全覆盖，可能需要配套使用其他照明方式，如嵌入式顶灯。如果门厅很大，也不用特意限定光源的数量，由三五个光源连线排布的效果同样不错。

固定式顶灯

固定式顶灯主要起到装饰效果。也就是说，拥有挑高天花板的大门厅可以选择大型枝形吊灯或由很多照明灯泡组成的现代风格的枝形吊灯，或者为独特的狭长走廊安装一排漂亮的顶灯。

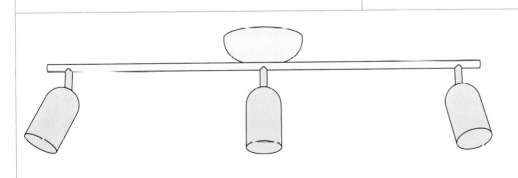

聚光灯

一个由定向聚光灯组成的单一照明灯具会帮助你充分点亮空间，并将光线投射到你想照亮的室内元素上。如果你要重新装修的是现代风格的住宅，聚光灯便是理想之选。

门厅

283

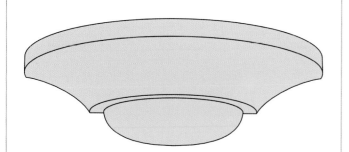

壁装上射灯

如果门厅的天花板较低，就应该充分利用本书介绍的技巧，改善空间的视觉比例。最有效的方式就是在墙面高度 2/3 处安装壁装上射灯。这种灯具将光线向上投射，从而达到在视觉上提升天花板高度的效果。

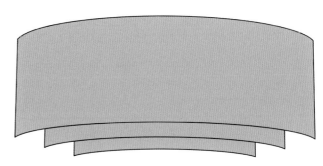

壁灯

壁灯主要是为了让空间看上去更有特点，改善空间效果。一排薄片型装饰壁灯沿门厅纵深设置，稍稍高过人的头顶，让门厅散发出温馨的气息，重要的是，它能使门厅显得更长。

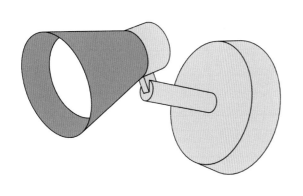

单独设置的聚光灯

单独设置的聚光灯应当用于照亮建筑细节、装饰画，或特别有吸引力的配饰——例如一件雕塑。灯具本身不必太醒目，但它们所营造的效果应当非常突出。

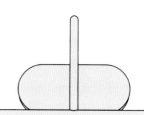

镜画灯

镜画灯基本不会在门厅中起到照明效果，但它们可以让一幅漂亮的装饰画更加亮丽。这种灯最好与幅面较大的装饰画搭配使用，如果你有多幅装饰画，可以把它们全部点亮，或者点亮最大的一幅，或者点亮挂在房间焦点位置（如桌案上方）上的装饰画。

地灯

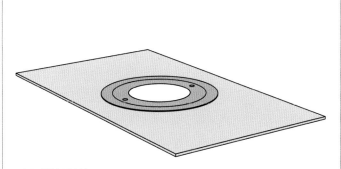

嵌入式地板上射灯
嵌入式地板上射灯应当沿门厅的纵深安装，且最好沿两侧设置。让嵌入式地板上射灯紧贴墙角，向墙面投射柔和的光线。可以为射灯配备调光开关，这样就能轻松改变光线的长短了。不过有一点要记住，这种照明会将墙面的瑕疵暴露无遗。

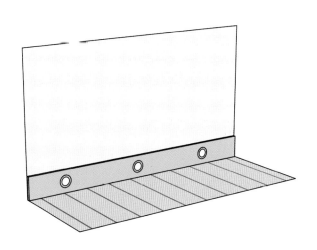

踢脚板灯
踢脚板是沿楼梯的其中一侧安装的，而踢脚板灯一般就安装在踢脚板内，一般每隔一级台阶设置一盏。在地板上，踢脚板灯也可以大约每隔 1 米安装一盏。一定要确认这些灯具的位置足够低，这样才能让光线投射到地板上。

其他灯具

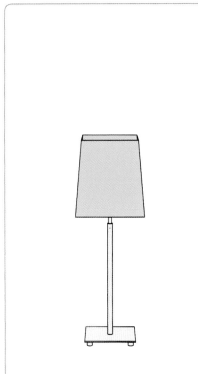

台灯
如果门厅里设有桌案，可以在上面摆一盏台灯。当然，在桌案两端摆一对台灯效果更好。一旦工作照明关闭，台灯会将房间装点得更显情趣，也更温馨。如果门厅较小，只能摆放一个小型角架，也可以在台面上预留一盏台灯的位置。

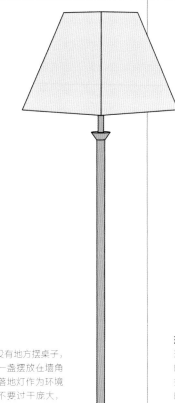

落地灯
如果门厅中没有地方摆桌子，那也可以用一盏摆放在墙角处的高高的落地灯作为环境照明。灯罩不要过于庞大，不要让它妨碍你在门厅内走动，而且灯的高度要适当——如果太低或太高，当你经过它时都会看到灯泡。

落地上射灯
落地上射灯通常摆放在家具的后面或旁边，将光线向上投射到墙面上。在改善门厅的空间比例方面，它与壁装上射灯有异曲同工之妙，不过它发出的光线通常并不均匀，也正因如此，它才能够营造一种颇为有趣的效果。

五招搞定门厅镜

在门厅里安装一面镜子不仅能让你出门前对自己的仪表好好检视一番，也能作为装饰镜供人欣赏。它的作用还在于让原本狭窄、阴暗的门厅空间看上去更明亮、宽敞一些。

大镜子

在玻璃前门内侧摆放的桌案上方悬挂一面镜子可以反射透过大门或扇形气窗（如果有的话）的光线。

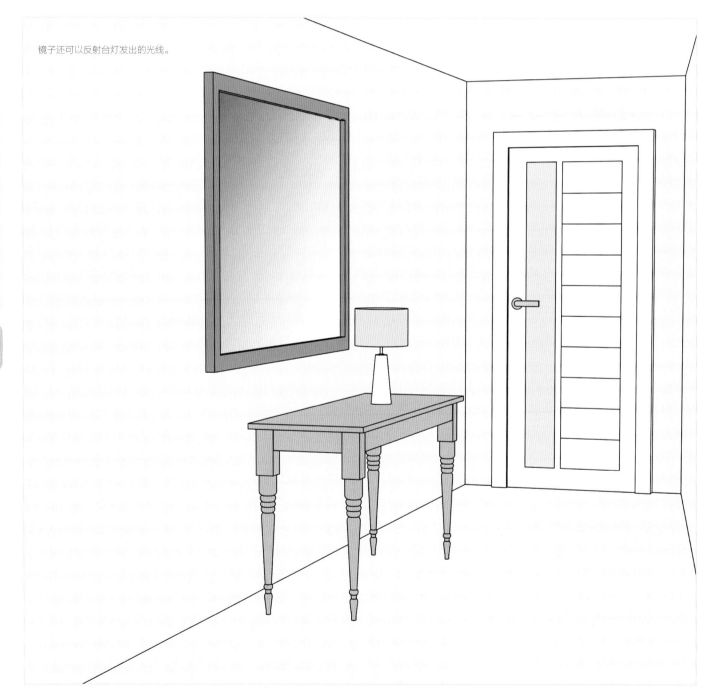

镜子还可以反射台灯发出的光线。

落地镜

在墙面上悬挂一面高镜，会让小门厅看上去大一些。镜子越高，天花板看上去也越高。

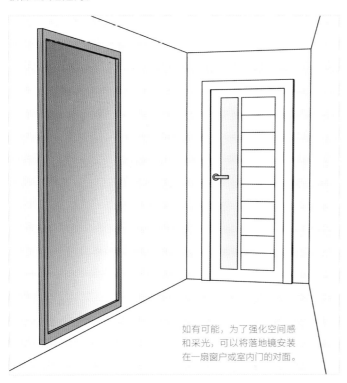

如有可能，为了强化空间感和采光，可以将落地镜安装在一扇窗户或室内门的对面。

一组复古镜

一组不同形状、不同大小，以及不同镜框的复古风格的镜子将营造出别具一格的装饰性效果。

也可以将这种装饰技巧用于楼梯侧面的墙面。

远端门厅镜

在一间短门厅的远端墙面上、挂一面落地镜，这样会让空间看上去更长些。

尽可能选宽一些的镜子，最好能覆盖整个墙面，这能让门厅看上去宽一些。

一组方镜

除了可以在桌案上方悬挂一面镜子之外，还可以按照一定的网格布局悬挂一组小镜子。

这种方法适用于正方形、长方形和圆形的镜子。

7 选择门厅储物空间

门厅作为客人进入房屋之后看到的第一个空间，应该尽量保持整洁。要达到这个目的，就要好好选择储物空间。由于一般的门厅都比较窄，人流量大，应该选择简洁的家具和物品，以避免日常活动中发生磕碰和刮擦。

选择物品

你所选择的物品要根据家庭日常的储物需要，因此要想好把哪些物品存放在门厅内。例如，如果你的卧室衣柜里没有存放鞋子的空间，那么在门厅里摆放一个鞋架会比较好吗？

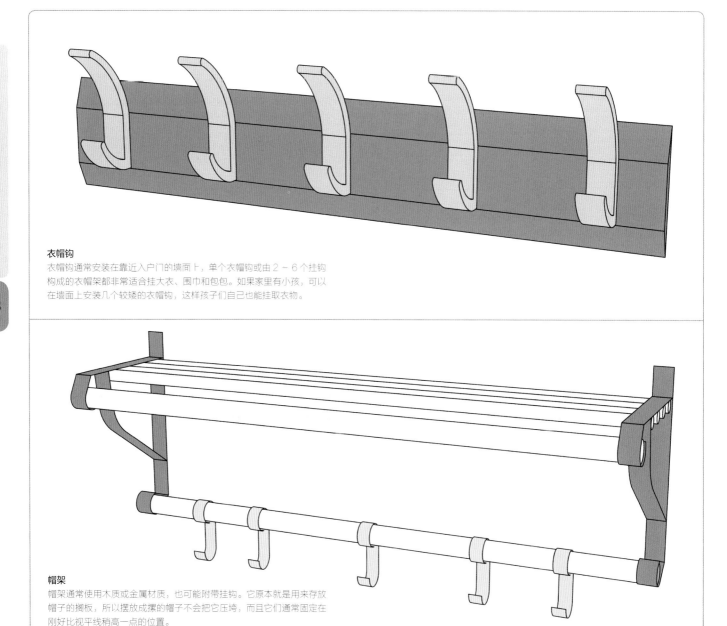

衣帽钩
衣帽钩通常安装在靠近入户门的墙面上，单个衣帽钩或由 2 ~ 6 个挂钩构成的衣帽架都非常适合挂大衣、围巾和包包。如果家里有小孩，可以在墙面上安装几个较矮的衣帽钩，这样孩子们自己也能挂取衣物。

帽架
帽架通常使用木质或金属材质，也可能附带挂钩。它原本就是用来存放帽子的搁板，所以摆放成摞的帽子不会把它压垮，而且它们通常固定在刚好比视平线稍高一点的位置。

门厅

288

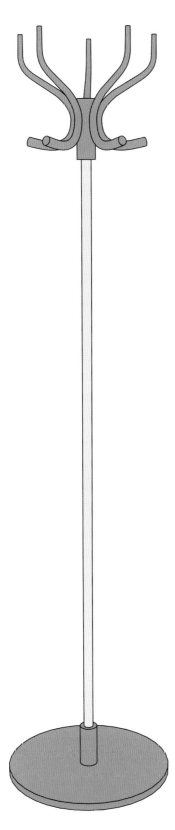

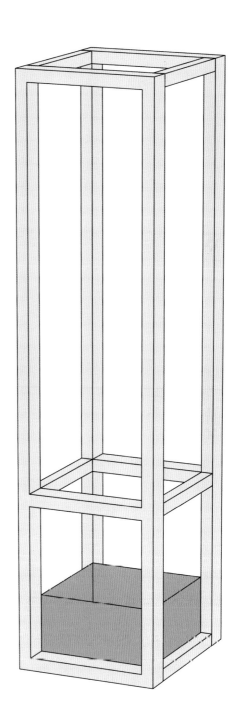

落地式衣帽架

落地式衣帽架的样式既有传统式的也有现代式的，其中有些样式还带有存放雨伞和帽子的空间。偶尔穿戴的衣物尽量不要挂在上面，因为它若挂满衣物会非常占地方。

伞架

如果你外出时经常需要带伞，那么在门口摆放一个雅致的伞架会很方便，而且并不会占用太多空间。

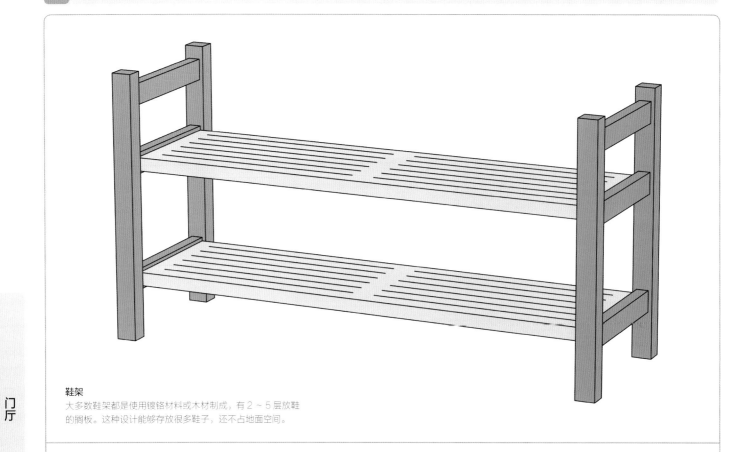

鞋架
大多数鞋架都是使用镀铬材料或木材制成，有 2 ~ 5 层放鞋的搁板。这种设计能够存放很多鞋子，还不占地面空间。

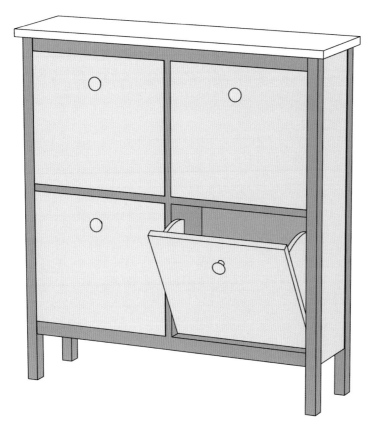

鞋柜
这些造型简约的鞋柜能帮你把鞋子藏进下拉式储物仓内。鞋柜紧贴墙面摆放，只占用极少的地面空间，由于柜体很窄，所以要避免鞋柜倾倒，需将它固定在墙上。

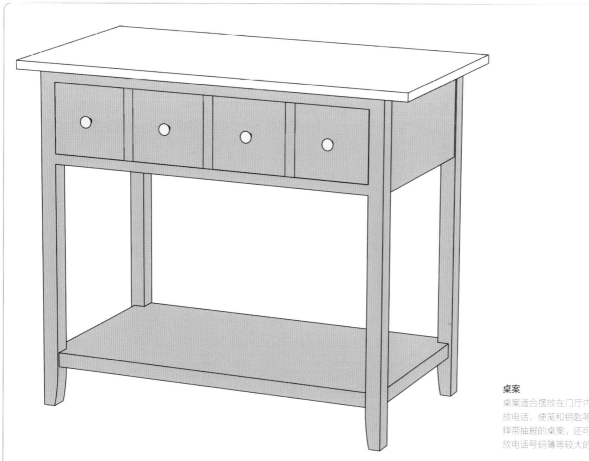

桌案

桌案适合摆放在门厅内，可以用来摆
放电话、便笺和钥匙等物品。如果选
择带抽屉的桌案，还可以在抽屉中存
放电话号码簿等较大的物品。

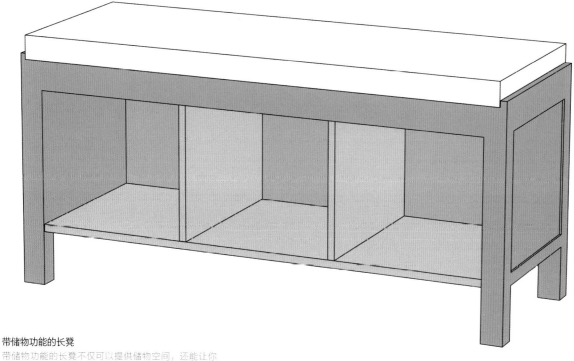

带储物功能的长凳

带储物功能的长凳不仅可以提供储物空间，还能让你
穿鞋时有坐的地方。有的长凳带有上掀式盖子或抽屉，
足够放下帽子、手套、鞋子、包包和运动装备等物品。

七招提升门厅品位

　　虽然在其他房间都重新装修后才着手装修门厅的做法非常明智，但这样做也可能会导致你此时已经筋疲力尽，结果对门厅的装修敷衍了事，使其成了一个既无特色、又无功能的空间。参考以下这些小建议，将你的门厅打造得更有品位吧！

铺设长条地毯

铺设带图案或彩色的长地毯，可以为原本平淡无奇的门厅增添情趣。还能让铺着硬质地板的门厅看起来舒适、温馨。

带条纹图案的长地毯会让空间看上去更长或更宽些。

增加装饰照明

若要为门厅增加装饰效果，可以使用造型醒目的顶灯，如果天花板较低，也可以用一盏造型别致的台灯来代替。

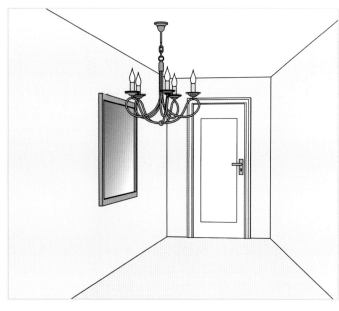

照片廊

用带相框的照片或装饰画打造一条照片廊。这种装饰方法即使用于最狭窄的门厅里也会显得非常完美。

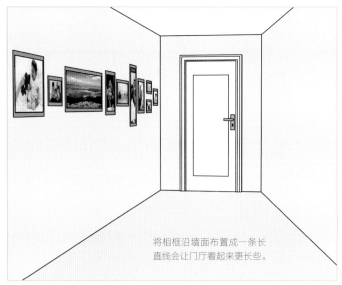

将相框沿墙面布置成一条长直线会让门厅看起来更长些。

开放式置物架

比较宽敞的门厅非常适合安装开放式置物架，用来摆放大量书籍和展示各种装饰物。

在较小的门厅里，可以考虑在门框的四周悬挂较窄的搁板。

彩色家具

如果你的门厅空间够用，为了提升空间品位，可以使用色彩鲜艳的边几或桌子，或者摆放一只软包的长脚凳。

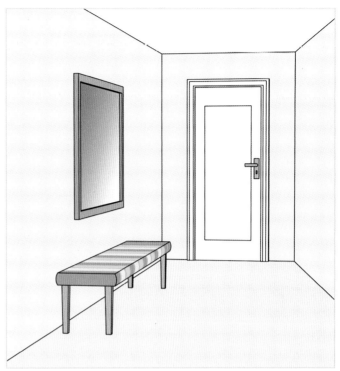

粉刷墙面

用涂料创造一面装饰墙，能轻轻松松为单调的门厅增添个性。

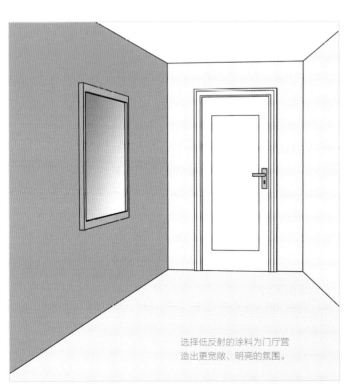

选择低反射的涂料为门厅营造出更宽敞、明亮的氛围。

装饰性壁纸

你还可以使用大花或几何图案等极富表现力的壁纸为你的门厅增添个性。

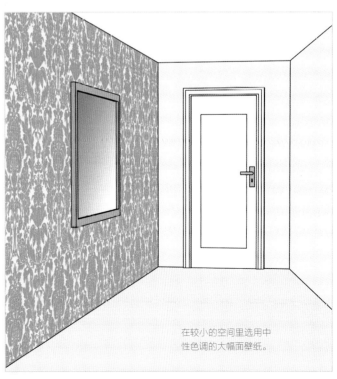

在较小的空间里选用中性色调的大幅面壁纸。

六招搞定楼梯

　　尽管在一套复式住宅或小公寓里，楼梯是一种很基本的建筑构件，但你也可以为其添加特色与个性，让它变成房子中一处展示个人色彩和独特个性的地方。以下是六种效果持久且美观的楼梯装修技巧。

长条地毯

铺一块长地毯，或使用涂料，先为整段楼梯刷上底色，然后用对比色涂刷中间区域。

踏板刷亮光漆，竖板刷普通漆

为了打造经典的楼梯样式，也可以为踏板刷亮光漆或色调较深的油漆，而为竖板刷与其他木制品色调相匹配的油漆。

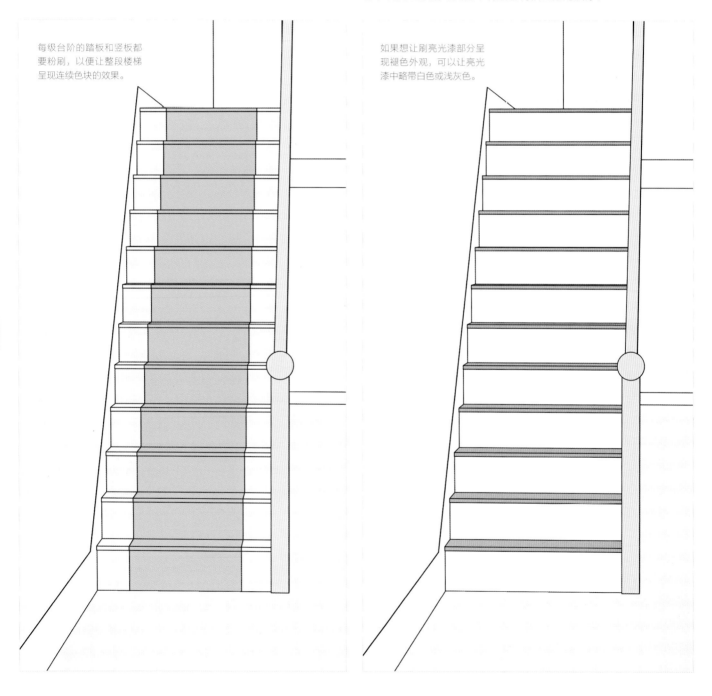

每级台阶的踏板和竖板都要粉刷，以便让整段楼梯呈现连续色块的效果。

如果想让刷亮光漆部分呈现褪色外观，可以让亮光漆中略带白色或浅灰色。

软木踏板

在千篇一律的楼梯踏板上铺装软木地砖，令脚感更柔软、舒适。

软木地砖可以着色、刷漆或保持自然外观。

满铺地毯

如果楼梯所用的木材品质一般，那么为楼梯铺设地毯也不错。

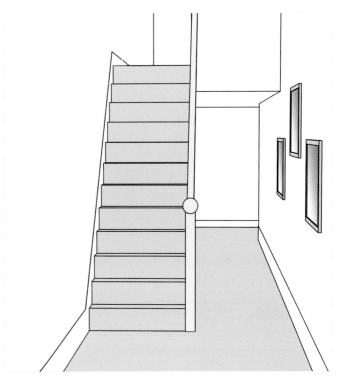

编号竖板

可以采用漏字板刷漆、贴纸或数字裁纸等方式，将数字涂刷在楼梯竖板上。

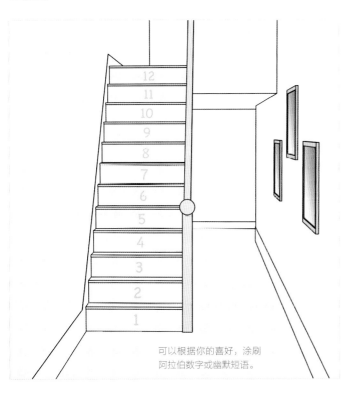

可以根据你的喜好，涂刷阿拉伯数字或幽默短语。

壁纸竖板

在楼梯竖板上贴壁纸，为楼梯增添图案。可以用壁纸胶浆、胶水或双面胶粘贴壁纸。

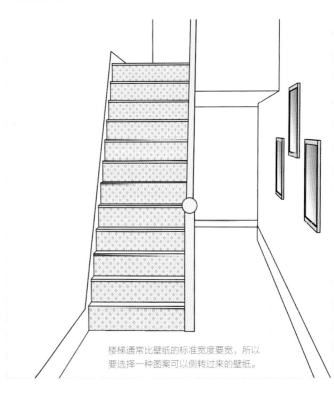

楼梯通常比壁纸的标准宽度要宽，所以要选择一种图案可以侧转过来的壁纸。

门厅

295

六招搞定楼梯下空间

在很多住宅里，楼梯下面的区域都处于闲置状态，但只要有好的创意和适当的装修，它便能变成一处非常出彩的空间。测量该区域的尺寸，思考怎样好好利用它，并考虑定制家具是否会帮助你更高效地利用这个空间。

媒体柜

如果楼梯是客厅的一部分，可以利用楼梯下的空间把电视和其他的媒体设备隐藏起来。

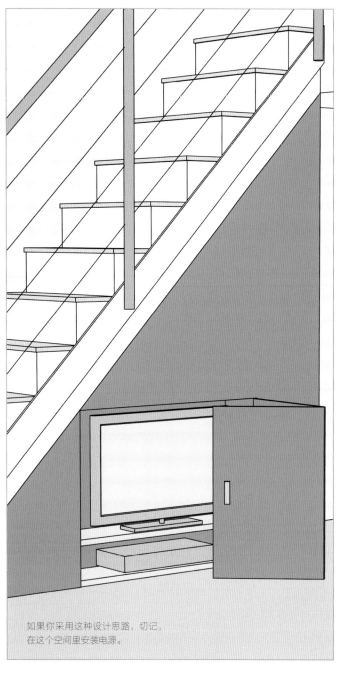

如果你采用这种设计思路，切记，在这个空间里安装电源。

楼梯下座位

在这里安装一个嵌入式的座位可以创造出一个舒适、安静的阅读空间，还能为你的客厅提供额外的座位。

考虑用壁灯或夹灯为这个空间提供照明。

抽屉

定制抽屉能够充分利用楼梯下面的空间，用来存放鞋子、围巾、手套或户外运动装备等。

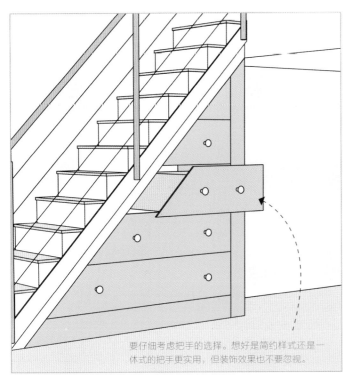

要仔细考虑把手的选择。最好是简约样式还是一体式的把手更实用，但装饰效果也不要忽视。

抽拉式储物柜

装有滑轨的高储物柜可以很好地利用楼梯下面的空间。内置式置物架可以让物品井井有条地收纳其中。

确认储物柜抽屉安装有阻尼装置，只需轻轻一推便可以把它们关上。

悬挂空间

将你的衣帽架移到楼梯下面，这样笨重的户外服装和包包便不会侵占宝贵的门厅通道了。

你还可以在衣帽架的下方加装一个鞋架。

书房

如果楼梯下面有充足的高度，可以利用这个空间打造一个迷你书房，不过要确保家具能够合理利用空间。

使用与房间内其他区域相同的色调搭配，这样可以让迷你书房与周围环境融为一体。

七招玩转色彩图案

只需要几个简单的小技巧，就能让门厅看上去更温馨，同时还能改善空间格局。好好研究以下这几个小妙招，看看哪一个适合你家门厅的格局和风格，怎样能让门厅与房子里的其他空间自然衔接。

门厅

菱形图案地板

为了让狭窄的门厅看上去更宽敞些，可以考虑按对角线铺装地板砖，或在地板上绘制菱形图案。

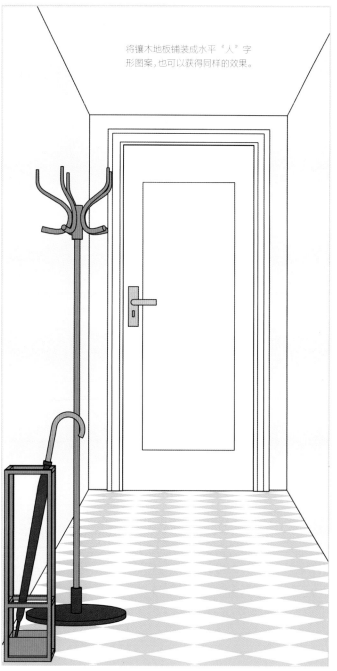

将镶木地板铺装成水平"人"字形图案，也可以获得同样的效果。

条纹状长地毯

一块条纹状长地毯可以让短小的门厅沿纵深方向显得更长些。如果不铺地毯，也可以把条纹图案直接涂在地板上。

护墙板木条

可以通过增加护墙板木条让你的门厅看上去比较高大。把护墙板木条下方的墙面粉刷成深色调，将上方的墙面粉刷成浅色调。

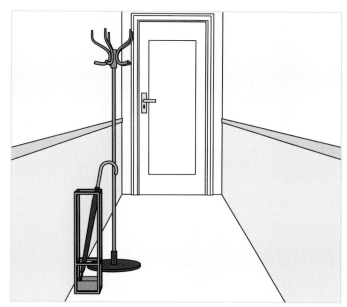

竖条纹

通过在墙面上刷同种颜色但不同色调的竖条纹吸引人的目光向上看，从而让低矮的天花板显得更高些。

也可以用条纹壁纸代替刷漆。

水平条纹

通过在墙面上刷类似色调的水平条纹让短小、狭窄的空间显得更长、更宽。

淡色可以营造平静的氛围。

远端墙面采用深色调

将远端墙面刷成深色调，让又长又窄的门厅显得更短、更宽一些。

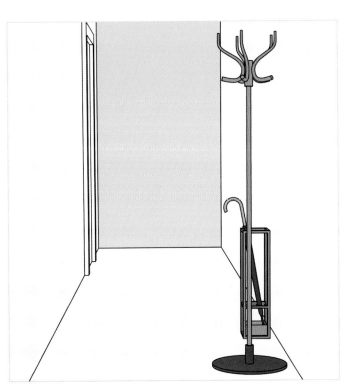

深色调长墙

将门厅一侧或两侧的长墙刷成比短墙更深一些的色调，会让短而平白的门厅看上去更加温馨。

HOME OFFICE 书房

1 书房翻新指南

未必每个家庭都需要设一间书房，但如果你家需要一间，那就需要好好设计一下，使其不仅好看，还很实用。参考下面的装修步骤，按部就班地安排各工序开展装修工程吧！

1 确定预算

如果你要从头开始装修，就应该把抹灰、贴壁纸和刷漆等项目加到你的预算中。还要留出配线、购买办公设备和高级办公椅的资金，还要至少留出 10% 的资金以备不时之需。

2 设计平面布局

按照一定比例绘制书房的平面简图，图中要包括所有门窗。首先确定写字台的位置，并由此确定照明灯具以及电话或网络和电源的位置。

3 考虑供暖系统

考虑你是否需要更换供暖系统。如果在桌前坐久了，很可能会觉得冷，而且如果这个房间原来不是用来做书房的，就可能需要改装供暖系统，使其变得方便实用且可根据情况调节温度。同样，如果房间太热，你能方便地开窗散热吗？

4 预约工人

联系电工、水暖工、抹灰工和装修工，并请他们一一报价。还要请一位木匠细木工师傅或家具公司为定制的储物空间报价。将他们各自负责的工作逐项落实，这样便可以安排好每位师傅进场施工的时间。

5 下订单

一旦收到报价，便可以订购地板、门窗、木制品和暖气片等材料（如果需要更换的话）。除非你有地方暂存装修物品，否则家具、壁纸、涂料、地毯和照明灯具要在主要装修工作都已开展之后再订货。如果你要订购新家具，还需要落实交货时间，有些家具在这个阶段就需要预订了。

6 拆除老设施

铲除老壁纸，检查墙面和天花板是否需要重新抹灰或修补，清除已损坏的木制品和无法修理的装饰条，并拆除旧地板。老化的电气线路和多余的水暖管道也应该拆掉。

7 安装供暖设施——第一阶段安装

此时可以铺设新暖气片的水管道，因为它属于破坏性的安装工作，而且有可能妨碍其他工种的施工。

书房

302

8 安装电气线路——第一阶段安装

在这个阶段，电工要在地板下、墙面内和天花板上铺设照明线路。此时也可以开始安装电话或网络和配套设备（例如打印机）以及为配套电源布线。

9 安装新窗户

要在房间重新抹灰之前进行这项工作。如果窗户只需翻新而不是必须更换，现在可以准备为其重新刷漆。

10 墙面和天花板抹灰

如果墙面和天花板需要抹灰，最好请专业的抹灰工来做这项工作，这样能保证效果最好。

11 铺装地面

待抹灰层晾干之后，开始铺硬质地面（例如木地板）或为地毯打底的毛地板。

12 安装定制家具

如果你选择的是定制办公家具，要请细木工师傅在安装踢脚板和装饰条之前安装它。

13 安装木制品

一旦定制家具安装完成，便可以请木工或细木工师傅安装新的木制品——踢脚板、门头线、门、门框和挂镜线。

14 装饰

填补墙面上细微的裂缝或压痕。然后为天花板、墙面和木制品刷底漆和面漆，最后贴壁纸。

15 安排第二阶段安装

此时，电工可以回来安装灯具和电源插座，水暖工回来安装暖气片。

16 铺地毯

如果你已经选好了地毯（或块式地毯），现在可以铺上了。

17 收尾工作

写字台、文件柜和办公椅等新家具现在都可以收货了。安装窗帘杆或百叶窗，安装门用五金件，连接你的办公设备并将留言板之类的物品挂在墙上。

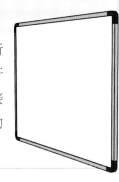

2 为书房准备情绪板

不管你的书房是大是小，都需要让人感到安静和井井有条。从一开始就选好配色、图案和室内陈设会帮你创造这样一个区域：不仅室内建筑元素得到有机结合并有效利用空间，而且会让你以后工作时感到舒心和惬意。使用情绪板会帮助你为这个经常被忽视的房间设计出最成功的装修计划。

1 在网络上和书籍、杂志中找一些你喜欢的书房图片。将它们剪下来、打印或复印出来，并铺在地板上。你可能对其中的某种材质或某种家具情有独钟，这能帮助你形成具体的装修想法。可以以此为出发点，开展整个装修设计。

从你所选择的书房图片中最终挑选出一两张最喜欢的，并将它们贴在你的情绪板上。

2 选出一个关键物件或者装修主题，帮助你把握整个房间设计的大方向。将其作为灵感，在选购其他装饰物时参考它的色彩、形状乃至图案和纹理。

你最喜欢的物品可以是一个复古文件柜、一盏万向灯，或者一张古董写字台。

3 为你的房间选择基础色。不管你选的是淡雅、舒缓的色调，还是深沉、温馨的色调，都取决于房间自然采光的情况，不过这两种色调都比较容易令人接受。如果你的墙面基本上被置物架、储物柜和留言板占据了，那么不管你是为墙面刷涂料还是贴壁纸，都无法充分体现墙面色调的特点。

以你选择的基础色涂刷大面积情绪板，或将一块壁纸样品固定在基础色色板上。

你的主要重点色是浓烈还是柔和，也将影响工作区的氛围。

次要重点色可以帮助增加色调搭配的层次和情趣。

第三重点色可以是主要重点色的类似色，也可以是对比色。

4 选择两种或三种重点色，可以是基础色的类似色，也可以是基础色的对比色。其中一种将作为主要重点色，第二种颜色相对少量使用，第三种颜色则极少使用。将这些颜色的样品按照它们在房间内将会使用的比例涂在情绪板上，以便检查各种颜色是否可以达到适当的平衡。

将一些地板样品粘在情绪板上，以帮助你确定哪种地板与书房的设计最搭配。

5 用一些物品来为房间增添图案和纹理，例如一块小地毯、一个留言板或一扇织物材质的百叶窗，在像书房这样比较紧凑的房间里，只需用上述物品稍稍点缀一下即可。如果你选择了带图案的壁纸，那么室内陈设越简单越好。如果墙面是普通的白墙，可以增加木质透气窗或一张拥有木纹台面的写字台。

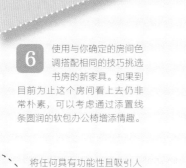

6 使用与你确定的房间色调搭配相同的技巧挑选书房的新家具。如果到目前为止这个房间看上去仍非常朴素，可以考虑通过添置线条圆润的软包办公椅增添情趣。

将任何具有功能性且吸引人的家具图片贴在情绪板上以便梳理你的思路。

在情绪板上粘贴吸引人的家具照片，以此来激发灵感。

7 通过增加配饰和细节装饰为书房的整体效果锦上添花，例如照明、椅套或画框，这样可以使纯粹的功能性房间看上去别具一格，还能让你的设计更完整、统一。此时你可以按照第三重点色选择装饰物，无论是主要重点色的类似色还是对比色都可以。这些细节装饰工作让房间的整体设计更完美，所以在挑选时要仔细和情绪板上的配色和风格进行比对，确保它们适用于你的书房。

3 书房布局要点

一般家庭书房的空间都不会太大，甚至有可能只是一间大房子的一个角落。因此，在购置办公家具、储物柜及其饰品之前，请全面考虑书房的布局，这点非常重要。在这个阶段，你需要仔细测量并记录下房间的尺寸，这样你购置的家具才能适合你家书房的格局。

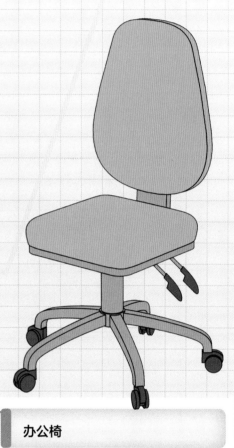

写字台

你选择的写字台应当适合书房的大小，并应摆放在适当的位置，这样才能保证你工作的时候感觉舒适。如果你使用电脑工作，不要背对窗户而坐，否则屏幕很有可能因为反光而看不清。同样，也不要正对着窗户坐，除非房间朝北，或者你准备拉下百叶窗，否则光线会晃眼。一般来说，无论将写字台摆放在临近窗户或远离窗户的位置，调整电脑屏幕的角度都比较重要，让电脑屏幕偏离光线。同时还要留足拉出办公椅的空间。写字台的摆放位置还要考虑布线的方便性。如果将写字台摆放在房间中央，就可以将电源安装在地板上而不是墙面上，但务必在重新布线的时候把这一点考虑进去。

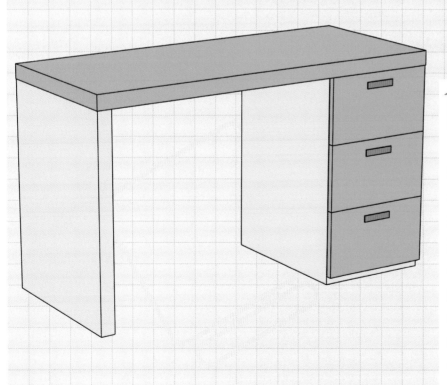

办公椅

你所选择的办公椅不应该喧宾夺主，但也不能太不起眼儿，而且要确保坐在写字台前工作的时候感觉舒适。距离写字台边缘至少保留 1.25 米的空间，这样当你推开座椅站起来时，座椅才不会碰到墙面或家具。如果你家的书房还兼具客厅的功能，那你可能会想将办公椅也用在休闲区，如果是这样的话，要确保在切换它的使用功能时，不必举着它越过其他家具。

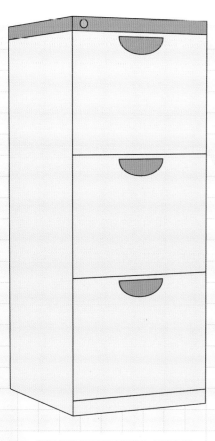

壁装式储物柜

为了方便存取文件，壁装式储物柜和搁板应当只比普通文件夹稍深一点。如果你没有足够的空间打开柜门，可以购置安装滑动门的简约宽文件柜，而且文件柜和搁板的安装位置要低一些，这样你在取用物品的时候才能看到柜子里面的情况。确保文件柜不遮挡自然采光。如果有凹室，可以将其改造为置物架。如果你没有多余的空间，也可以在挂镜线高度上安装一处高位搁板，用来存放你平时较少用到的文件和物品。

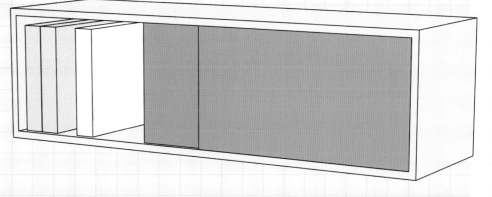

文件柜

在写字台内（或写字台下）放置文件柜是最方便的，这样你不必离开座位便可以打开抽屉。如果写字台的配套抽屉不够大，装不下你的文件，也可以考虑利用地板空间。这时候，又细又高的文件柜便成为小书房的理想之选。如果你的书房很宽敞，那么在写字台后面或近旁摆放低矮、宽绰的文件柜也是很不错的解决方案，这还能提供另一个工作台面，你可以把文件栏等办公用品摆在上面。

留言板

留言板是家庭书房的必备之物：它可以用来展示文件和便笺，例如提醒事项、时间表、日历、账单、清单和其他相关信息。将留言板安装在你很容易看到和方便取用的位置，例如写字台的一个侧面。如果你觉得很难令留言板保持整洁，也可以占用一处进门后不会直接看到的墙面。

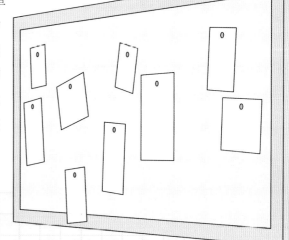

4 选择写字台

如今，越来越多的人会在家里工作，市场上可供选择的写字台种类也越来越丰富了。在选购写字台时，首先要看写字台是否符合你家书房的格局，然后看它是否与你日常工作的方式相匹配，而且别忘了确认写字台摆放的位置不会妨碍你轻松地开合房门。

选择类型

你所选择的写字台类型取决于工作量。家是你的主要工作地点吗？你的工作要求有摆放笔记本电脑和文件的桌面空间吗？又或者书房仅是处理家庭事务的地方？写字台需要有储物空间吗？你会在书房里另外设置储物空间吗？

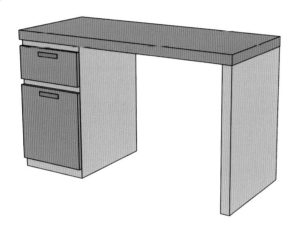

带抽屉的写字台

对于在家庭书房中使用的写字台而言，这种经典样式的写字台可以满足大多数人的需要，因为它的桌面空间够大，储物空间也足以存放纸张、文件和其他办公用品。这种风格的写字台尺寸、样式和材质选择很多，总有一款适合你。

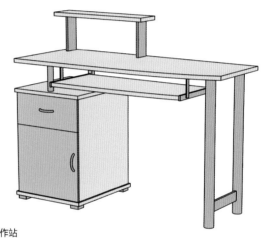

工作站

工作站是专为放置台式计算机及其附属设备而设计的。有些工作站还装有柜门，一天的工作结束之后，你可以把门关上，这样便把所有设备都隐藏起来了。如果书房与客厅或卧室同在一个空间内，那么对你来说工作站就是写字台的不二之选。

搁板桌

搁板桌的桌面安装在两条支架上，比一般写字台的桌面大。尽管体形较大，但骨架结构令它完全不会喧宾夺主。作家、建筑师和需要足够大的桌面来工作的人特别喜欢这种写字台，但将它用作常规的写字台也没问题。

英式写字台

英式写字台一般使用木材质，有一个下拉式前面板结构。这个结构展开时便形成一个写字台的台面。长时间使用可能会感觉不太舒服，但如果对你来说写字台只是偶尔使用，而且你不喜欢普通办公家具的样式，那英式写字台也许很适合你。

5 选择办公椅

如果你会在家里工作，而且会在写字台前坐很长时间，那么购置一把舒适的办公椅就十分必要了。办公椅的坐垫和靠背都应该填充结实，这样才足以支撑你身体的重量，如果你会长时间使用键盘，那么办公椅的扶手也是需要特别关注的方面。

1 选择类型

选择什么样的座椅，取决于你的预算、使用频率以及预期的舒适程度。样式简单的基本型办公椅适合偶尔使用，但如果你是全天在家办公，那么多花些钱购置符合人体工学的行政椅也是值得的。

基本型办公椅
如果你只是偶尔坐在办公椅上工作，那么这种样式简单的办公椅便能满足你的需要。如果其他家庭成员也会用到它，最好选购那种可调节高度和靠背角度的办公椅。

行政椅
行政椅属于最舒适的高档办公椅，符合人体工学，曲线设计的高靠背为你的背部和颈部提供支撑。此类办公椅主要用于办公室，所以材质和颜色都很有限。

半圆靠背办公椅
此类办公椅在保留基本型办公椅的所有优点的基础上，更加舒适、美观。它的面料具有装饰性，也能为你的书房增添色彩和图案。

309

2 选择材质

办公椅的款式决定了它的材质。除非你是从书房设计风格角度出发挑选办公椅的，否则最好选购面料既实用又舒适的办公椅。

纤维面料
羊毛或棉花之类的低成本天然纤维面料透气性好、手感舒适。带有一些纹理、织纹或图案的纤维面料更适用于办公椅。

皮革面料
皮革既耐久又耐磨，实用且价格适中。但长时间接触热源（取暖设备或日晒）会出现裂纹。

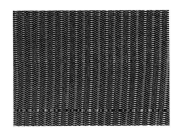

网眼织物
网眼织物很舒适，因为它可以贴合身体的形状而且保证透气，使你感觉舒爽。这种面料价格有高低之别，但可供选择的颜色较为有限。

6 选择照明

书房的照明系统需要认真设计，让工作照明和环境照明达到完美平衡。如果你和家人经常在书房中工作或学习的话，就要考虑是否有必要在一天中的不同时间段采用不同的光照强度或光照类型（主要针对工作照明而言）。

1 选择照明风格

如果书房的空间很大，可以在其中添加重点照明，但实际上，书房的首要任务是实现其功能性，而且一般书房的面积都不会很大。因此，要把环境照明和工作照明作为设计的重点，其中工作照明更是重中之重。

环境照明
考虑清楚书房需要的环境照明强度如何。最好能保证在工作照明熄灭的情况下，环境照明仍然足以照亮整个房间。还要安装调光开关，这样需要时可以把顶灯调暗。

工作照明
很有可能你只需要在写字台上设一盏台灯照亮电脑或工作区，但如果书房中有不止一个工作区，或者写字台很大、很长，你可能也会想多加一些工作照明。

2 选择灯具

如果书房面积较小、举架较矮，或者采光不佳，那么在天花板上分散设置一组嵌入式（或吸顶式）高效聚光灯便是非常实用的选择；如果书房较大，也可以保留一盏或一组顶灯。

顶灯

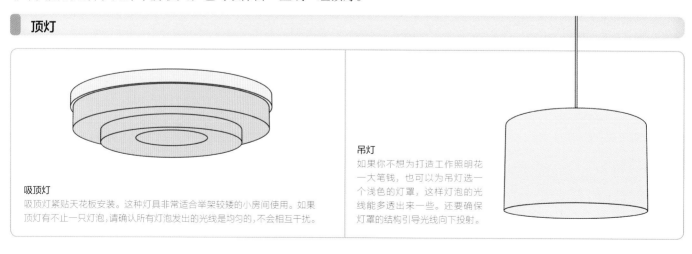

吸顶灯
吸顶灯紧贴天花板安装。这种灯具非常适合举架较矮的小房间使用。如果顶灯有不止一只灯泡，请确认所有灯泡发出的光线是均匀的，不会相互干扰。

吊灯
如果你不想为打造工作照明花一大笔钱，也可以为吊灯选一个浅色的灯罩，这样灯泡的光线能多透出来一些。还要确保灯罩的结构引导光线向下投射。

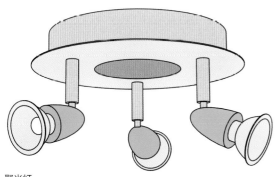

聚光灯

聚光灯非常适合较暗的小房间，尤其是当它们可以直接满足你的照明需求时。不过请记住，安装在天花板上的聚光灯会在房间四周投下阴影，因此如果你坐在写字台前，背对着居中设置的聚光灯，便很可能使你面前的空间处在阴影中。

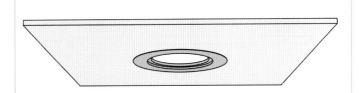

嵌入式射灯

对于现代风格的小房间而言，嵌入式射灯不失为明智之选，尤其当举架较矮，不适合安装吊灯或装饰灯时。射灯的亮度都很高，所以如果空间紧凑的话就不要安装太多——大概每平方米设置一盏即可。

壁装式照明

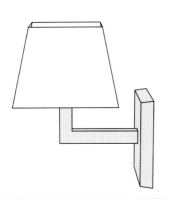

壁灯

这类灯具能提供非常实用的补充照明，尤其是当安装在装饰墙上或壁炉两侧，或大书房中的大型装饰画旁时。选择灯具时要注意光线应该向下而不是向上投射，以便使其尽量发挥照明作用。

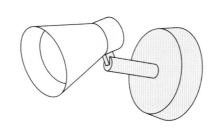

壁装式聚光灯

壁装式聚光灯可以用于工作照明，它可以将强烈的光束投射到写字台上，也可以将强光打在其他物件上，比如说打在书架上，让书籍看上去夺目又清晰。

壁装上射灯

壁装上射灯作为柔和的环境照明，可以营造出一种温馨怡人的氛围，这种效果在书房的照明设计中常常被忽视。壁装上射灯将光线投射到天花板上，可令墙面显得更高一些。

其他照明灯具

台灯

台灯是书房必备灯具，最好选择那种光线方向可调的台灯。通常，台灯要放在电脑或主写作区的正后方、左后方或右后方。

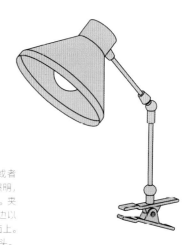

夹灯

如果你没有地方放台灯，或者书房的其他区域需要补充照明，那么夹灯便可以派上用场了。夹灯可以方便地固定在书架边以及其他各种类型物品的表面上。选购时请确认夹灯带定向灯头。

7 选择窗户装饰

窗户如何装饰主要得看窗户的用途和使用时间。如果你在家里工作，全天待在书房里，那么窗户装饰最好可以随着光线的变化而调整。如果你仅在晚上使用书房，就可以完全从装饰性的方面去考虑窗户的装饰问题。

1 选择类型

要确定哪种类型的窗户装饰对于书房更实用，以及你所喜欢的窗户类型是否能遮蔽日晒，是否能起到良好的隔离作用，是否容易清洁。还要注意检查，当你的写字台摆放在窗边时，是否影响窗户的开关。

百叶窗

百叶窗不张扬，而且可以整齐地贴合窗框，它占据的空间极少，如果写字台临窗摆放，或者房间很小，那么百叶窗的优势就能体现出来了。如果你觉得百叶窗看起来太僵硬，也可以为其配上窗帘或装饰帘。

窗帘

如果你的写字台正对着窗户摆放。那么用装饰窗帘搭配百叶窗或透气窗就能营造出美观大方又不至于夸张的效果。对于空间较大的书房，如果想营造温馨的氛围，可以考虑使用窗帘，它也具备一定的隔离效果。

透气窗

对于书房而言，透气窗是明智之选，而且它有丰富的漆面和颜色可供选择。装有百叶板的透气窗可以设计为双框或三框结构，并有全高式、咖啡馆式和平开式等样式。

检查清单

• 考虑一天中不同时段房间的采光效果，以及你是否需要通过窗户装饰来控制采光。如果你非常想装窗帘，也可以考虑与软百叶窗搭配使用。

• 如果窗户未装带双层玻璃，可以考虑使用带衬里的加厚窗帘来减少夜间室内的热量散失，并在白天为房间带来温暖的视觉效果。

• 如果别人能从外面看到你家里，可以考虑使用半透明的织物，例如细薄棉布、薄纱或蕾丝网遮挡窗户，它们一方面能让光线透过，另一方面能保证私密性。半幅透气窗也可以满足这种需求。

书房

312

书房窗户的装饰总是不像书房中的其他部分装饰那样得到足够的重视，人们总是只看到它的功能性，而忽视了装饰性。但是，美观的窗户会让整个书房看起来大不一样。

百叶窗

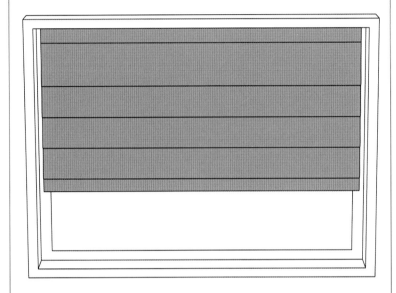

罗马帘

罗马帘是适合书房使用的百叶窗中装饰性最强的一种，它由一些活褶构成。当帘拉下时，活褶贴着窗户展开，而当帘收起时，活褶便整齐地折叠起来。罗马帘有很多种面料可以选择，与窗帘搭配使用效果更佳。

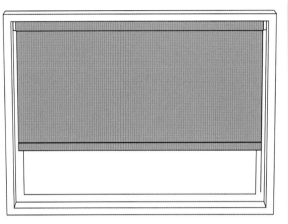

卷帘

卷帘比较便宜，如果你擅长自己动手，这种百叶窗安装起来也不难。这种百叶窗帘都由浆过的面料制成，有各种颜色和样式可供选择，而且可以上下拉动，以让光线进入或遮挡阳光。很多成品卷帘都可以进一步裁剪，使其与窗户相匹配。

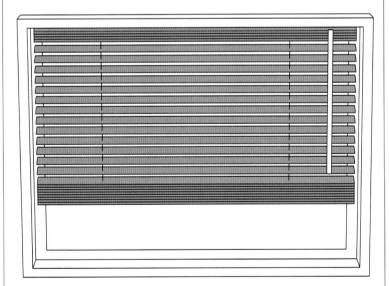

软百叶窗

软百叶窗有可调节的百叶板，对书房来说很实用，因为你只需上下移动百叶板便可以方便地控制窗户的透光量。软百叶窗有各种材质、颜色和百叶板宽度可供选择。

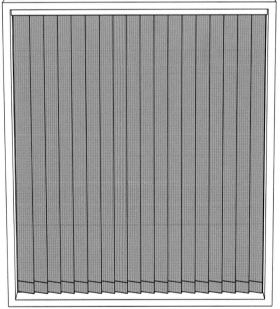

垂直百叶窗

垂直百叶窗有各种颜色和面料可供选择，由纤维织物材质的垂直百叶板组成，可以倾斜或拖动。这类百叶窗更适用于落地窗，以及现代风格的空间。

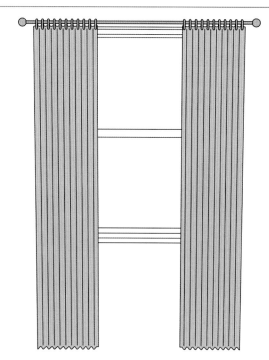

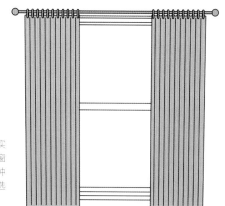

短窗帘

在空间有限的房间里，短窗帘比较实用，因为它们展开后能整齐地紧贴窗户，并不占用墙面的下部空间。这种长度的窗帘可能会显得老气，所以选择面料时一定要慎重。

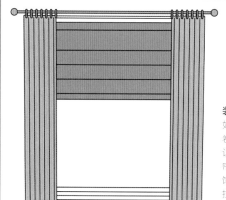

装饰窗帘

如果你出于实用的目的，已经选择了卷帘或罗马帘，但依然希望加装窗帘让窗户看上去更美观，那么可以将卷帘或罗马帘与装饰窗帘搭配使用。装饰窗帘比常规窗帘窄一些，是不需要拉动的。

落地窗帘

在书房里，如果窗户附近没有摆放写字台或其他办公家具，就可以选择落地窗帘（否则你会发现它们会卡在某个抽屉里或座椅下的脚轮里）。窗帘杆要比窗户宽一些，这样窗帘拉开时就可以完全露出整扇窗户，让尽可能多的光线进入房间。

透气窗

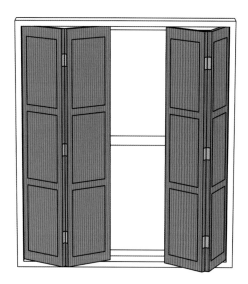

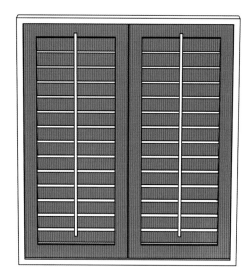

固定式透气窗

固定式透气窗很受复古（尤其是维多利亚式）住宅住户的喜爱。由于使用实木材质，它们还能起到降低噪声的作用，因此如果你住在繁华的马路边上，透气窗是非常棒的选择，不过需要记住的是，当它们关闭时，一丝光线都透不进来，所以只能在晚上使用。

活动透气窗

活动透气窗看上去非常时尚，很适合书房使用，你可以通过调整叶片来控制房间的采光。对书房来说，最佳选择是平开式透气窗或附带中横框的全高式透气窗，这样你就可以独立控制透气窗的上框和下框区域。

选择书房的储物空间

为了让你的书房保持整洁，请认真考虑并选用恰当的储物方式。这可能意味着要购买满足你需求的单个多功能储物柜或储物柜组。你的选择不必拘泥于办公家具——那些用于客厅或卧室的家具也可以发挥作用，所以尽情发挥你的想象力。

选择储物空间的样式

选择什么样的储物空间，主要还得看你需要储藏什么物品，以及可以用于储物的空间有多大。花一些时间梳理一下：哪些文件需要归档，哪些物品需要随时取用，哪些物品不能放在明面上。

壁装式储藏空间

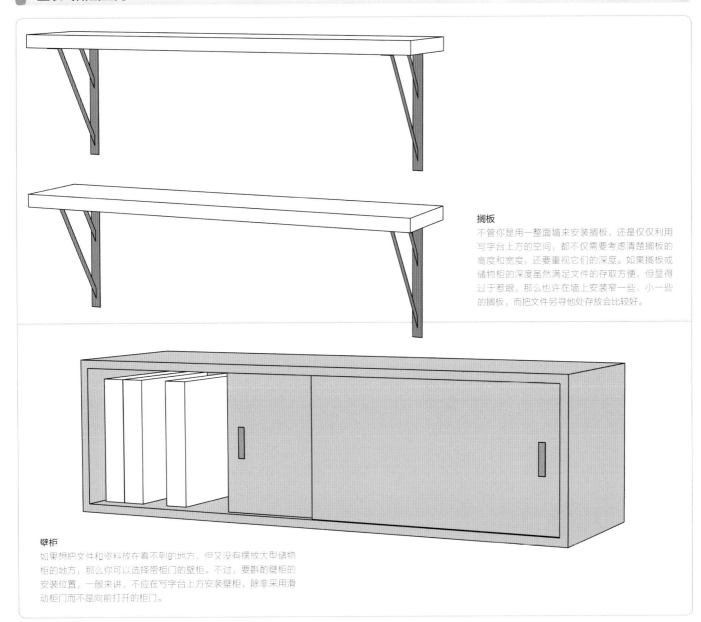

搁板
不管你是用一整面墙来安装搁板，还是仅仅利用写字台上方的空间，都不仅需要考虑清楚搁板的高度和宽度，还要重视它们的深度。如果搁板或储物柜的深度虽然满足文件的存取方便，但显得过于惹眼，那么也许在墙上安装窄一些、小一些的搁板，而把文件另寻他处存放会比较好。

壁柜
如果想把文件和资料放在看不到的地方，但又没有摆放大型储物柜的地方，那么你可以选择带柜门的壁柜。不过，要斟酌壁柜的安装位置，一般来讲，不应在写字台上方安装壁柜，除非采用滑动柜门而不是向前打开的柜门。

文件柜

如果你有大量分类资料或文件需要储存，那么应该考虑用这种传统的文件柜。这种储物柜通常由3～4层可上锁的深抽屉组成，如果你有私密文件需要上锁保管，文件柜再合适不过了。

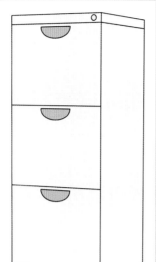

抽屉柜

供书房使用的抽屉柜有各种高度和宽度可供选择——某些抽屉柜可以整齐地塞在写字台下——它们通常安装有脚轮，这样你便可以轻松地移动它们。它们的抽屉既可以选择相同大小的也可以选择不同大小的。

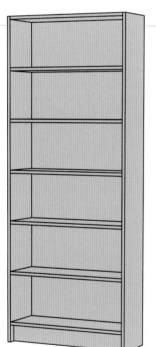

书柜

如果你的书房主要用于处理家庭事务，以及供孩子们做家庭作业，那么这里可能仅需要存放其他地方放不下的书籍或文件。为了灵活起见，可以根据书房的空间和个人情况，选一款定制书柜。

高柜

高柜能提供大量的储物空间，可以存放从电脑到文件等各种不想摆在明面上的物品。如果房间较小，镶有玻璃的高柜会有助于增强空间感，但柜中展示的物品应保持整齐。

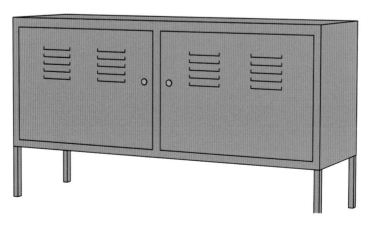

低柜

低柜适合摆放在窄小的房间里，因为它们不会让空间显得局促。建议你选择深度够把文件放在里面、台面空间也够放一台打印机的低柜。

信函托盘
信函托盘适合存放尚未准备存档的文书。它们有单层、双层和三层托盘样式，或者你可以使用堆叠式托盘打造这样的多层托盘。

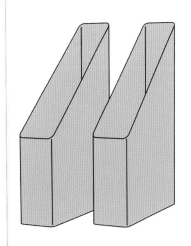

资料收纳盒
直立摆放的资料收纳盒可以用来存放宣传册、文件夹、各类文书和杂志。大小刚好可以放在储物柜中或者整齐地摆在搁板或写字台上。纸版资料收纳盒很便宜，但不如塑料或木材质的耐用。

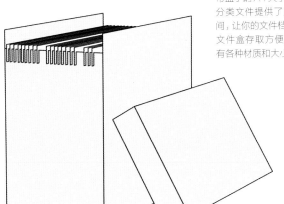

分类文件盒
带盖子的A4大小分类文件盒为分类文件提供了足够的存放空间，让你的文件档案井井有条。文件盒存取方便，便于携带。有各种材质和大小可供选择。

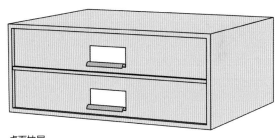

桌面抽屉
桌面抽屉能够整齐地摆放在写字台、搁板上，或储物柜中，帮助你将文书整齐收纳。可以使用单个抽屉的样式，或将几个抽屉叠放在一起，以提供足够的储物空间。

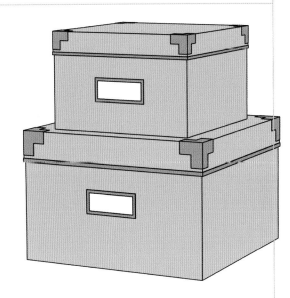

收纳盒
造型简单的收纳盒可用来存放从收据到小型办公用品等各类物品。选择适合本房间的颜色和样式，并在盒外贴上物品标签，做到物品有序收纳。

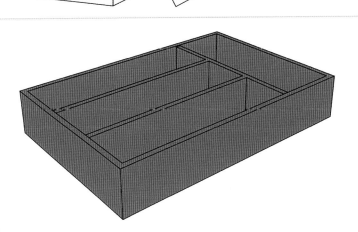

抽屉收纳格
抽屉收纳格可以让你的抽屉看上去十净利洛。它看起来很像餐具托盘，由不同大小的隔舱组成，非常适合存放各种笔和其他小型文具。

五招搞定书房展示墙

你的书房并不非得是纯功能性的、办公室风格的空间，它完全能够美观大方、别具一格。如果你愿意发挥创意，可以试着将功能性用品进行改装，营造出装饰效果。你的摆件既要好看又要好用，当然也不能太夸张，否则会导致你工作分心。

留言板

将带自粘胶的软木砖粘贴在墙面上，可以用大头针把日程表、有用的电话号码，或者海报、家庭照片甚至是最喜欢的主题拼贴画钉在上面。无论添加什么，都请刻意组织一下，以便给人井然有序的感觉。

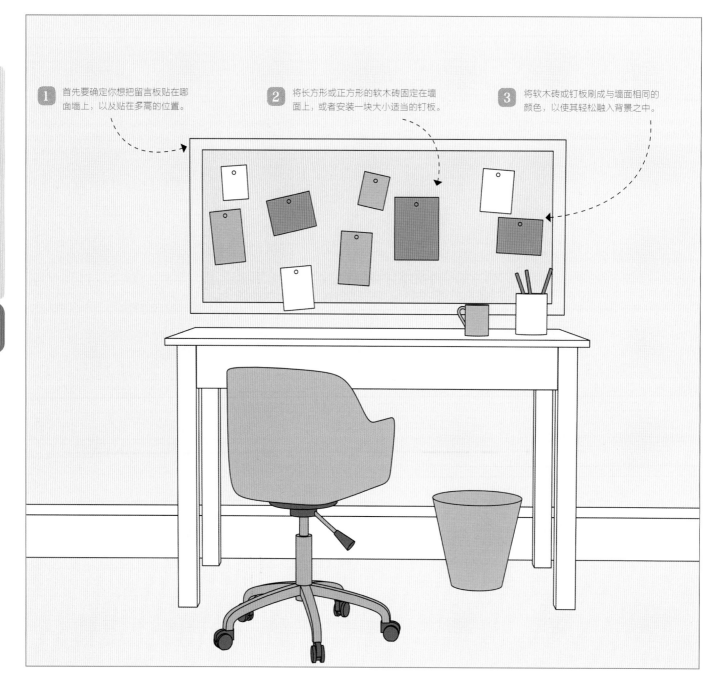

1 首先要确定你想把留言板贴在哪面墙上，以及贴在多高的位置。

2 将长方形或正方形的软木砖固定在墙面上，或者安装一块大小适当的钉板。

3 将软木砖或钉板刷成与墙面相同的颜色，以使其轻松融入背景之中。

地图

在墙上挂一幅大地图或若干小地图作为装饰。地图也兼具功能性，可以用来计划行程。

钟表

不管是查看世界各地的时间还是作装饰物使用，在墙上挂一组显示不同时间的钟表，会让墙面看上去很有时尚品位。

剪贴板

固定在墙面上的剪贴板是很有用的工具，你可以把信件、请柬和各种票据夹在上面。根据你的需要确定剪贴板的数量。

可以选择与环境色彩相协调的剪贴板，或者先贴上漂亮的壁纸再挂剪贴板。

黑板

用黑板漆在墙面上涂刷一大块方形区域并用粉笔画出格子，写下当周或当月的日程表。

9 选择地面

虽然书房的首要作用是要实现功能，但环境越个性化、越美观，你在这里学习和工作的时候心情就越愉悦。因此，对于地面的选择就要认真斟酌。不过也不要忽视实用性，如考虑写字台周围区域的磨损问题。

1 选择样式

并非所有类型的地面都适合书房，因此与其他大多数房间相比，留给这个房间的选择是比较少的。木地板会营造时尚的现代风格外观，地毯则营造一种舒适而传统的氛围。

木地板

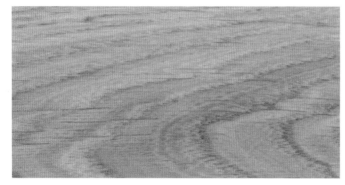

木地板可以让书房色调更加温馨、更有特点。木板条可以让房间看起来更长、更宽，因此非常适合小房间使用。浅色调的木地板会让空间显得更大。

地毯

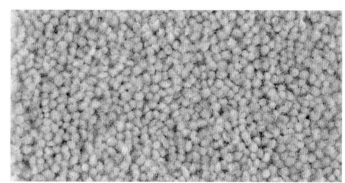

就其本质而言，地毯无疑会让书房更加温馨、舒适。地毯能为书房增加纹理和色彩，如果书房的墙面很素，也可以选择带图案的地毯。

2 选择材质

在书房中，写字台周围的地面需要考虑耐磨性，所以要选择一种耐用、容易清洁，而且损坏之后能够修理的地板。以下地板值得你考虑。

木地板

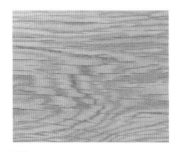

实木
类似橡木、枫木和白蜡木之类的实木地板既时尚又结实、耐磨。这种中高价位的木地板需要由专业人员铺装以达到最佳效果。

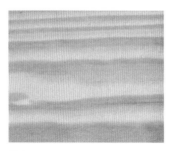

软木
中低价位的软木地板会给书房带来温馨的感觉。只有在干燥炉内干燥过的产品才不易变形。

实木复合材质
中等价位的实木复合材质地板由多层硬木和软木板以及实木饰面层构成，看上去很像实木地板。

复合材质
复合材质木地板属于中低价位的地板，由一层装饰性木纹纸与压缩纤维板基材层压而成。

地毯

卷绒

中低价位且耐磨的卷绒地毯拥有粗糙不平的表面，使用羊毛或人造纤维制成，有素色、杂色和图案等各种外观。

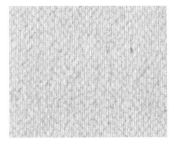

割绒

割绒地毯拥有致密、低矮的割绒和柔软、光滑的外观，看起来很像麂皮。这种中高价位的地毯尽管外表豪华，但耐磨性依然令人侧目。

块式

低价位的块式地毯可以代替地板。比如，当写字台和座椅下的地板砖磨损严重时，不用更换完整的地板，只需放一块块式地毯即可。

椰壳纤维

这种低价位的地毯采用经海水软化的椰壳纤维纺织而成。它的表面有粗糙的纹理，且特别耐磨。

剑麻纤维

这种地毯价位适中，采用剑麻植物的纤维制成，纹理精致，编织方法和颜色多种多样。

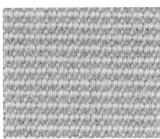

黄麻纤维

黄麻纤维地毯价格适中，比其他天然材质的地毯更柔软。它采用平织方法，拥有致密的毛圈和带天然色彩的人字纹。

海草

这种中等价位的地毯使用生长在河流入海口草甸上的海草制成。成品海草地毯拥有厚实的外表和抗污性好的蜡状纹理。

书房

321

办公椅与地面

与家里的其他座椅相比，如果频繁使用一把安装脚轮的办公椅的话会给地板造成更大的压力。如果你经常前后移动座椅，就要考察哪种类型的地面覆盖物最适合这块区域。

• 购买一块羊毛或尼龙材质的混纺地毯，因为这种地毯比其他地毯更耐用。

• 实木地板和实木复合材质地板会容易出现少量刮擦痕迹，但它们经得起磨损的考验，而且都可以通过打磨恢复原状；而软木地板则非常容易损坏。

• 复合材质地板很容易受到来自脚轮的相当严重的刮擦或磨损，而且金属和硬塑料的脚轮也会出

现破损，因此如果你追求长期的耐用性，这种选择可能不太适合。

• 不管你采用何种地面，在座椅上面铺一块保护垫或短绒地毯，都是非常明智的做法。

如果你购买了一把很棒的带脚轮办公椅，也有必要多花些钱入手一块结实耐磨的地面覆盖物。

自己动手包覆收纳箱

颜色鲜艳的实用物件会让书房的氛围更有活力，让人更想在此工作。为了打造和谐、简约的环境，可以选择一种与整体色调搭配相吻合的彩色羊毛毡。

材料准备清单：

- 展开的纸板收纳箱
- 羊毛毡
- 剪刀
- 双面胶带
- 手锥或螺丝刀

1　裁剪毛毡

1　将羊毛毡铺在一个平面上，然后把其中一块展开的纸板箱板放在上面，并将周围露出的多余毛毡剪去。为了看起来整齐一些，裁剪后的毛毡应当比纸箱板稍大，以便在边缘处形成交叠（过后可以修剪掉）。

2　将另一块纸箱板平铺在剩余的羊毛毡上并修剪边缘，同样留出交叠的余量。

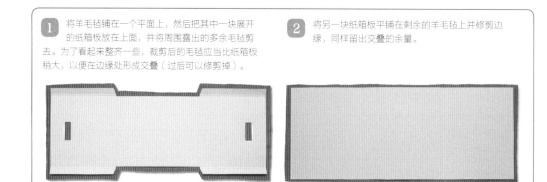

2　包覆收纳箱

1　沿纸箱板的外部边缘粘贴双面胶带。将裁剪好的羊毛毡放平（如有必要，在羊毛毡的边缘粘一小条胶带以做固定。在你固定羊毛毡时，稍稍用力拉扯以防产生皱褶）。将双面胶带上的背衬揭开，并仔细地将纸箱板居中粘在羊毛毡上。

2　重复以上操作，粘接其余的纸箱板和毡块。

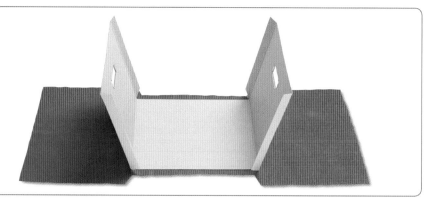

3　用剪刀将毛毡的边缘修剪整齐。

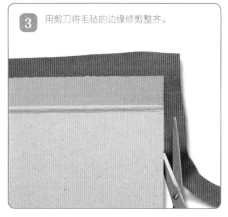

4　用手锥或小螺丝刀在纸箱板侧面重新打孔。

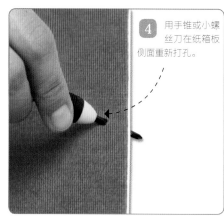

5　使用纸板收纳箱套装提供的螺栓和螺母重新组装收纳箱。

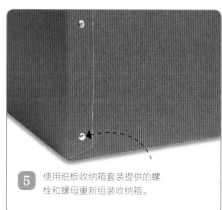

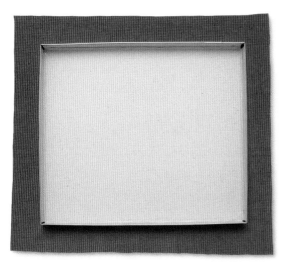

1 用纸箱盖子做模板，剪出一块比盖子稍大、方形的羊毛毡（留出交叠的余量），然后用铅笔沿盖子四周画出盖子的轮廓。

2 如有必要，先用胶带将毛毡固定妥当（参考前面的操作）。然后用剪刀从羊毛毡的四个角向铅笔画出的轮廓线斜剪出四道缝隙。

3 围绕盖子的里侧和外侧边缘粘贴双面胶带，剥离胶带背衬，将盖子放在羊毛毡上，与铅笔轮廓线对齐。折起盖子四角，然后将羊毛毡边缘折起，包覆盖子的边缘并压实。

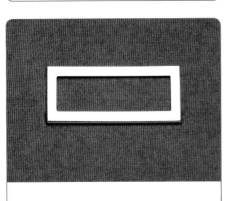

4 将标签夹重新粘在收纳箱的侧面。

自己动手制作软垫留言板

用漂亮的留言板为书房增添一抹靓丽的色彩和纹理吧！留言板的厚实度由你决定（取决于喷胶棉的厚度）。还要购买足够长的丝带（为保险起见，至少要购买5米），因为丝带的用量较大。

材料准备清单：

· 软木留言板
· 喷胶棉
· 棉布
· 订书机和订书钉
· 丝带
· 剪刀
· 大头钉或软包装饰钉

1 裁剪面料和填充物

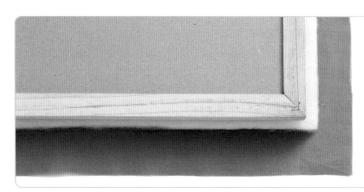

裁出一块长方形的喷胶棉，尺寸比留言板稍大一些。再裁出一块长方形的棉布，四边比留言板各边长出5厘米。将面料铺在一个平面上，正面朝下，将填充物放在上面，再将留言板正面朝下放在填充物的上面。

2 用订书钉固定面料

将面料的一边折叠过来，并稍稍用力拉伸至留言板框架的背面，折叠边缘，然后用订书钉将其固定到位。在对边重复这一过程，然后按照右图提示的顺序将面料的其余各边固定在留言板上，四角留到最后再固定。

7	1	5
12		9
4		3
10		11
6	2	8

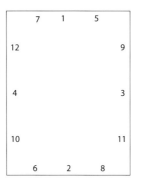

3 固定四角

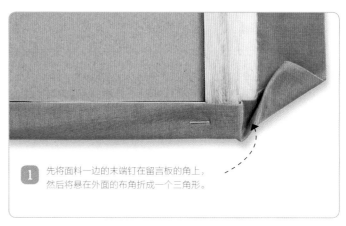

1 先将面料一边的末端钉在留言板的角上，然后将悬在外面的布角折成一个三角形。

2 整齐地折叠这个三角形，然后将尚处于松弛状态的邻边拉伸至框架的背面并用订书钉固定。

4 固定丝带

1 将丝带的一头用订书钉钉在留言板背面的角上，然后沿对角线拉伸并穿过留言板的正面。剪断丝带并将末端固定在背面的对角位置。在同一方向上固定多条丝带，不用测量，目测确定每条丝带的间距即可。

2 在相反方向上同样沿对角线固定多条丝带，进而形成一个个菱形图案。

3 在留言板止由每条丝带的相交处按下一枚大头钉或软包装饰钉。

打造完美的多用空间

如果把工作区设在客厅里的某个区域，就必须选择既能满足实用需求、有充足的储藏空间，又能保持美观的家具。参考下面的小建议，打造属于你的多用空间吧！

使用漂亮的文件盒

如果空间有限，只能用壁挂式搁板来存放文书资料，那就选同一造型的文件盒或文件夹，上面可以有呼应房间环境的印花或者与环境色调一致的颜色。你也可以自己用壁纸和花布装扮这些文件夹。这能帮你把空间布置得井井有条而又美观大方。

选择写字台

选择一个简约的桌案、小梳妆台或角柜，这几样都属于造型紧凑的家具，非常适合多功能空间。如果你想让工作区与空间融为一体，那就选择一张在材质上与其他家具形成互补的写字台。在购买写字台之前，可以坐在商家的样品前感受一下，确认至少有足够的空间可以摆得下笔记本电脑、台灯、电话和文件栏。

一天结束之际隐藏工作区

如果你想让工作区避开来访的客人，或者晚上将其与房间的其他区域分隔开来，那么对你来说折叠屏风就非常有用了。选购一架漂亮的屏风，它要与房间色调相搭配或者成为环境配色的点缀（你可以购买成品屏风，也可以买那种自己组装、装饰的屏风）。

为你的办公设备寻找藏身之所

打印机或扫描仪之类的办公设备看上去冷冰冰的，所以如果你的工作区与客厅或卧室共享同一空间，就要将这些大件设备隐藏起来。要收纳这些设备不必选择办公家具，因为办公家具看上去太朴素，最好购置那种深度足以将各种物品收纳其中的餐具柜、古风衣橱或储物柜。

多用空间：书房兼卧室

如果你的书房设在卧室的角落里，本节讲到的很多方法同样适用。选择适合卧室环境的家具，将办公设备收纳起来，还要确保你的写字台有充足的台面空间摆放办公用品。如果卧室较大，在隐藏工作区时，可以考虑使用组装式置物架替代屏风，并在置物架的两侧存放文件、书籍、相框和装饰品。确保这个房间有充足的自然采光（还有恰当的窗户装饰）和工作照明，也可以用一盏万向灯照亮工作区。

借助两用家具来节省空间

在一个多功能房间里，每件家具都必须发挥双重作用，所以当你选购并不专门为书房设计的家具时，如一张咖啡桌或一只脚凳，要购买那种附带储物空间或设计巧妙的多用家具。例如，一些咖啡桌有很深的抽屉，可以存放电话号码簿，或者打开之后变成电脑桌面。要购置这样的家具，关键在于做足功课，只要用心，就能找到合适的家具。

选购可移动家具

带脚轮的可移动家具是打造多用空间的明智之选，这样当你需要一个临时空间（例如打开一张沙发床）时，可以很容易地将其推到一边去。但这类家具的做工必须结实，脚轮也必须耐磨损。

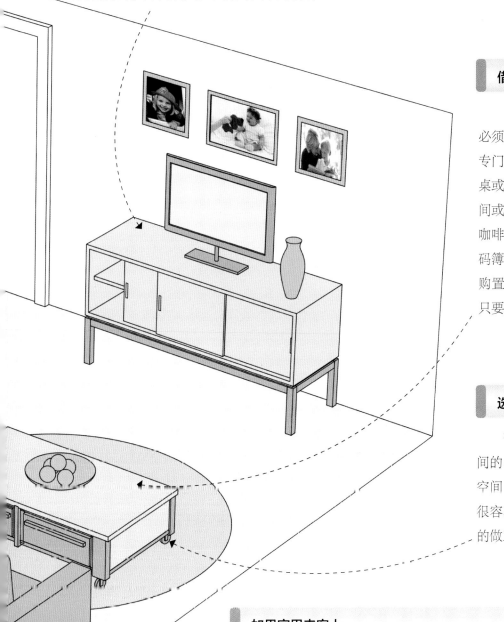

如果家里来客人

如果必须在客厅中设置工作区，那么家里可能也没有备用客房。如果真的是这样，与其买传统沙发，不如买一张沙发床，这样当来访的客人需要留宿时，便可以睡在沙发床上。

LAUNDRY ROOM 洗衣间

1 洗衣间翻新指南

如果家里有可以用作洗衣间的空间，你一定想让它发挥最大作用，所以这个空间需要好好设计一下，尽量让空间布局和施工计划圆满完成。按照下面的步骤开展装修工程吧，祝你马到成功！

1 设计平面布局

按比例在图纸上绘制洗衣间的平面图，将你所需要的所有项目都包括在内。为了降低成本，有必要将所有的水暖管道设置在房间的同一侧。其中包括水槽和洗衣机的上水管道、排水管道、马桶和淋浴的配管（根据需要）、电源插座、工作照明、排气扇以及烘干机会用到的风道和外部排风口（根据需要）。

2 考虑储物和干燥空间的选择

为了打造足够的储物空间，尽量选购一组深储物柜和抽屉柜，用橱柜最理想。设计若干台面，用来放置洗衣篮和折叠洗好的衣服。还要考虑你是否要安装不用时可以收起来的壁挂式或顶挂式晾衣杆。同时设想它们的安装位置。

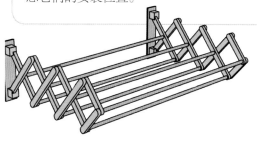

3 接收报价

将至少三位水管工、电工、水暖工、抹灰工和木工（还可能包括砖瓦匠和装修工）的报价整理对比。你也可以请装修公司承包工程，把约请装修师傅的工作交给他们来做。

4 下订单

询问各个工种的师傅，地面材料、卫生洁具、水电管道以及其他材料什么时候收货比较好。洗衣机及其配件可以等装修工程正式开始之后再订购。

5 拆除老设施

拆除房间内不再需要的所有设施，如老旧的木制品、卫生洁具和地板等。

6 安装水电管道——第一阶段安装

此时要安装从地暖到插座等所有设施的电气线路和洗衣机的水管道。等到第二阶段安装时，电工和水管工要再次返场施工，将这些设施一一安装就位。

7 抹灰和修补

一旦水电管道安装就位，墙面和天花板便可以开始装修前的填平补齐和重新抹灰工作（晚些时候，房间的某些区域可能还需要做一些微小的修补），并为需要贴砖的墙面做防潮处理。

8 铺装地面

如果要安装电热地暖设施，在安装前首先应确认预先铺设的毛地板水平，然后用适合洗衣间的硬质地面对其加以保护。瓷砖和水泥地面是明智之选。如有必要，请将新铺装的地面进行密封，做好施工期间的防护工作。

9 安装木制品

一旦抹灰墙面晾干，就可以为房间安装新踢脚板、门框和其他装饰条了。如果有入墙柜需要安装，可在这一阶段完成。

10 修补和粉饰

在木制品安装过程中如果墙面出现了细小的裂缝，可以填补并刷底漆和罩面漆。首先是墙面和天花板，然后是木制品。选择防水性能好的涂料，因为日后洗衣间在使用过程中可能存在凝水现象。

11 安排第二阶段安装——水电设施

水管工和电工现在可以返场安装水槽，并连接电源插座和照明设施了。

12 墙面贴砖

瓷砖可以很好地抵御磕碰和刮擦，而且很容易擦拭干净，潮湿的房间就需要这样的墙面，因此洗衣间墙面贴砖面积越大越好。在非湿区可以安装刷过漆的木镶板。

13 安装悬挂式储物设施

安装壁挂式和顶挂式晾衣架、挂钩、衣夹和搁板。根据衣物的不同长度设置挂钩的位置（落地式折叠晾衣架不用时也可以挂在墙面挂钩上存放）。

14 收尾工作

增加一些有趣的细节装饰，例如装饰画、传统的洗衣标志、香包或盛装换洗衣物的装饰性收纳箱等。

2 洗衣间布局要点

一般住宅中的洗衣间空间都不会太大，通常只能说足够用。因此，有必要从细节处着眼设计洗衣间的布局，这能帮助你把所有需要的设备安装就位，每种物品都方便存取，洗衣间的功能能够得到充分发挥。参考下面的建议，将你的洗衣间好好地设计一番吧！

洗衣机

洗衣机（或洗衣烘干机）和水槽是这个房间的两大重要元素，所以要首先确定它们的位置。它们不必并排摆放，但如果这两大件的上下水管挨在一起，还是最好贴同一面墙设置，这样水管道的造价会降低很多。确保空间足够打开洗衣机门，自如地弯腰取放衣物，而且打开的房门也不会妨碍你径直走到洗衣机跟前。

滚筒式烘干机

如果你有足够的地面空间，滚筒式烘干机应该紧挨着洗衣机摆放，这样湿衣服就可以很方便地从洗衣机转移到烘干机。如果空间有限，可以将烘干机放在洗衣机上面（注意不要把洗衣机放在上面，因为洗衣机可能过重）。大多数烘干机都不需要排风装置，但如果你的机器需要，那就还要考虑怎样设置排风装置，才能将其安装在外墙上。

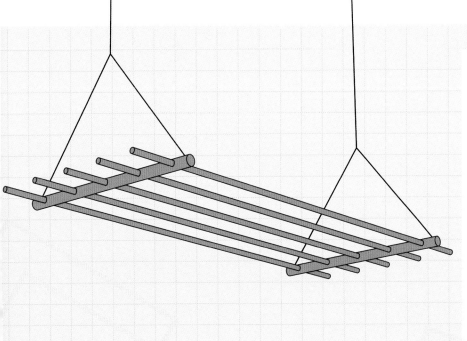

湿衣晾衣架

壁挂式或顶挂式湿衣晾衣架很有用，因为它们不占用地面空间。将其安装在通风口附近，如窗户旁和水槽或沥水板的上方，这样衣物可以挂起来沥干。衣物的悬挂位置还要足够高，这样晾挂长衣物时才不用担心湿衣服触及地板或其他物体的表面。或者你也可以购买不用时能够叠放挂在墙上的普通晾衣架。

水槽

将水槽安装在洗衣机附近是非常实用的办法——这样经过浸泡的衣物就可以干净利落地转移到洗衣机中漂洗和脱水，而不会把水滴落在地板上。想办法在水槽的两边或一边留出一定的空间安装沥水板，还可以利用水槽下面的空间存放洗衣粉和洗衣液。

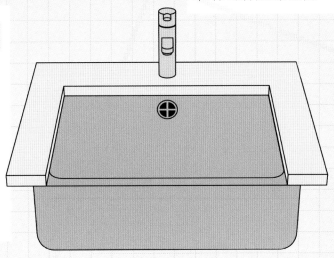

333

搁板或储物柜

洗衣间内任何多出来的墙面空间都可以安装搁板，或者为了显得整洁，也可以安装壁挂式储物柜。如果洗衣间还被用来当衣帽间，可以在马桶上方安装搁板或储物柜，并利用水槽上面的空间安装带镜子的储物柜。

3 选择洗衣间电器

在洗衣间的电器中，最重要的要数洗衣机和滚筒式烘干机了。仔细考虑这些家电的摆放位置以及家人的需求，因为这可能决定了你选择什么样的电器。

1 选择家电组合

在选择洗衣间家电时，要考虑成本、可用空间以及生活方式等方面。独立的电器可以加快洗衣的速度，但如果空间有限，那可能一体机就更实用。

洗衣机
经济型选择：一两个人的家庭可能只买洗衣机就够了。不过要想更快捷便利地洗衣，还是需要预留出吊挂晾晒衣物的空间，无论是在室内还是室外。

洗衣烘干机
如果你只有摆放一台机器的空间，这种组合式洗衣烘干机是很好的选择。不过要记住，这种一体式机器的烘干效果通常赶不上标准滚筒式烘干机。

独立的洗衣机和滚筒式烘干机
如果洗衣间的空间足以摆下两台独立的机器，那就最好分别购置洗衣机和烘干机，尤其对于人口稍多一点的家庭。分别购置这两种电器好处很明显：两台机器可以同时使用，大大加快了洗衣速度。在你的洗衣间里，是并排摆放两台机器还是上下叠放（面板朝前），要看怎样洗起衣服来更顺手。

2 选择款式

　　洗衣家电品种繁多，要确定需要的洗涤容量、循环水流方式以及能源效率等级（欧盟国家：A ~ G 七个等级，A 级最节能；中国：1 ~ 5 五个等级，1 级最节能）。除此之外，还要考虑以下因素。

洗衣机

前开门洗衣机

很多人喜欢使用前开门洗衣机，它可以安装在一组橱柜的台面之下。这种设计能很好地利用洗衣间或厨房空间。而且这种款式的洗衣机耗水量通常比顶开门洗衣机更低，所以节能效果更好。如果你采用叠放的组合方式，就必须选择前开门洗衣机。

顶开门洗衣机

通常顶开门洗衣机对衣物的损伤大于前开门洗衣机，当然如果空间不够你弯腰从前开门洗衣机中取放衣物，那么顶开门洗衣机就更方便些。顶开门洗衣机一般比前开门洗衣机便宜，所以如果你的预算有限，它也是一种很不错的选择。

燃气动力或电动烘干机

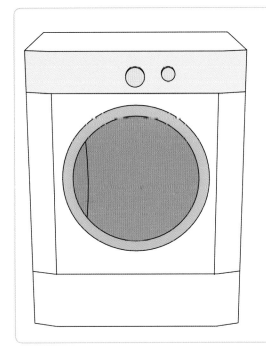

燃气动力滚筒式烘干机比电动滚筒式烘干机更节能，因此操作成本较低，但它们必须由燃气专业人员安装。电动机器安装更方便，不过切记，要安装排风装置的机器必须紧贴外墙安装（更为昂贵的冷凝式干衣机可以在任意地方安装，只要房间通风良好即可）。

电器叠放方法

与将你的洗衣机和滚筒式干衣机都摆放在地板上相比，将它们叠放起来可以较好地利用空间。以下是具体的叠放方法：

• 购买合适的叠放设施或叠放架。尽量选购"通用型"设施，或者也可以联系家电制造商，请对方提供与当家电匹配制设备，这样安装起来也比较方便。

• 一定要将烘干机放在洗衣机上面，并确保洗衣机放在一个稳固的水平底座上。

• 选择工作时震动幅度较小的洗衣机，以确保烘干机不会受损。

• 如果你想将冷凝式滚筒烘干机叠放，请详细参阅烘干机的说明书，因为冷凝式烘干机一般不叠放。

• 叠放的家电可以放在高储物柜中。请确保储物柜柜门的开启方向与洗衣机门和烘干机门的开启方向相同，并在柜门和柜顶上钻出或切割出通气孔，好让机器运行时产生的热量逸散。

选择地面

不管洗衣间是挨着厨房还是车库，或是可以从外面进入，地面都应该既耐磨又容易清洁。如果洗衣间的空间较小，地面最好选择中性或浅色调，这样当你在洗衣间工作时，会感觉这里宽敞、明亮。

选择材质

洗衣间的地面材质需要经久耐用，而且弄湿后还不能打滑。如果你在洗衣间里除了洗衣之外还要熨衣，那么脚下的地面最好不要让你觉得冰凉。

地砖

地砖的特点是非常耐用而且容易清洁，是洗衣间地面的明智选择。陶地砖和瓷地砖都非常适合洗衣间，包括板岩和赤陶在内的天然石质地砖也适用。此外，还可以考虑复合材质地砖和 PVC 地砖。

木地板

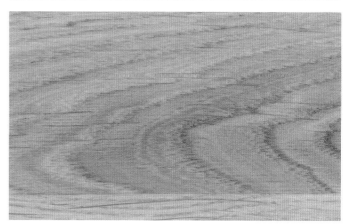

由于密封性良好，所以实木地板、软木地板和实木复合材质地板都可以用于洗衣间。不过，如果预算有限，也可以考虑用带木纹效果的复合材质地板或 PVC 地板，只要品质好，这两种地板同样很耐用。

无缝地坪

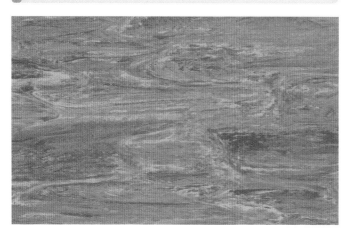

PVC、油毡和橡胶卷材地坪，或浇筑水泥和浇筑树脂地坪都足够坚硬且容易清洁。无缝地坪的样式和纹理多种多样，而且适合小空间使用，因为没有接缝所以看上去非常整洁。

检查清单

- 洗衣间应该考虑铺装地暖，因为这个房间中经常洗衣和晾衣所以十分潮湿，地暖可以有效对房间空气加热、除湿。

- 确保地面平整，尤其是放置洗衣机或烘干机的地方，如果它们被摆放在不平整的地板上，会比较容易损坏。

- 如果你的洗衣间在楼上，要确保毛地板安装牢固，尽量降低噪声。也可以考虑对地板缝隙做隔音处理。

5 选择墙面装饰

　　尽管洗衣间通常不会有访客会光顾，但这里依然应该展现房主的个人色彩。你可以通过墙面装饰来达到这个目的。如果洗衣间挨着厨房，你可以考虑将厨房的主题和材料延伸过来。另外，你也可以选择某种简单但美观的墙面装饰材料。

1 选择材质

　　首先要考虑清楚你会在洗衣间内进行哪些工作，墙面需要多强的防水性能。这样你才能确定哪部分是湿区，就像卫生间或厨房一样，然后再选择适合这个区域的墙面材料。

瓷砖

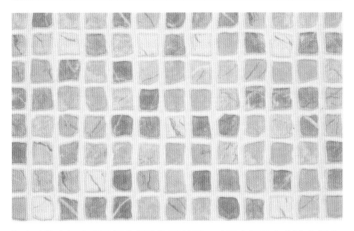

瓷砖对洗衣间来说是很实用的墙面材质。对于空间较小的洗衣间来说，朴素、简单、容易清洁的瓷砖是最佳选择。并非必须全屋贴瓷砖，可以仅仅在湿区周围铺贴瓷砖用作挡水板。

涂料

另一个非常实用的洗衣间墙面材质是涂料，至少可以在一些墙面粉刷涂料，尤其是当你计划用置物架和挂衣架覆盖绝大多数墙面空间时，更应如此。如果要安装滚筒式烘干机，可以粉刷厨卫专用涂料或防潮效果好的丙烯酸蛋壳漆。

壁纸

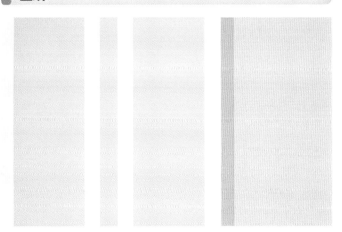

PVC 壁纸简直是专为湿度高的房间定制的，当然，也不要将它用于会被水溅到的区域，例如水槽后面。壁纸的样式有花朵、几何图案和砖纹效果，但小房间应当使用简单的图案和柔和的色调。

包层

扣板包层非常适合洗衣间，因为它不仅耐磨，而且可以涂成任何颜色。扣板通常是松木材质，也可以购买成品中密度板材质的嵌板直接安装到墙面上。可以在半幅墙面或整幅墙面安装包层。

自己动手铺装 PVC 地砖

铺装地砖并不一定要遵循特定的程序。要确保沿地面边缘铺装的地砖经一定切割后能够合乎房间的大小，而且砖要铺得横平竖直，所以这项工作实际上更考验眼力。最好先设计出一个网格系统，这样铺装在边缘的半块地砖才能切割得大小合适。

材料准备清单：

- 地板底漆（PVC 胶）
- 大号漆刷
- 卷尺
- 粉笔
- 长金属尺
- 铅笔
- 压条
- 锤子和钉子
- 黏合剂（如果需要）
- 擀面杖
- 硬质纤维板
- 壁纸刀
- 轮廓量规

洗衣间

338

1 地面准备工作

用吸尘器将毛地板上各种杂物和灰尘清理干净，任何露出地面的钉帽都要起出，或用锤子敲入地板，然后填补或抹平任何缝隙或裂隙。为了最大限度地保证地砖的粘贴效果，要用大号漆刷蘸地板底漆（用 PVC 胶以 1：4 的比例兑水稀释）对地板进行密封，等待自然晾干。（最好参考地砖产品说明书中有关涂刷 PVC 地砖底漆的相关说明。）

2 制定铺装方案

1 测量每面墙的边长并用铅笔标记出每条边的中点。用粉笔在一个标记点到对面墙上的另一个标记点之间画一条直线。在另外两个墙边的标记点上重复上述操作。这两条粉笔线在地板中部形成的交叉点即是地板的中心点，这样就将地板分成了四个区域。

2 沿其中一个分区的粉笔线按 L 形预铺整砖。整砖末端与墙边之间的空间将粘贴切割后的半块地砖。如果空间太窄，可以沿粉笔线在一个（或两个）方向上稍稍调整预铺地砖的位置，并将中心点处地砖移动后的外缘作为新的中心点。在其他分区内重复上述操作，把地砖在地板上摆成十字形状。

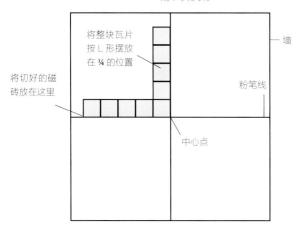

将整块瓦片按 L 形摆放在 ¼ 的位置

将切好的磁砖放在这里

墙

粉笔线

中心点

3 规划整砖铺装范围

标记整砖边缘的铅笔线。

沿每面墙前面的地砖边缘（也就是地砖十字造型末端）画一条笔直的铅笔线。这条直线能够确定整砖边缘的位置，并帮助你在铺装地砖的过程中保持地砖在一条直线上。沿铅笔线设置压条，以形成一个范围，在这个范围内铺装整砖。在每根压条上钉上一两个钉子，要钉穿压条并钉入毛地板，以使它们固定到位。

4 正式铺装

1 取一块地砖，去掉胶粘底布（如果是非自粘型地砖，则使用黏合剂），将地砖外缘直抵压条边界的一个内角，将其粘贴牢固。最好按部就班地从房间地板每个分区的内角向中心点开始铺装。

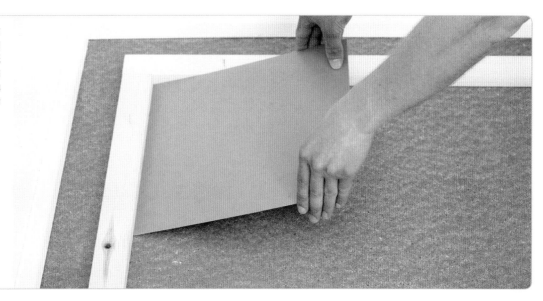

2 以 L 形或成排地将地砖粘贴好，确保每块地砖的外缘直抵压条。

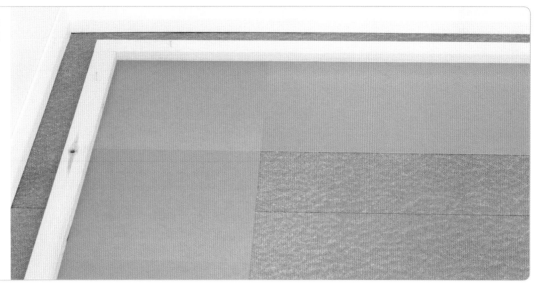

3 铺装几块地砖之后，使用擀面杖将每块地砖均匀压实。在其中一个分区铺装完地砖后，其余二个分区也按照相同的步骤操作，最后再撤掉作为边界的压条。

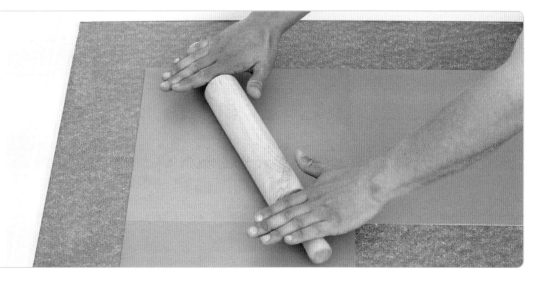

5 铺装边缘地砖

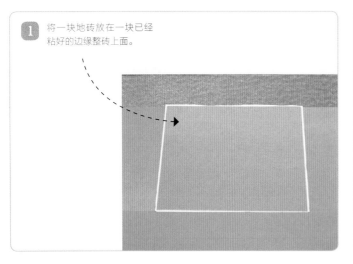

1 将一块地砖放在一块已经粘好的边缘整砖上面。

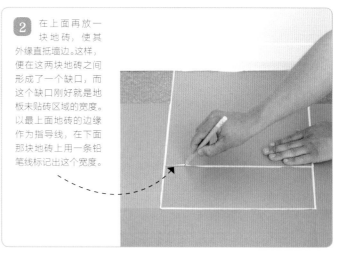

2 在上面再放一块地砖,使其外缘直抵墙边。这样,便在这两块地砖之间形成了一个缺口,而这个缺口刚好就是地板未贴砖区域的宽度。以最上面地砖的边缘作为指导线,在下面那块地砖上用一条铅笔线标记出这个宽度。

3 将下层地砖放在一块硬质纤维板上。用壁纸刀和尺子将地砖切割开。

4 把经切割的地砖放在缝隙处比对,然后粘贴就位。沿地板的所有边、角重复上述步骤。

6 不规则拐角的铺装

1 使用一把轮廓量规帮你在地砖上切割出不规则形状的边缘。将量规放在地砖将要粘贴的空白地面。将量规的滑动端对好门框(或墙面)的边缘,使其与门框(或墙面)的形状对应。

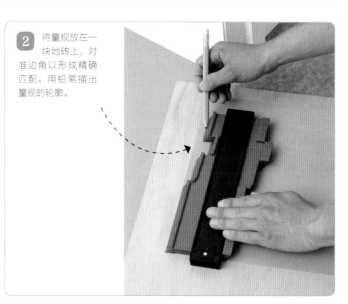

2 将量规放在一块地砖上,对准边角以形成精确匹配。用铅笔描出量规的轮廓。

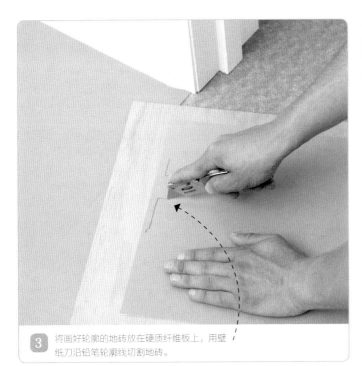

3 将画好轮廓的地砖放在硬质纤维板上，用壁纸刀沿铅笔轮廓线切割地砖。

4 检查地砖与门框边缘是否匹配，然后粘贴在地板上并用擀面杖均匀压实。

打造完美的洗衣间

总的来说，洗衣间应该是一个非常实用的空间，而且通常不会有访客进来参观。不过，这并不意味着它在发挥功能的同时，就不能变得更美观别致。参考下面的小建议，好好设计一下洗衣间，让它在满足你所有需求的同时也能看上去很漂亮。

安装搁板

想把洗衣间中的每件物品都放置在方便取用的地方，就不要低估需要安装的搁板的数量。搁板最好能够保持统一，要么全部设在房间四周刚刚高过头顶的同一高度上，要么单独在一面墙上集中设置，而且最好是距离洗衣机最近的位置。为你的洗衣间选择一个主题（如混搭、法式或田园风格）并根据主题选择搁板的样式。

收纳盒和收纳筐来帮忙

从洗衣粉到备用灯泡，从狗粮到蜡烛，你会发现需要放在搁板上的物品实在太多了。不要奢望它们能保留原始包装，否则这个房间很快就会变成超市的仓库。你可以多买一些带盖子的收纳盒和收纳筐，把这些物品都收纳起来，就能在取用方便的同时又不至于杂乱无章。比如把物品放进风格质朴的印花布罩面盒子里，或者复古搪瓷罐里。

安装漂亮的水槽

尽量不要用那种最便宜的自制水槽。最好能选购与房间风格完美相称，而且可以与洗衣机相邻摆放的水槽。它的容量最好够大，有满足手洗衣物需要的平底结构，而且如果没有沥水板，那么附近还要有供衣物滴水晾干的空间。可以到旧货市场和网上去寻找老式的、可以再利用的陶瓷水槽，这能让洗衣间营造出复古的感觉，或者也可以找找营造工业风格的老式不锈钢水槽。

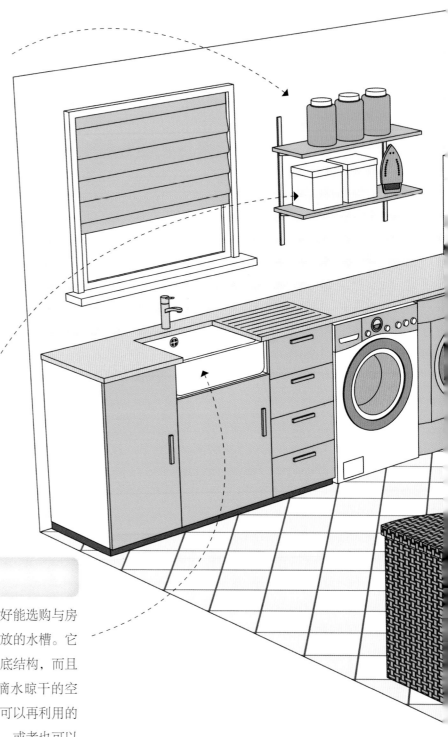

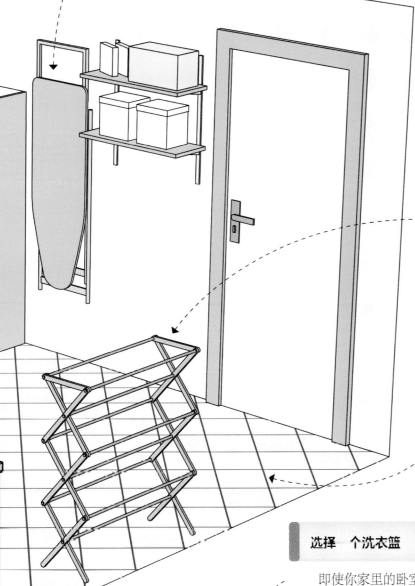

将熨衣板和熨斗藏起来

在一面墙上或者在门后的头顶高度安装一两个挂钩，将熨衣板挂在上面，这样便可以腾出地板空间并让过道保持畅通。熨斗可以放在洗衣粉旁的搁板上。如果洗衣间是现代风格的，也可以购买壁挂式或门挂式熨衣板或熨斗组合支架（只要门足够结实能承受它们的重量就行）。

悬挂晾衣架

如果洗衣间是现代风格，可以选购金属或塑料材质的壁挂式或落地式挂衣架，与房间实现完美融合。不过，你也能在一些旧货市场里找到更适合传统风格房间的衣架，比如维多利亚时代的顶挂式晾衣杆或漂亮的复古风格简式实木晾衣架。

选购特别的地面材质

无论你为这个房间选择了什么样的地面材质，都要确保其防水性非常好，否则很容易留下水痕。由于洗衣间通常是小房间，所以应该选择浅色调的地面，而且你还可以采用对角线的方式铺装地砖，从而在视觉上延伸空间。如果你不想中规中矩，想让洗衣间看起来很有趣，那么你也可以选择有图案或颜色大胆鲜艳的瓷砖、PVC地砖或橡胶地砖。

选择 个洗衣篮

即使你家里的卧室、卫生间或独立卫浴等空间里已经有了洗衣篮，在洗衣间里再放一个洗衣篮也能帮你方便地转移要洗的衣物。如果地面空间很小，也可以选择带盖子的洗衣篮，最好可以放在洗衣机上，或者选择可以放在墙角的扇形洗衣篮、三角形带盖洗衣篮，或者可以挂在墙上或门后的洗衣袋。

六招解决晾衣难

　　晾衣架的种类繁多，有落地式、壁挂式和顶挂式，可以根据洗衣间的格局选择一款最合适的。根据下面的介绍，看看哪种晾衣架最适合你的洗衣间。

带衣夹的挂衣架

这种挂衣架从天花板或绳索上悬垂下来，上面带有各种夹子，最适合悬挂并晾晒小件衣物。

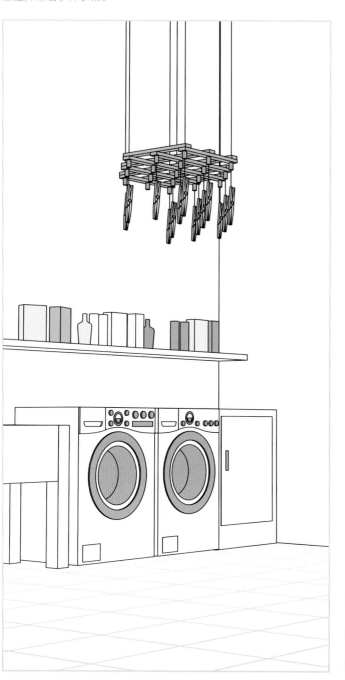

传统的滑轮式晾衣架

这种晾衣架节省地面空间。它固定在天花板上，可以轻松升降，让房间过道保持畅通。

首先要向建筑方咨询，确认天花板能够承受挂满湿衣物的晾衣架的重量。

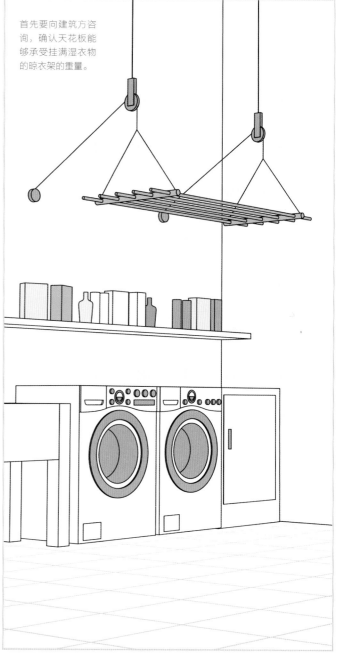

伸缩绳

这条绳索通过墙面附件固定在相对的两面墙上，向下拉动时，能够形成向上的支撑力。如果你需要大量悬挂空间，它便是理想的选择。

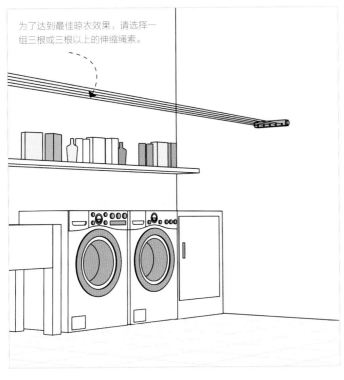

为了达到最佳晾衣效果，请选择一组三根或三根以上的伸缩绳索。

壁装下翻式晾衣架

壁装下翻式晾衣架的底座固定在墙面上，需要时只需从折叠状态下拉顶部即可。

购置底座上带把手或挂钩的晾衣架（或自己做一个）也能打造更多的悬挂空间。

壁装抽拉式晾衣架

这种可以伸缩的晾衣架在不用时几乎可以完全收回墙面，所以非常适合小房间使用。

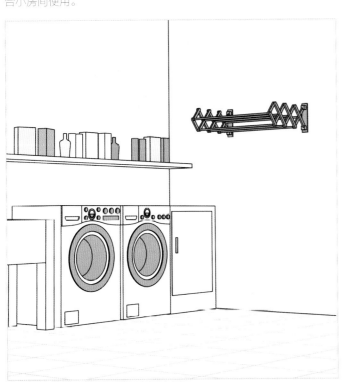

落地式晾衣架

落地式晾衣架可以提供丰富的晾衣空间，只占据相当少的地面空间。

在洗衣间内选好晾衣架的位置，确保当晾衣架折叠起来后过道畅通。

OUTSIDE SPACE 户外
空间

1 户外空间翻新指南

如果想重新设计户外空间，不管是露台、甲板平台还是庭院小花园，提前做好计划都会让你事半功倍。一切按部就班地进行，工人们的工作也能井然有序地开展，整个装修过程都将高效完成。

1 设计平面布局

按比例绘制平面布局简图，并把你的所有需求都纳入其中，比如阳光露台、小屋或储藏室、就餐区或烧烤区，或者一处私密空间或绿化区。

2 确定预算

确定你能为户外空间的翻新花多少钱，都需要做些什么。切记，涉及的建筑和园林景观越多，翻新成本就越高。如果你需要逐渐投入成本，请将景观建设放在首位。

3 设计电气线路和水景

评估自己是否有能力承担打造景观照明和水景的成本，如屋内中控的照明系统和需要实施电气、土方和管道等配套工程的人造水景。太阳能的照明和水景可以节约资金，不过不如用电的设施效率高。

4 聘请园林设计师

就像设计家中的任何房间一样，户外景观的设计也要听取专业人士的意见。有人决定可能提供免费设计服务，也有人会收费，如果你决定聘请设计师为你设计户外空间，那么前期所产生的费用要从最终的总服务费中扣除。尽管价格不菲，但聘请专业人士还是值得的，因为他可以负责整个项目管理，还能以优惠价订购材料，并提供独具匠心的设计思路。

5 接收报价和预约工人

至少请三位工人（包括建筑工、电工和水管工）或三家公司进行报价。最好能请一家园林公司来做场地清理和硬质景观（这些工作大多数公司都会一包到底），但如果你的预算非常有限，那么各工种单独找人去做可能会便宜些。只有提前做足功课，具体施工时才能真正省下钱。

6 订购材料

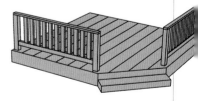

请工人帮你列出硬质景观和园林建筑所需要的材料。如果他们提出帮你订购材料，要问清楚优惠价是多少，愿意让给你的优惠有多大。如果你的订货量较大，也与经销商谈了一个好价钱，但不太可能比工人给出的报价低。此时也要订购与水景和照明有关的材料。

7 清理场地

将场地中不需要的东西清除干净，包括枯树、杂草、储物箱、甬道、甲板，等等。除非你的户外空间有直通马路的通道，否则所有垃圾（和新材料）都得通过你家的入户门运出运进。如果你预定了马路垃圾转运服务，还需先向有关部门申请许可证。

8 开始硬质景观建设

此时可以开始硬质景观建设了：平整场地，为围墙、台阶、建筑、露台或甲板平台以及水景打地基。

9 电气线路和水景安装——第一阶段安装

随着硬质景观建设的开始，其他工序需要配合铺设水景管道和园林照明线路，为水景提供电源，还要安装电源插座等。如果你想为户外空间安装水龙头，此时也要做这项工作。

10 订购绿植、表层土和家具

随着户外空间逐渐成形，应该考虑订购表层土、绿植和园林家具了。绿植移栽的最佳时间是秋天和春天，所以如果这项工作赶在了盛夏或仲冬时节，绿植移栽最好延期进行。

11 结束硬质景观建设并组织第二阶段安装

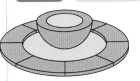

在这个阶段，墙体应该已经建好，甚至可能开始刮腻子，台阶和建筑（不管是绿廊还是户外储藏室）建设完成，水塘或水景造景结束。水管工和电工现在应该返场完成他们的工作了。

12 户外空间粉刷

一旦混凝土构件或腻子干透，在运进表层土之前，应该粉刷外墙、栅栏、格子墙、绿廊、园林建筑或储藏室。为了起到有效的保护作用，要至少进行两遍粉刷。

13 水景注水

如果你修建了水景，现在可以注水了。在引入鱼或水生植物之前，要按照水景设备说明书的相关说明准备合适的水体。

14 绿植移栽

花坛填土并栽培绿植，或者移植成熟的植株（如果想马上看到精美的景观，而且预算也足够的话），或者从苗木养起，如果养护得当，也能很快长满花坛。如果你没有花坛，也可以在户外空间高低错落、星星点点地栽植一些绿植，同样可以打造一个绿意盎然的世界。

2 为户外空间准备情绪板

就像室内空间装修时要做的准备工作一样，装修花园、庭院或阳台时，准备情绪板会帮助你确定在这个空间中的所有元素都能完美地融合在一起。在你着手之前，也有必要想一想在户外空间中应该营造怎样的氛围，特别是这个空间将作为户外休闲区兼就餐区的情况下。

1 从书籍、杂志和网站上找一些你喜欢的户外空间图片。如果这个空间同时具有就餐区和休闲区的双重功能的话，要确定哪种元素对你来说更重要。然后重点收集那种户外空间的图片，并思考如何将其他元素融入其中。从这些图片中挑选出最喜欢的几张，贴到你的情绪板上，从中找出你想要的配色或装饰主题。

将一张或几张你最喜欢的图片粘贴到情绪板上，以此为基础打造自己的户外主题。

2 考虑户外空间的日照情况，阳光会照在哪个区域，这将决定该选择哪种色调作为基础背景色、该购买哪种绿植以及把它们栽种在哪里，日照情况还会影响户外家具的安装位置。

根据空间的采光量或遮阳程度，确定你是想要明快色调、中性色调，还是冷调搭配。

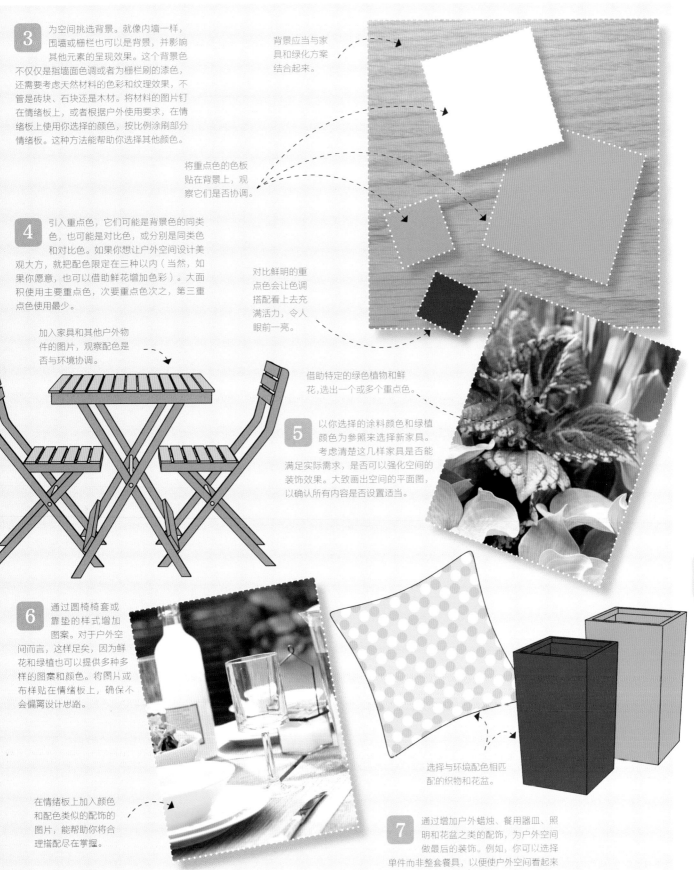

3 为空间挑选背景。就像内墙一样，围墙或栅栏也可以是背景，并影响其他元素的呈现效果。这个背景色不仅仅是指墙面色调或者为栅栏刷的漆色，还需要考虑天然材料的色彩和纹理效果，不管是砖块、石块还是木材。将材料的图片钉在情绪板上，或者根据户外使用要求，在情绪板上使用你选择的颜色，按比例涂刷部分情绪板。这种方法能帮助你选择其他颜色。

背景应当与家具和绿化方案结合起来。

将重点色的色板贴在背景上，观察它们是否协调。

4 引入重点色，它们可能是背景色的同类色，也可能是对比色，或分别是同类色和对比色。如果你想让户外空间设计美观大方，就把配色限定在三种以内（当然，如果你愿意，也可以借助鲜花增加色彩）。大面积使用主要重点色，次要重点色次之，第三重点色使用最少。

对比鲜明的重点色会让色调搭配看上去充满活力，令人眼前一亮。

加入家具和其他户外物件的图片，观察配色是否与环境协调。

借助特定的绿色植物和鲜花，选出一个或多个重点色。

5 以你选择的涂料颜色和绿植颜色为参照来选择新家具。考虑清楚这几样家具是否能满足实际需求，是否可以强化空间的装饰效果。大致画出空间的平面图，以确认所有内容是否设置适当。

6 通过圆椅椅套或靠垫的样式增加图案。对于户外空间而言，这样足矣，因为鲜花和绿植也可以提供多种多样的图案和颜色。将图片或布样贴在情绪板上，确保不会偏离设计思路。

选择与环境配色相匹配的织物和花盆。

在情绪板上加入颜色和配色类似的配饰的图片，能帮助你将合理搭配尽在掌握。

7 通过增加户外蜡烛、餐用器皿、照明和花盆之类的配饰，为户外空间做最后的装饰。例如，你可以选择单件而非整套餐具，以便使户外空间看起来更具个性，但如果想获得完美的装饰效果，还应注意在色彩、材料和纹理上保持一致。

3 户外空间布局要点

如果你的户外空间从来没装修过，就好比你有一块空白画布，可以任由你根据自己的意愿来设计布局。不过，有几件会影响设计的事情需要考虑，比如如果外人能看到你的户外空间，该如何保证隐私，你是否知道阳光会在什么时候晒到你户外空间的哪一处，如何才能将一些东西好好地藏起来。参考以下这些布局小建议，打造最棒的户外空间。

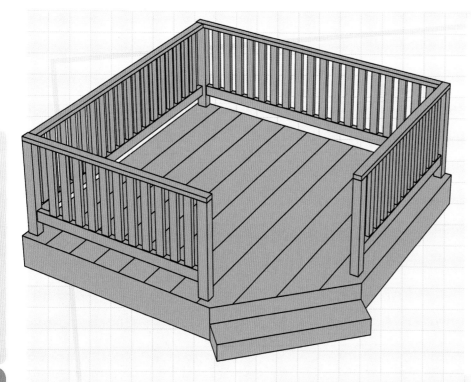

露台或甲板平台

想清楚你是想让多大的露台或甲板平台沐浴在阳光里，是接受光线，还是隐于树荫之下。如果想把暴露在阳光下的区域、就餐区和儿童游戏区整合在一起，可能一些区域的采光会比较充足，以满足休闲的需要；另一些区域则在斑驳的树荫下，供就餐和娱乐用。如果你只用这个空间就餐，最好位于房屋后门外。这片区域不让邻居看到，可以利用一面墙或一片树木，或者通过格子墙、绿廊或绿植营造出屏风的效果。

就餐区

要把户外就餐家具摆放在哪里，取决于露台或甲板平台的位置、在哪里设置树荫（如果花园在阳面，你可能需要借助绿廊、绿植或一把大号遮阳伞制造阴凉），以及你可以接受的就餐区与主宅的距离。在计算需要购买的餐桌的大小时，在其四周还要留出 1 米的空间以方便移动座椅。

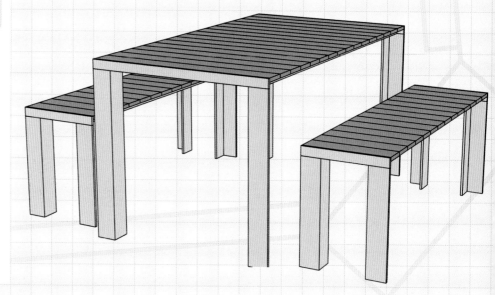

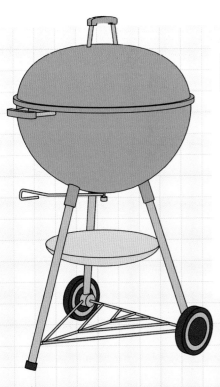

烹饪区

户外烹饪区距离主宅越近越好。如果你正在设计一间全功能户外厨房，而主宅就在附近的话，安装电气或燃气设施也会更简单些。尽量让烹饪区处于阴凉处，可以用绿廊或设计巧妙的绿植营造一个阴凉的区域，但要注意消除火灾隐患。

供水设施

在主宅的后墙靠近围墙的位置安装一个水龙头（不要安装在墙正中间，那样太占空间），并在附近的墙面上安装一条可以隐藏起来的软管。如果家里有小孩，最好再安装一个出热水的水龙头，这样可以很方便地给儿童戏水池供水。如果想设置一套户外淋浴，最好安装在采光充足的地方，这样淋浴区就能很快变得干爽。

储物空间

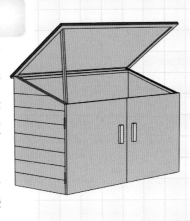

在户外空间的边缘或在花园旁边隐蔽设置一间棚屋或一个储物柜，也可以将其巧妙地藏在绿植（如攀缘植物或又高又茂密植物）的后面。如果空间非常小，选购一个带上掀盖的工作台以及下面的储物柜也不错。更小一些的储物柜可以贴着主宅的外墙摆放，这样不会阻挡屋里人的视野。

绿植

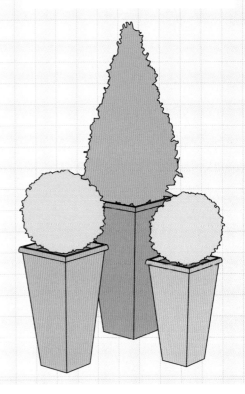

绿植可以用作保护隐私的屏障，将不够美观的景象或特征隐藏起来，或者提供绿荫，或者仅仅作为装饰物。如果要将户外空间藏起来，可以在围墙周围种植高大的树木；如果要隐藏休闲区，可以在绿廊或格子墙旁培植攀缘植物。

4 选择户外地面

要为户外空间选购地面材质，跟选购室内地面材质的方法一样。认真考虑户外空间的风格、装修后的样式和空间，以及你将如何使用它，是否希望地面的材质比较容易保养，当然更要考虑你的预算情况。

1 选择类型

铺砌地面、木甲板和砂石地面是三种主要的户外地面类型。户外地面的选择与绿植的选择同样重要，所以要考虑它与你的整体装修设计如何协调。

铺砌地砖

根据想要的样式（比如为现代风格的户外空间选择锯齿状的边缘）选择小块石材地砖或带各种图案的大块板岩地砖。在铺砌地面之前，用尖角沙砾或水泥基础打底，并设计好地砖的布局。

木甲板

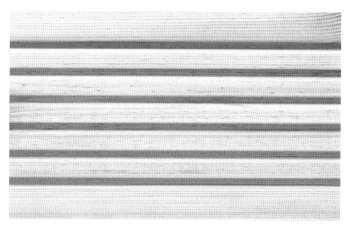

木甲板是万能表面，可以用它来打造从主宅延伸出来的露台，一个独立的高架区域，或水平衔接一座斜坡花园。木甲板要铺装在框架上，这样就可以脱离地面，空气可以在下面流通，并保证良好的排水效果。

砂石地面

沙砾或者砂石地面是最廉价的硬质地面，是大面积户外空间非常实用的选择。首先确认地面已经压实，然后覆盖一层控草膜，并将沙砾散布在上面，形成厚度至少达到2.5厘米的沙砾层。该区域需定期除草。

检查清单

- 不管是铺装地砖还是木甲板，确保你所选择的户外地面在浇湿之后不会打滑。

- 雨水需要从露台或甲板上快速流走，所以要确保该区域有充足的集水和排水设施。

- 确定你是否希望户外地面与连接室内各房间的地板相匹配。这样做可以把两个空间统一起来，并让两个空间看上去都更大些。

- 你所选择的户外地面适合你的家庭情况吗？如果家里有儿童，使用较为柔软的地面材料（如木地板）可能更好一些。

每种户外地面均有多种材质、大小和颜色可供选择。在决定选用哪种地面铺装户外空间之前，仔细对比以下这些材料——如果有可能的话，带一些样品回家，看看是否与你的空间相符。

铺砌地面

板岩

这种蓝黑色的石材最适合现代风格的露台，可以从室内经一道玻璃门一直延伸至户外。它的价位中等偏低，性价比很高。

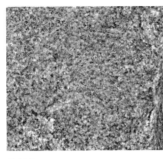

花岗岩

花岗岩价格中等偏高，坚硬且特别耐用，有灰色、红色和绿色等不同颜色可选。它可以实现从室内到露台的无缝衔接。

灰岩

灰岩表面光滑、易维护、耐磨，并有各种颜色可选，适合简约、时尚的露台。灰岩地砖的价格高、中、低不等，选择很多。

砂岩

中低价位的砂岩纹理十分精美，色彩丰富，经久耐用，性价比非常高。但这种石材铺装后可能需要密封。

薄层砂岩

薄层砂岩由防滑的平板石构成，充满田园野趣，呈现一种迷人的风化效果。这种地砖具有不规则的形状，价位中等偏低。

水泥

经久耐用的水泥型材有彩色、带纹理或带图案的各种样式可选。是用水泥厚板还是水泥砖，要看你想让露台呈现什么样的效果。

石灰华

中高价位的石灰华石材的优势在于不蓄热，这使它成为阳光露台的理想地面材料，因为它踩在脚下始终给人以凉爽的感觉，而且还十分防滑。

砖块

砖块由黏土或水泥制成（在制造过程中着色），后者更便宜，但耐久性不如黏土砖。这种中等价位的材料有各种形状可选。

甲板平台

硬木

经久耐用的硬木甲板平台价位中等偏高。定期上油可以防止其干裂。这种材质浇上水后容易变得湿滑，请选择带纹理的表面。

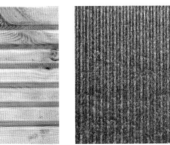

软木

中低价位的软木板材比硬木板材容易加工，不过不太耐用，需要定期粉刷或上色。

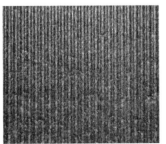

人造材质

虽然中等价位的硬PVC看起来像实木，但缺乏原木材质的审美情趣，不过十分耐用，而且几乎不需要保养。

甲板平台砖

这种中低价位的木砖可以直接铺在露台上，不用铺设框架，从而创造出一种木甲板效果。这种材质十分防滑且容易安装。

砂石

板岩碎片

板岩碎片价格低廉，这种薄片状石材有大有小，人走在上面和推着小车走在上面比沙砾地面感觉轻松。它们在浇湿后，颜色变深、变亮。

灰岩碎片

浅灰色或淡黄色灰岩碎片堪称价廉物美。它们都是根据碎片大小分级装袋出售的，因此要斟酌哪种大小的碎片更适合你的户外空间。

燧石渣

这种角砾价位很低，经久耐用，有灰白色和金黄色等颜色可选。温暖、圆润的外观使其成为户外地面材质中很受欢迎的一个选择。

海滩卵石

这种中等价位的卵石颗粒大、光滑，给人一种惬意的感觉。不过人走在上面会较吃力，因此可少量用于户外空间的边缘区域或随意铺砌的区域。

豆粒砾石

低价位的豆粒砾石由经过筛选的碎石构成，外形主要是圆形或稍呈锯齿状。按袋出售的豆粒砾石有混合色和统一色可供选择。

木屑

有很多种材质和颜色的木屑可以满足你对户外地面的需要。相对于尖锐的石材，木屑更适合有孩子的家庭，但可能每年都需要补充。

户外空间

356

草坪

关于草坪，很多专业的园艺书籍和资料已为读者提出了大量建议，由于篇幅有限，本书只针对草坪提出几点建议。不过，在为户外空间设计布局时，草坪确实是你需要重点考虑的一项内容。

• 你家的户外空间适合铺草坪吗？青草适合生长在排水良好和光照适中的地方，太多树荫会让草坪长势不均。根据花园接受阳光的程度寻找最适合的草种（也要确定哪种草坪最符合你的设计思路）。

• 想一想你要怎么利用这块草坪，以此为基础来确定最合适的草坪形状。如果用于孩子玩耍，就最好将草坪铺成简单的方形、椭圆形或者圆形。如果想通过草坪来为你的花园设计画龙点睛，那就可以考虑采用更有动感的造型，在草坪中修剪出一些曲线图案，能让草坪趣味盎然。

• 要在花园中打造一块草坪，可以采用铺草皮或播撒草籽的方法。这两种方法都简单易行，其中播撒草籽成本较低，而铺草皮则比较方便、快捷。无论用哪种方法，在最初的几天里都要大量浇水。

户外水龙头可以用来给草坪浇水，尤其是草坪刚刚铺设时需要浇很多水，户外水龙头可以派上大用场。

与石材或水泥地面比起来，户外木质地面会营造一种温馨的感觉，但需要做仔细的处理以加强其耐候性。

六招搞定露台或甲板平台

要为户外空间增添情趣，可以通过为露台或甲板平台打造别致的造型，让露台呈现规则的长方形或正方形，或者通过巧妙的座位设置和绿化设计来实现。根据你家户外空间的尺寸和绿化风格，好好将露台或甲板平台设计一番吧。

菱形

如果你预留了较大的露台空间，可以用两个正方形互相连接，形成菱形图案，并在四周设置绿植，从而创造出一种充满趣味的露台样式。这种造型非常适合田园风格的花园。

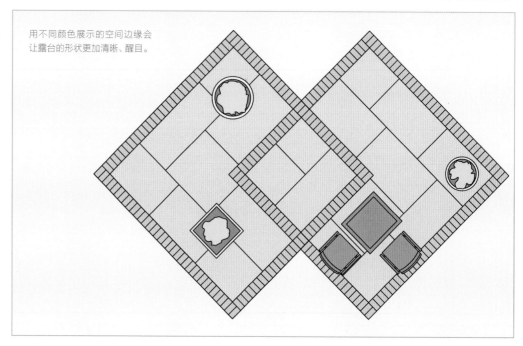

用不同颜色展示的空间边缘会让露台的形状更加清晰、醒目。

长直型

长直型的露台或甲板平台通常与主宅宽度一致，而深度则根据需要而定，也要看你在花园里为露台或甲板平台预留了多大的空间。

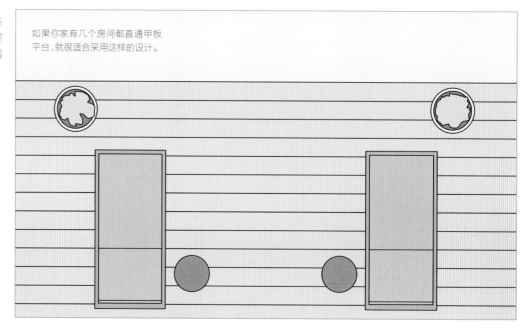

如果你家有几个房间都直通甲板平台，就很适合采用这样的设计。

45°切角

将长方形或正方形甲板平台区域的末端设计为45°切角可以增添空间的趣味性。设置在角落里的绿植也会增加私密性。

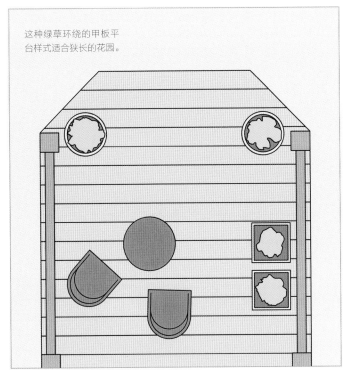

这种绿草环绕的甲板平台样式适合狭长的花园。

曲线轮廓

曲线轮廓可以让你的花园看上去十分休闲，而且这种柔和的边缘能与外围的绿化设计融为一体。

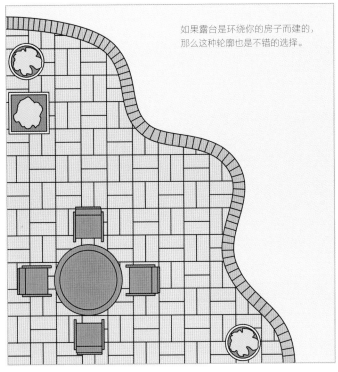

如果露台是环绕你的房子而建的，那么这种轮廓也是不错的选择。

圆形

圆形的露台会成为花园正中的视觉焦点，使原本有棱有角的边缘变得柔和。通过周边的绿化设计可以突出效果。

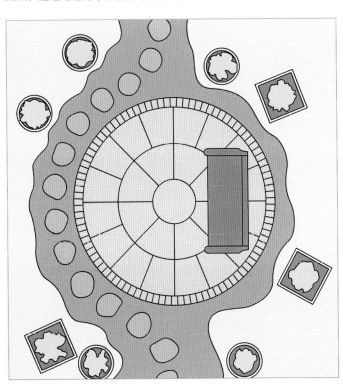

正方形

对于小花园而言，更宜设置正方形的露台或甲板平台。通过在铺砌区域栽种绿植或摆放大型盆栽，可以打破刻板的空间形象。

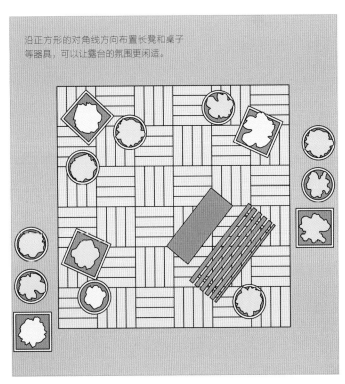

沿正方形的对角线方向布置长凳和桌子等器具，可以让露台的氛围更闲适。

六招搞定地砖图案

打造一座露台并不像看起来那么简单——你可以将特定形状的地砖以特殊的排列方式打造出多种多样的地面效果。你可以根据户外空间的整体风格，让地砖看上去或现代或传统，或严整或休闲。下面我们提供了几个小创意供你参考。

人字形图案

用黏土砖或水泥砖铺成的人字形图案看起来既醒目又整洁，特别适合面积较大的户外空间和过道。

如果你住在一栋老房子里，使用从各处搜罗来的旧砖铺设地面，看上去会非常自然。

荷兰风格图案

这种图案使用两种不同大小的方形地砖重复铺就。

可以选择使用同一种颜色的大方砖和小方砖，也可以选用两种颜色的大小方砖。

拼铺图案

用大小不一的不规则形状石材或水泥块可以随机拼出图案。

虽然拼铺通常是一种较为廉价的选择，
但铺装过程却比其他铺砌方法复杂得多。

随机图案

准备四五种不同大小和形状的石板，确保它们可以完全嵌合并随机排列出图案。

这种样式需要仔细设计才
能确保石板搭配良好。

石板与卵石

可以根据自己的喜好将石板与卵石混用，用卵石围着石板铺设。

就像其他复杂的图案一样，这种样式的
图案会让你的露台显得比较"纷繁"，
所以外围的花盆和绿植设计就要简单些。

卵石或小方石

田园风格的卵石或小方石会带给人一种休闲、质朴的感觉，你也可以通过拼出几何图案使它们显得庄重一些。

如果你设计的图案较为复杂，首先
要在图纸上按比例画出草图。

自己动手制作遮阳伞

自己动手来制作一把轻便的三角形遮阳伞吧！在盛夏时节，它能遮蔽阳光，让你在舒适的阴凉中休息。只要这把伞的固定装置足够结实，可以提供足够的拉力，就可以系在树上、栅栏上或户外空间的任何地方。但要注意避免在大风天气使用。

材料准备清单：

· 伞布
· 针线或缝纫机
· 剪刀
· D 形环
· 绳索

1 测量面料

测量计划用遮阳伞遮挡的区域，按比例画出草图和系绳索的点位。根据草图确定遮阳伞的大小。为了让伞够大，需要将两幅面料拼接在一起才行，因此还要设计出接缝的位置以及面料需要剪开的位置。

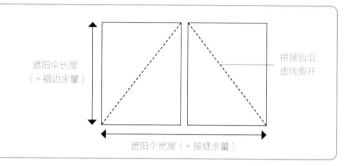

遮阳伞长度（+褶边余量）

拼接后沿虚线剪开

遮阳伞宽度（+接缝余量）

2 拼接面料

1 将两片面料叠放在一起，正面对正面，并缝出一道 2 厘米的接缝，从而在中部将两片面料拼接在一起。

2 在面料接缝处，将其中一个布边的宽度剪去一半。

3 展开摊平面料，将接缝处的宽边向窄边方向折叠，并将窄边盖住。

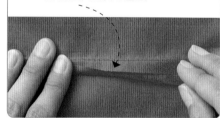

4 将边缘贴着面料向内折叠并抚平，从而将毛边隐藏起来。

5 为了确保结实再次锁边，形成一个平缝。现在你可以沿对角线裁剪面料，制作遮阳伞的三角形幅面。

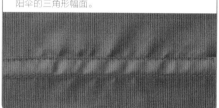

3 制作褶边

1 在这个三角形幅面的每个边上，经过两次折叠制作出双重褶边，从而将毛边隐藏起来，然后锁边。

2 现在在褶边相交的末端形成了一个尾巴。可以暂时不去管它。

1 让每个角上的尾巴穿过 D 形环。向环的直边方向折叠小尾巴并缝合。

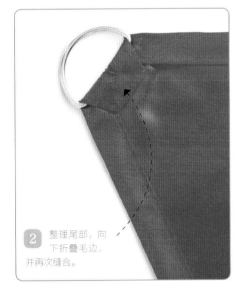

2 整理尾部,向下折叠毛边,并再次缝合。

3 将绳索系到每个 D 形环上。现在遮阳伞就做好了。

户外空间

363

选择户外照明

就像在室内一样，充分利用照明能让户外空间看起来更大，也能凸显空间的特色。当人们在这里举办活动时，也能有足够的照明。你可以为户外空间选择不同类型的照明组合，如果空间足够大，甚至可以用到三四种照明。

■ 选择灯具

想一想你会怎样利用户外空间，你希望它实现什么样的功能，根据你的实际需求尽量确定照明的类型，同时也要符合户外空间的比例。

■ 壁装式照明

壁灯

单独一盏壁灯最好安装在门的上方，成对的壁灯则可以设置在门两侧。兼具安全保障功能的壁灯更实用。所有户外电器照明的开关都应该安装在室内。

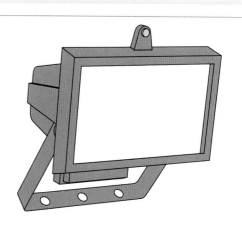

泛光灯

如果户外空间较大，并经常在晚上用于娱乐和体育活动或供孩子玩耍，泛光灯的照明最充分。不过请记住，如果你的房子离邻居家很近，一定要注意调整灯光方向，不要影响到其他人。

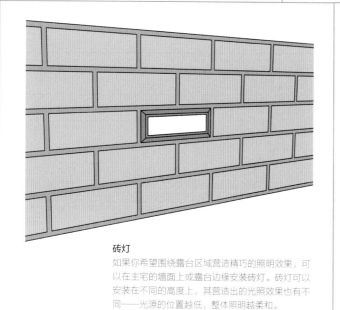

砖灯

如果你希望围绕露台区域营造精巧的照明效果，可以在主宅的墙面上或露台边缘安装砖灯。砖灯可以安装在不同的高度上，其营造出的光照效果也有不同——光源的位置越低，整体照明越柔和。

■ 顶灯

吊灯

吊灯经常安装在前门或后门的上方，而且通常在门廊内。如果你在绿廊下设有户外就餐区或户外厨房，可以考虑在餐桌上方设置一盏吊灯。市售吊灯有各种样式，包括悬挂式射灯、传统风格的灯笼和雍容华贵的枝形吊灯。

落地灯

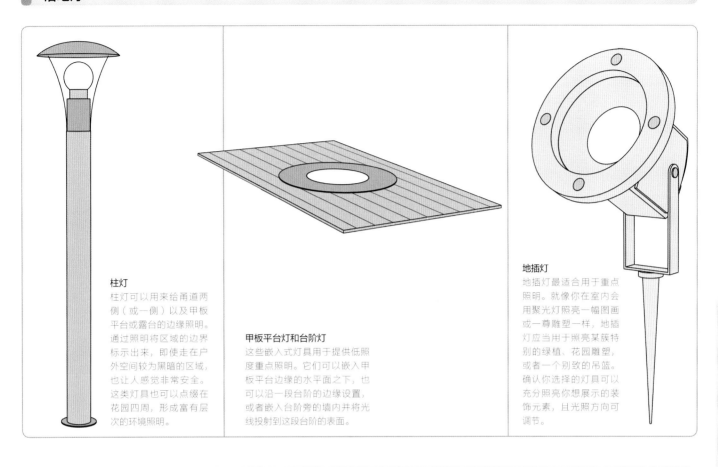

柱灯

柱灯可以用来给甬道两侧（或一侧）以及甲板平台或露台的边缘照明。通过照明将区域的边界标示出来，即使走在户外空间较为黑暗的区域，也让人感觉非常安全。这类灯具也可以点缀在花园四周，形成富有层次的环境照明。

甲板平台灯和台阶灯

这些嵌入式灯具用于提供低照度重点照明。它们可以嵌入甲板平台边缘的水平面之下，也可以沿一段台阶的边缘设置，或者嵌入台阶旁的墙内并将光线投射到这段台阶的表面。

地插灯

地插灯最适合用于重点照明。就像你在室内会用聚光灯照亮一幅图画或一尊雕塑一样，地插灯应当用于照亮某簇特别的绿植、花园雕塑，或者一个别致的吊篮。确认你选择的灯具可以充分照亮你想展示的装饰元素，且光照方向可调节。

装饰照明

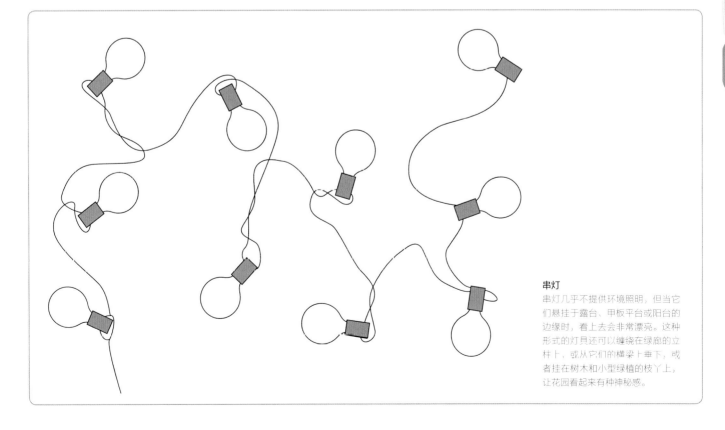

串灯

串灯几乎不提供环境照明，但当它们悬挂于露台、甲板平台或阳台的边缘时，看上去会非常漂亮。这种形式的灯具还可以缠绕在绿廊的立柱上，或从它们的横梁上垂下，或者挂在树木和小型绿植的枝丫上，让花园看起来有种神秘感。

七招搞定花盆摆放

将绿植种在花盆里不仅让你最喜爱的鲜花看上去靓丽，同时还展示了花园的风格，或者划定某一特定区域，或者遮挡某种不雅的东西。仔细选择在风格上与绿植和户外空间样式都可以形成互补的花盆。

边界

利用花盆在草坪、露台或甬道的四周创造出低矮的边界。它们还可以在高架甲板平台的边缘形成一道安全屏障。

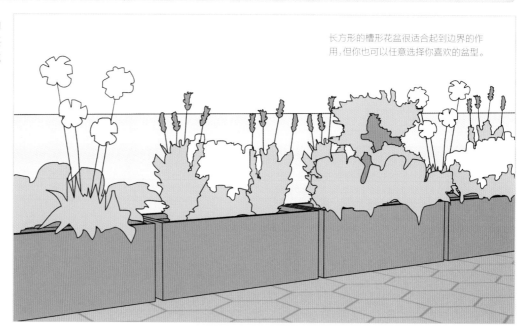

长方形的槽形花盆很适合起到边界的作用，但你也可以任意选择你喜欢的盆型。

窗台

不必使用笨重的箱式花盆，简简单单地选择几盆鲜花或药草就能扮靓窗台，还能提供私密性或遮挡不美观的东西。

使用彩色花盆可以在绿植不开花时增加色彩。

高低错落

为了打造一种闲适的效果，也可以用不同大小的花盆创造出有趣的群落效果。花盆的形状和颜色也要完美契合。

将花盆和绿植按奇数分组效果更佳。

门两侧

在前门或后门的两侧布置配对的花盆。这样的布置方法更适合用大花盆与修剪别致的绿植相搭配。

选用配对盆栽效果更佳。

台阶上

如果花园里设置了台阶，可以在每级台阶上摆一盆花。可以选用不同形状的花盆，也可以为了统一，选用相同的样式。

如果台阶较宽，可以考虑在每级台阶上摆放一组花盆。

壁装

为了让朴素的墙面或栅栏显得有趣一些，可以在垂直方向上设置一组花盆以消除高高在上的感觉。

用一组攀缘植物掩饰栅栏或墙面。

花盆架

用花盆架为花园一角增添情趣和层次感，可以错落有致地摆放一些盆栽。

你可以把半圆形或圆形花盆架紧贴墙面或围绕树木摆放。

6 选择户外家具

选择户外家具要考虑若干方面的因素，比如你喜欢什么样的家具材质，户外空间的整体风格是现代的还是传统的，户外空间是足够大还是比较有限，等等。如果户外空间有限，则适合摆放精巧简洁的小家具，而较大的花园则与大件家具最为匹配。此外，还要确认这些家具容易存放、搬动和清洁。

1 选择一套餐桌椅

首先考虑就餐空间。什么尺寸、什么形状的餐桌最适合你家的户外空间？餐桌和餐椅经常成套出售，但你也可以分别购买能够搭配使用的单件家具。

餐桌和餐椅
单独的餐桌和餐椅均有各种尺寸可供选择，从咖啡馆式两人餐桌到可供多人就餐的长方形、圆形和椭圆形大餐桌。可以根据自己在空间和舒适度方面的需求单独或成套购买这些家具。

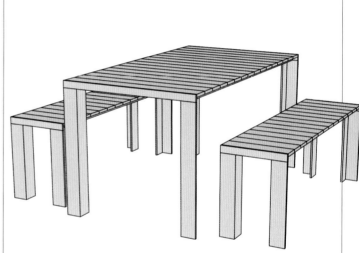

餐桌和长凳
如果经常有很多人在户外同时就餐，此时一张搭配长凳的餐桌便可以派上用场，不过切记，三岁以下儿童不宜坐在长凳上。而且人在长凳上坐的时间长了会感觉不舒服，所以如有可能，至少再搭配一两把餐椅。

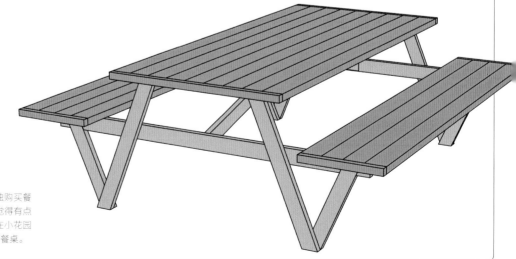

野餐桌
野餐桌带有一体式长凳，因此你不必单独购买餐椅。然而，迈过长凳坐在上面可能让人觉得有点儿麻烦。这种野餐桌适合家庭使用，或在小花园中就餐，你也可以购买长方形和圆形的野餐桌。

在选择配套家具时，要好好想一想你想在户外空间安排什么样的活动。你是想摆一把座椅坐在上面读书、喝茶，还是想购置某种躺椅可以伸伸懒腰再接着晒日光浴呢?

座椅
如果你有意常年在户外留一把椅子，可以选择那种耐用和耐候的材质。如果不用时你想把它搁置起来，就可以考虑购买折叠椅或可叠放座椅。可以考虑单独购买座椅靠垫，以使座椅坐上去更舒服些。

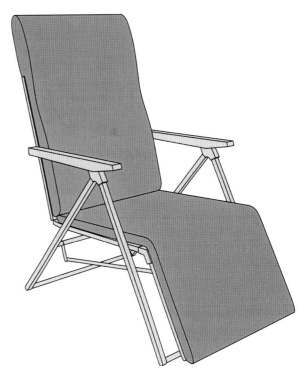

活动躺椅
活动躺椅可以从垂直状态调整到近乎水平的状态，而且如果你没有存放餐椅和休闲椅的空间，这种活动躺椅便是理想的选择，因为它既可以用于就餐，也可以用于休闲。有各种材质的活动躺椅可供选择，可以带靠垫也可以不带。

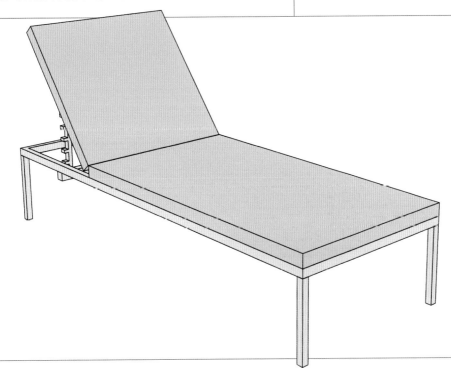

休闲椅
如果你喜欢晒日光浴，那么阳光休闲椅就是你最舒服的选择了。它通常采用木质、塑料或金属等各种材质制成，并带有可调式靠背，想读书时可以将靠背抬高，想舒舒服服躺下休息时还可以放平。有些休闲椅是固定式的，可以常年搁在外面，有些是可以折叠的，方便存放。

3 选择配套家具

长凳

花园长凳有各种大小和风格，有木质和金属等材质可供选择。这种长凳可以在户外就餐时作为临时餐椅，或者放在一个安静的角落里供你欣赏园景。要为长凳选择永久性的安装位置，因为长凳不会像单个的户外座椅那样可以搬来搬去。

沙发

花园沙发通常采用塑料织物或经过处理的藤条制成。并非所有花园沙发的材质都可以任意放在各种天气状况下，因此在购买这种沙发前一定要确认冬天你是否有存放沙发的地方。为了增强舒适性，一般有配套的沙发垫随沙发销售。

秋千

典型的花园秋千具有固定框架、上悬秋千座椅（通常可以坐 2～3 人），并附设遮阳顶棚。这种家具相当占用空间，所以更适合在大花园安装。

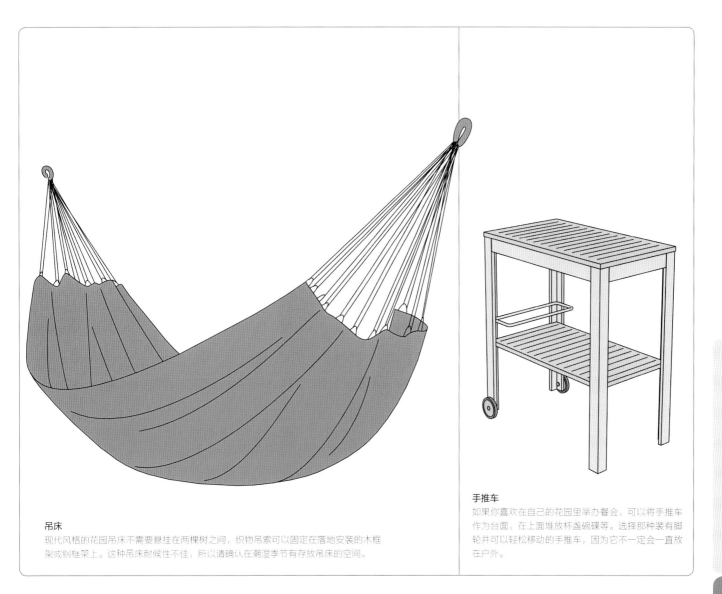

吊床

现代风格的花园吊床不需要悬挂在两棵树之间，织物吊索可以固定在落地安装的木框架或钢框架上。这种吊床耐候性不佳，所以请确认在潮湿季节有存放吊床的空间。

手推车

如果你喜欢在自己的花园里举办餐会，可以将手推车作为台面，在上面堆放杯盏碗碟等。选择那种装有脚轮并可以轻松移动的手推车，因为它不一定会一直放在户外。

4 选择材质

在选择花园家具时，要考虑它的材质是否适合你的整体设计，它的耐久性如何，以及它是否每年都需要保养。

 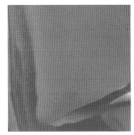  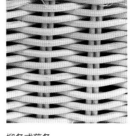 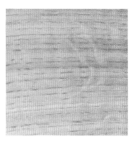

锻铁

精锻铁材质的花园家具价位中等偏高，看起来通常会比较华丽而传统。它可能坐着不太舒服，所以需要考虑配坐垫。

塑料

塑料家具有各种价位，也有不同的颜色和样式，而且很容易清洗。这类家具还有一个特点就是非常轻巧。

铸铝

铸铝属于轻量级的材质，可以轻松移动位置。它的价位通常是中等偏低，而且可以常年放在外面。

柳条或藤条

天然柳条或藤条家具价位中等偏高，看上去非常休闲。如果你想把它放在潮湿的环境中，且不加遮盖，那么可以选择样子差不多、材质为合成树脂的家具。

木

市售木家具有各种价位，经久耐用，但是通常很沉重。大多数木家具都必须经过处理或者每隔6～12个月着色一次。

自己动手制作坐垫

自己动手制作坐垫，让你的户外座椅坐上去更舒适！请根据椅子的形状和尺寸制作坐垫。坐垫要同时覆盖座面和椅背，而且要设系带将靠垫固定到位，还需要松紧带将其套在椅背上，以便让靠背垫保持竖直状态。

材料准备清单：

· 两块海绵垫（大约 2.5 厘米厚）
· 剪刀
· 彩色窗帘布面料
· 大头针
· 厚松紧带
· 缝纫机或针线

1 测量并裁剪

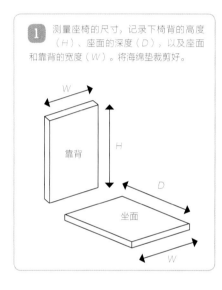

1 测量座椅的尺寸，记录下椅背的高度（H）、座面的深度（D），以及座面和靠背的宽度（W）。将海绵垫裁剪好。

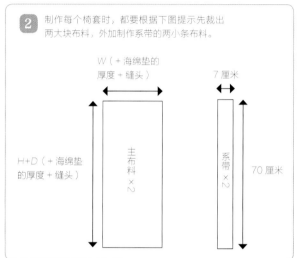

2 制作每个椅套时，都要根据下图提示先裁出两大块布料，外加制作系带的两小条布料。

W（+ 海绵垫的厚度 + 缝头）

7 厘米

H+D（+ 海绵垫的厚度 + 缝头）

主布料 ×2

系带 ×2

70 厘米

2 制作坐垫套

1 将两块主布料正面相对放在一起，四周用大头针固定好。

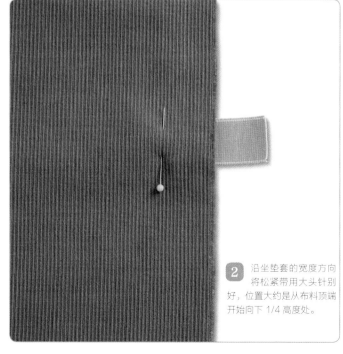

2 沿坐垫套的宽度方向将松紧带用大头针别好，位置大约是从布料顶端开始向下 1/4 高度处。

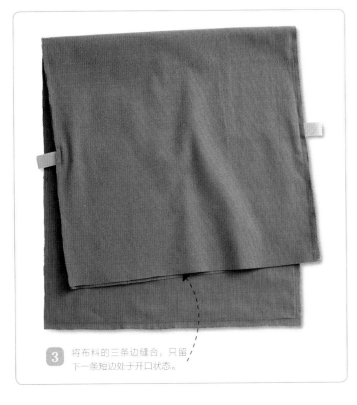

3 将布料的三条边缝合，只留下一条短边处于开口状态。

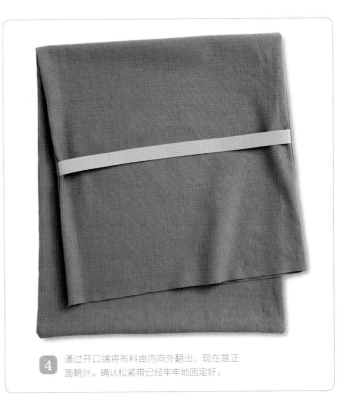

4 通过开口端将布料由内向外翻出，现在是正面朝外。确认松紧带已经牢牢地固定好。

3 插入坐垫

1 通过坐垫套的开口端插入坐垫。

2 将坐垫一直推到底部并确保其在坐垫套内完全舒展开。

4 制作系带

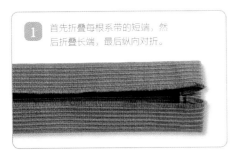

1 首先折叠每根系带的短端，然后折叠长端，最后纵向对折。

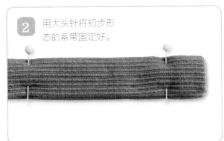

2 用大头针将初步形态的系带固定好。

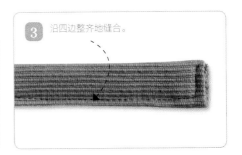

3 沿四边整齐地缝合。

5 固定系带

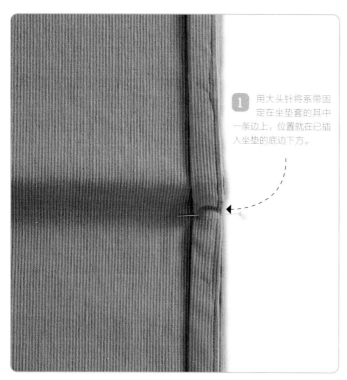

1 用大头针将系带固定在坐垫套的其中一条边上，位置就在已插入坐垫的底边下方。

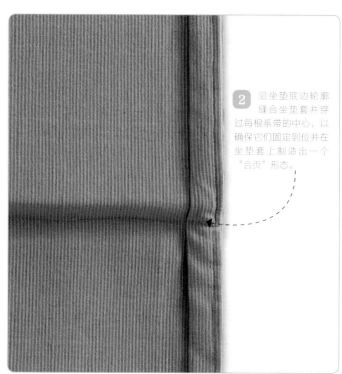

2 沿坐垫底边轮廓缝合坐垫套并穿过每根系带的中心，以确保它们固定到位并在坐垫套上制造出一个"合页"形态。

6 插入靠背垫

1 将靠背垫通过开口端塞入坐垫套内的剩余空间。

2 折叠坐垫套的开口端并用大头针别好，使接缝正对椅背。

3 缝合开口端，留下整齐、漂亮的接缝。

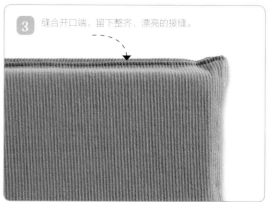

八招搞定迷你户外空间

即便你的花园不大，也并不意味着你就没办法把它装点得美观大方。有很多方法能帮你把有限的户外空间打造得别具一格。诀窍就是利用隐蔽式储物柜、嵌入式座位和巧妙的细节设计打造一个万能空间。

嵌入式座位

如果适合花园空间比例的家具或者能充分利用空间的家具太难找，可以考虑购置定制家具。

嵌入式长凳可以用砖块抹灰砌起来，或用木材打造。为了让长凳坐上舒服一些，可以准备一些坐垫。

墙艺

用墙挂装饰物或用于摆放小花盆或花园雕塑的搁板来为朴素的墙面增添情趣。

为了制造一种视觉焦点，可以用对比色粉刷用装饰物点缀的墙面。

增加绿色植物墙

使用专门设计的可以盛装土壤的组件或围板种植药草、青草和蕨类植物，打造一道绿色植物墙。

一些绿色植物墙可能需要灌溉系统和专业安装。

悬挂折叠椅

如果花园空间紧张，选购可以折叠收起的桌椅，闲置时将其收挂在不引人注意的地方。

必须选择耐候型家具或者有遮盖物保护的家具。

增加装饰镜

在花园里使用装饰镜能够反射光线，使空间看上去更大些。选购耐候性强的亚克力镜子。

为了安全起见，千万不要直对着阳光设置装饰镜。

打造一个夹层

小小的夹层能为你营造一个特殊的空间，你可以用来栽培绿植，也可以布置成休闲区。夹层的下部空间还可以提供阴凉。

在你开始任何施工之前请确认是否需要申请建筑许可证。

增加装饰照明

借助装饰照明营造一种欢乐派对的氛围。用吊灯、串灯或灯笼突出展示休闲与就餐区。

两用家具

换一种思路，也可以购置室内外均适用的家具。

为了充分利用空间，你可以选择具有不止一种功能的家具，如带有上掀式盖板、内部空间可以存放靠垫的长凳。

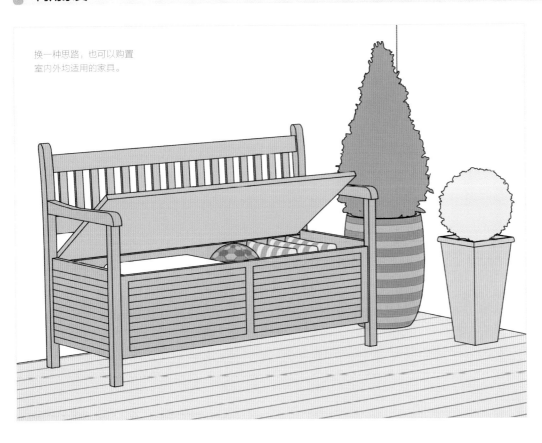

打造完美的户外厨房

如果你喜欢在户外进行娱乐活动和用餐，你肯定希望能有一套户外厨房，这样在户外就可以不只吃烧烤类食物了。基本上，设计室内厨房时所应遵循的原则在设计户外厨房时也大致适用，至于包括什么具体内容取决于你拥有多大的户外空间。

确定烹饪区的位置

如果你并不是特别擅长烹饪，或者你所居住的地区的气候也不是总适合户外烹饪，那么配备一套基础的烹饪设施就够了，其中可以包括一套烤架，还可以有燃气灶和烤箱。客人们通常都坐在花园或露台上等着你大展厨艺。与室内厨房相比，户外厨房更有利于在烹饪时跟客人们互动，但有一点请注意，你的户外厨房是否能面朝外、安全地设置在花园或露台上远离客人座椅的一侧？

设计足够用的工作台面

不要将烹饪区设置在工作台面的一端，最好在烹饪区的两侧都留出充足的工作台面——如有可能，至少60厘米宽，这样做一方面是留足备餐区，另一方面从两边都能上菜。

选择带盖子的垃圾桶

你的户外厨房必须配备垃圾桶，因为它能让你快速清理杯碟，也不用受到蜂拥而至的蚊蝇的侵扰。将垃圾桶置于一排橱柜中的一个自动关闭的小柜内，或者选择一个独立但带盖子的垃圾桶。

分配储物空间

户外空间并不像室内空间那样需要大量高效的储物空间，因为户外台面不可能像室内那么多，所以一般餐会结束后，用过的厨具和餐具都会被收拾到屋内，但是户外也最好有地方暂时存放这些东西。开放式置物架方便存取物品，密封良好的橱柜也很实用。

安装水槽

如果你的户外空间具备为户外厨房安装水槽的条件，那么最好还是安一个。如果没有水槽，你就不得不找地方放一大桶烹饪用水，还要有脏厨具和脏餐具的存放区。确认水槽处在距离烹饪区和垃圾桶都很近的位置。

留足活动空间

预留至少 1.25 米的充足空间作为烹饪区中的活动区域，确保闲杂人等不会将这个空间作为通道走来走去。你可能还会想安装阻燃罩棚，以保护烹饪过程免受日晒或风雨的影响，但在设计上要确保罩棚通风良好。

设计好休闲区

确认在户外厨房附近预留了设置餐桌椅（或占空间更少的长凳）的空间。你还可以把吧椅也融入户外厨房的设计中，当你烹饪时，客人们可以悠闲地坐在吧椅上欣赏你的厨艺。至少为每把吧椅保留 60 厘米宽的空间，这样可以避免出现客人肘部相互触碰的尴尬。

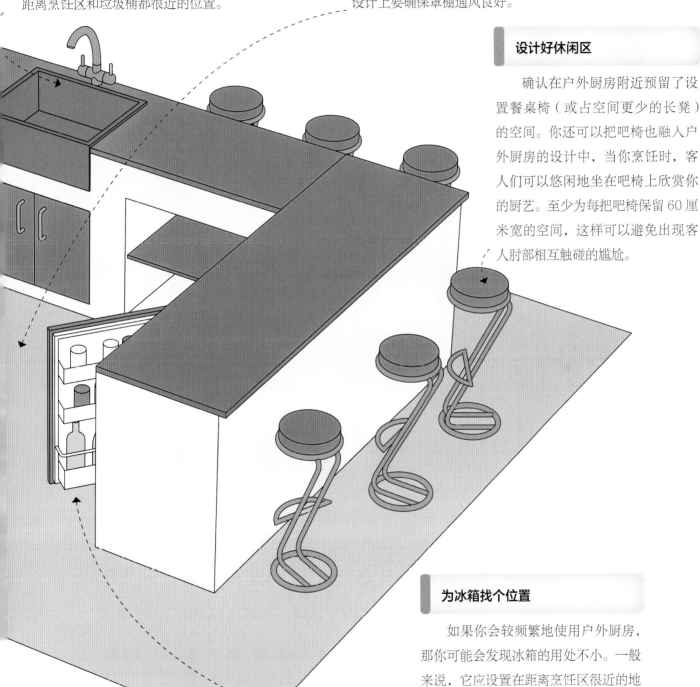

为冰箱找个位置

如果你会较频繁地使用户外厨房，那你可能会发现冰箱的用处不小。一般来说，它应设置在距离烹饪区很近的地方，但如果它除了存放食材以外，还用来存放饮料，那么就请把它摆放在整排橱柜末端最靠近露台的位置。

这些信息你可能用得上

我们在这里为你精选了一些为家装设计师和室内装潢师提供服务的，英国和澳大利亚家装机构和公司的名录和网站。其中一些是大型跨国公司，一些是家装杂志或小型设计公司，但它们提供的信息或产品资源都很有用，你也许能用得上。

综合信息

The House Directory
www.thehousedirectory.com
该网站收集了 3500 多家公司的信息，几乎涵盖了家居设计及装修的所有领域。

KBSA
www.kbsa.org.uk
"厨卫卧专家协会（KBSA）"——该协会吸引了 300 余家公认的厨房、卫生间、卧室和书房资源供应商。网站内容包括资讯、FAQ 和影像图库等。

房间设计

House to Home
www.housetohome.co.uk
装修基础指南网站，有大量方法指南类的实用性文章和室内装修创意。

Home & Design
www.homeanddesign.com
建筑与室内设计杂志。

Homelife
www.homelife.com.au
有大量房间设计和室内装修指导类文章，还开设有博客和论坛。

Elledecor
www.elledecor.com
时尚类杂志，提供与家装设计有关的创意、信息和产品。

Houzz
www.houzz.com
家装设计图片库，囊括了数千张顶级设计师设计的图样。

Freshome
www.freshome.com
致力于提供最新家装设计趋势的博客类网站，有数百张图片和相关文章。

Hd directory
www.homedesigndirectory.com.au
家装设计资源网站，有知名设计师和产品的介绍以及十分实用的文章。

Home Improvement Pages
www.homeimprovementpages.com.au
介绍澳大利亚家居设计与装饰公司的目录网站，有公司名录和相关文章。

综合类供应商

IKEA
www.ikea.com
全球著名家居产品零售商。

John Lewis
www.johnlewis.com
百货公司集团。

Homebase
www.homebase.co.uk
家居装饰连锁机构。

B&Q
www.diy.com
DIY 和家居装饰供应商。

Wickes
www.wickes.co.uk
DIY 专家和建材零售商。

Argos
www.argos.co.uk
综合类商品供应商，销售的家居产品涵盖从床具和家具到照明等各大类别。

Fired Earth
www.firedearth.com
墙地砖、涂料、卫生间、厨房家具和木地板经销商。也提供设计与安装服务。

墙面装饰物

Wallpaper Direct
www.wallpaperdirect.co.uk
网络壁纸供应商。提供免费样品。

Wallpaper Central
www.wallpapercentral.co.uk
知名品牌壁纸的网络销售公司。

Cole & Son
www.cole-and-son.com
手工印刷壁纸经销商。

Arthouse
www.arthouse.com
设计销售壁纸、墙艺和墙砖。

Graham & Brown
www.grahambrown.com
各类定制壁纸设计和涂料供应商。

Rasch
www.rasch.de
国际知名的壁纸设计公司。

Dulux
www.dulux.co.uk
国际涂料供应商。

Crown Paint
www.crownpaint.co.uk
英国大型涂料生产商。

Wall Panelling Ltd
www.panelmaster.co.uk
总部设在英国兰开夏郡的墙面镶板供应与咨询公司，有超过 25 年的行业经验。

The Wainscotting Company
www.thewainscotingcompany.co.uk
专业从事定制木质内饰、木质镶板和细木家具的承包商。

墙地砖

Walls and Floors
www.wallsandfloors.co.uk
英国知名瓷砖零售商，供应数百个款式的陶瓷材质和石材墙地砖。

Topps Tiles
www.toppstiles.co.uk
英国最大的墙地砖专业供应商，全英有逾 300 家门店。

Tile Choice
www.tilechoice.co.uk
总部设在英格兰中部地区的墙地砖公司。

Tile Giant
www.tilegiant.co.uk
塔维博金公司(Travis Perkins)旗下的墙地砖品牌，有 100 多家门店。

Amber Tiles
www.ambertiles.co.au
主营墙地砖的澳大利亚公司。

地面

Flooring Supplies
www.flooringsupplies.co.uk
英国最大的地板线上销售公司。

UK Flooring Direct
www.ukflooringdirect.co.uk
木质与竹材地板专业供应商。

Carpet Right
www.carpetright.co.uk
英国最大的地面材料供应商之一，有超过 700 家门店。

WovenGround
www.wovenground.com
总部设在伦敦的地毯经销商。

Puur
www.puur.uk.com/
无缝树脂地坪和水泥地坪供应商。

Meadee Flooring
www.meadeeflooring.co.uk
橡胶地板、PVC 地板和其他专业地面材质供应商。

厨房与卫生间

Magnet
www.magnet.co.uk
英国知名厨房专业供应商。

Betta Living
www.bettaliving.co.uk
厨房设计与安装专家。

Sinks.co.uk
www.sinks.co.uk
水槽线上零售商，同时销售卫生间相关产品。

Sinks-taps
www.sinks-taps.com
水槽专业线上供应商，同时供应各种款式的水龙头。

Axiom
www.axiomworktops.com
专业台面生产商，供应多款人造石台面、实木台面和光泽台面。

Bushboard
www.bushboard.com
英国大型台面生产商。

Caesarstone
www.caesarstone.com
知名石英复合台面公司。

Concreations
www.concreations.co.uk
抛光水泥台面生产商。

Corian
www.corian.co.uk
杜邦旗下的人造石台面和水槽国际品牌。

Kitchen Connection
www.kitchenconnection.com.au
澳大利亚厨房设计专业公司，提供厨房及其附属设施设计。

Kitcheners
www.kitcheners.com.au
澳大利亚厨房设计公司。

客厅

DFS
www.dfs.co.uk
大型沙发和家具供应商。

Sofa.com
www.sofa.com
总部设在伦敦的沙发企业，有大量的沙发面料可供选择。

Furniture Choice
www.furniturechoice.co.uk
家具线上品牌。

Sofas&Stuff
www.sofasandstuff.com
沙发供应商，在英国约克郡都等那利也发展东厅。产品多在诺丁汉市郊工作坊手工打制。

Bathrooms.com
www.bathrooms.com
卫生间线上供应商。

Bath store
www.bathstore.com
英国卫生间产品连锁店。

Bathroom heaven
www.bathroomheaven.com
各种款式现代与传统风格卫生间产品和附属设施供应商。

卧室

Hammonds
www.hammonds-uk.com
知名定制卧室装修公司。

Sharps
www.sharps.co.uk
卧室与书房产品专业供应商。

建筑材料

Jewson
www.jewson.co.uk
英国建材供应商，供应从门窗到地板和油漆等各类产品，同时提供厨房和卫生间设计服务。

Travis Perkins
www.travisperkins.co.uk
建材连锁机构，产品包括厨房和卫生间装饰材料、园林绿化、细木工和水暖器材。

窗帘面料用量计算

在第 178 ~ 181 页和第 246 ~ 249 页的章节中，我们介绍了窗帘的制作方法，但是你首先要确定制作窗帘需要使用多少面料。为了帮你弄清楚面料的用量，我们整理了以下这些测量步骤。如果你没有做窗帘的经验，可能会觉得做这些计算有些麻烦。建议你多算几遍，直到确信数据正确为止。

测量窗帘轨道或窗帘杆的长度

确定了窗帘的宽度之后，还应该掌握窗帘轨道或窗帘杆的长度。如果你正在安装一根新的窗帘杆，这根窗帘杆应该超出窗户（或内缩窗）宽度 15 ~ 30 厘米，不包括两端的装饰物。

确定面料可用幅宽

如果面料是素色的，可用幅宽就是布料宽度减去所有缝头的尺寸。如果面料带图案，受重复图案的影响，可用幅宽可能会小一些。

确定窗帘的最终长度

窗帘的长度一般应该这样来确定：测量从窗帘轨道或窗帘杆的顶端到预期窗帘底边的位置，不管窗帘的底边是刚过窗台还是几乎及地（如果你想让窗帘拖到地板上，那么请测量地板的距离并再增加 20 ~ 30 厘米的长度）。不过，你还要记住窗帘帘头不同，进行长度测量时起始位置也不同。例如，对于吊带窗帘而言，测量的起点需要适当降低，也就是从窗帘杆的底端而不是上端测量窗帘的长度。

计算窗帘的裁剪长度

窗帘的裁剪长度是指为了符合预期长度而剪裁的面料长度。如果采用本书介绍的窗帘制作方法，如果面料是素色的，在测量裁剪长度时，要为预期长度增加 25 厘米的褶边余量。而对于带图案的面料，则需要把图案重复因素考虑在内。

确定窗帘的最小宽度

窗帘总是有一定的"褶皱程度"，换句话说，就是为了营造宽松、漂亮的褶皱，窗帘面料的宽度要留出足够的褶皱余量。褶皱程度由帘头决定，因此即使窗户尺寸一样，只要窗帘的样式不同，需要的面料宽度也不同。如果想让吊带窗帘（参见第 178 ~ 181 页）挂起来效果恰到好处，每幅窗帘的宽度都应当达到窗帘杆全长的 1/2 ~ 3/4。对于铅笔褶窗帘（参见第 246 ~ 249 页）而言，每幅窗帘的宽度应当与窗帘轨道或窗帘杆的全长大致相当。

计算你需要多少片特定宽度的面料

要知道你需要准备多少片特定宽度的面料，需要用窗帘的预期宽度数字除以面料的可用幅宽。当然，你所得到的结果通常不会是整数，为了确定你需要多少片特定宽度的面料，你要上舍入而不是下舍入才能保证最终的窗帘宽度是合适的。

计算所需要面料的总数量

你现在已经掌握了需要裁剪的面料的长度（窗帘的裁剪长度），也知道了每幅窗帘需要多少片特定宽度的面料。将这两个数相乘，即可以得到制作每幅窗帘的主前幅所需要的面料的数量。

不要忘记留出窗帘的余量

你现在马上就可以开始订购窗帘了，但接下来你还需要为计算结果留出余量。以吊带窗帘为例，除了吊带自身的长度之外，在它的顶部还有一块背幅也需要考虑在内。你可以参考上述步骤计算背幅所需要的面料的数量，通常长度是 25 厘米。为了计算吊带还需要多少面料，首先确定一个吊带的大小——20 厘米宽；长度取决于窗帘杆的粗细。你接下来需要计算出吊带的数量：通常每隔 20 ~ 30 厘米设置一个吊带，这样便可以用窗帘的最终宽度除以 20、25 或 30。所得结果（上舍入至最近的整数）便是吊带的数量。计算你可以用一块特定宽度的面料做出多少个吊带，并由此计算出你需要的面料的用量。

对于这种吊带窗帘，
不要忘了订购制作
吊带的面料。

自己动手项目模板

　　如果你对本书中第 254 ~ 255 页《手绘涂鸦墙面》一节和第 264 ~ 267 页《自己动手制作贴花靠垫》一节中介绍的动手项目很感兴趣，而且想制作相同的样式，你可以使用这里提供的模板。为了增大或缩小模板，你可以使用复印机的"缩放功能"，或扫描后再调整大小。另外，你也可以参考该图样自行设计图案。

将一张双面黏合衬盖在本页的（或者扩印后的）图样上，然后描出图样的轮廓，这样便可以开始制作贴花靠垫了。

在本页的（或者扩印后的）图样上放一张
醋酸纤维胶片，用记号笔描出图样的轮
廓。然后便可以沿轮廓线剪裁出模板。

中英文名词对照表

A

凹室 Alcove

B

吧台 Counter

吧椅 Bar stool

把手 Handle

白蜡木 Ash

百叶板 Slat

百叶窗 Blinds

斑点地毯 Fleak carpet

半圆靠背椅 Tub chair

包层 Cladding

包扣 Cover button

薄层砂岩 Flagstone

刨花板 Particleboard

壁灯 Wall light

壁柜 Wall cabinet

壁炉架 Mantel

壁炉腔 Chimney breast

壁艺贴 Wall sticker

壁纸刀 Craft knife

壁装上射灯 Wall uplighter

壁装式橱柜 Wall-mounted cabinet

边几 Side table

表层土 Topsoil

冰水分配器 Ice dispenser

冰箱 Refrigerator

丙烯酸清漆 Acrylic varnish

波状花边 Ric rac

薄纱 Voile

不锈钢 Stainless steel

布面椅 Upholstered chair

布纹 Woven design

步入式衣帽间 Walk-in wardrobe

C

彩色玻璃 Glitter glass

彩色勾缝剂 Coloured tile grout

餐具 Dinnerware

餐具柜 Side board

餐具架 Plate rack

餐椅 Dining chair

餐桌 Dining table

茶巾 Tea towel

茶色玻璃 Tinted glass

拆线刀 Stitch unpicker

长抱枕 Bolster

长凳 Bench

长条地毯 Runner

超细纤维布 Microfiber cloth

衬垫 Underlay

盛衣篮 Clothes basket

赤陶地砖 Terracotta tile

抽拉式喷头 Pull-out spray

抽拉式食品柜 Pull-out larder

厨房 Kitchen

厨房餐桌 Kitchen table

厨房吸油烟机 Cooker hood

橱柜 Kitchen unit

储物柜 Storage unit

串灯 String light

窗框 Window recess

窗帘带 Curtain tape

窗帘杆 Curtain pole

窗帘挂钩 Curtain hook

窗膜 Window film

窗台 Window ledge

床垫 Bed cushion

床幔 Ben valance

床上用品 Bed linen

床头板 Head board

床头灯 Bedside lamp

床头柜 Bedside unit

床具 Bed

床单 Bedspread

抽屉柜 Chest of drawers

抽屉柜 Drawer unit

垂直百叶窗 Vertical blinds

纯猪鬃刷 Bristle brush

瓷 Porcelain

瓷砖 Tiles

瓷砖变身贴 Tile transfer

瓷砖翻新漆 Tile paint

瓷砖黏合剂 Tile adhesive

磁性涂料 Magnetic paint

醋酸纤维纸 Acetate sheet

D

打孔帘头 Eyelet heading

人厨房 Kitchen-diner

大钢夹 Bulldog clip

人头钉 Nail headpin

大头针 Head pin

单把水龙头 Single level tap

蛋壳漆 Eggshell paint

挡水板 Splashback

刀具 Cutlery

岛式橱柜 Island unit

灯具 Light fitting

灯笼 Lantern

灯罩 Shade

底层木器漆 Basecoat wood paint

地面 Flooring

地板底漆 Floor premier

地板覆盖物 Floor covering

地插灯 Spike light

地柜 Base unil

地暖 Underfloor heating

地毯 Carpet

点画 Stippling

电炊具 Electrical cooker

电动剃刀插座 Shaver socket

电热毛巾架 Heated tower rail

电视柜 TV stand

吊床 Hammock

吊带窗帘 Tap top curtain

吊灯 Pendant light

吊轨 Hanging rail

吊柜 Wall-hung cupboard

钉板 Pinboard

顶灯 Ceiling light

顶开门洗衣机 Top-loading washing machine

定制式厨房 Fitted kitchen

短窗帘 Sill-length curtain

短绒地毯 Low-pile rug

锻铁 Wrought iron

炖锅 Saucepan

多眼炉灶 Ranger cooker

F

泛光灯 Floodlight

防尘罩 Dustsheet

防盗报警器 Burglar alarm

防滑板 Treadplate

防水胶合板 Marine plywood

废物箱 Waste bin

粉末喷涂 Powder coating

枫木 Maple

缝头 Seam allowance

缝针 Tapestry needle

扶手椅 Armchair

辅助照明 Additional lighting

复合地板 Laminate floor

附属设施 Accessories

E

鹅颈管 Swan neck

儿童床 Toddler bed

儿童多功能床 Cabin bed

G

盖毯 Throw

盖土 Mulch

擀面杖 Rolling pin

钢化玻璃 Tempered glass

钢丝绒 Wire wool

搁板 Shelf

搁板桌 Trestle table

格子墙 Trellis

格子毯 Check blanket

工作三角区 Work trangle

工作照明 Task lighting

勾缝 Grouting

勾缝剂 Grout

拱窗 Arched window

挂布 Valance

挂钩 Hanger

挂镜线 Picture rail

挂帘 Drapes

挂墙收纳袋 Wall pocket

挂衣架 Hanging rack

硅酮密封胶 Silicone sealant

轨道灯 Track light

滚筒式烘干机 Tumble dryer

H

海绵垫 Foam pad

合页门 Hinged door

黑板 Chalkboard

黑板漆 Blackboard paint

黑古铜 Oil-rubbed bronze

横梁 Upper beam

红酒架 Wine rack

红木 Mahogany

厚毛衣 Bulky sweater

胡桃木 Walnut

花岗岩 Granite

花盆 Plant pot

花盆架 Jardiniere

花瓶 Vase

花纹纸 Patterned paper

画托 Picture hook

环境照明 Ambient lighting

护墙板 Dado

护墙板木条 Dado rail

户外空间 Outdoor space

回纹装饰面板 Fretwork panel

活动躺椅 Recliner

活动透气窗 Louvred shutter

活动置物架 Floating shelves

活褶 Soft pleat

J

鸡翅木 Wenge

麂皮 Chamois

麂皮绒 Faux suede

基座照明 Plinth lighting

记号笔 Marker pen

纪念品 Mementos

家具 Furniture

家用电器 Appliance

夹被 Duvet

夹层 Mezzanine

夹灯 Clip-on light

甲板平台区 Deck area

尖角沙砾 Sharp sand

剪贴板 Clipboard

脚凳 Footstool

脚轮 Caster

节疤涂饰液 Knotting solution

金属家具 Metal furniture

金属漆 Metallic paint

金属质感壁纸 Metallic wallpaper

锦砖 Mosaic tile

镜画灯 Picture light

镜子 Mirror

焗烤盘 Roasting tin

榉木 Beech

聚光灯 Spotlight

卷材地坪 Sheet flooring

卷尺 Tape measure

卷帘 Roller blinds

卷绒地毯 Twist pile carpet

K

咖啡桌 Coffee table

靠背垫 Back cushion

靠垫 Cushion

靠垫垫芯 Cushion pad

靠垫套 Cushion cover

可扩展餐桌 Extentable dining table

可丽耐 Corian

可躺式沙发 Recliner sofa

可移动家具 Mobile furniture

客房 Guest house

控草膜 Weed-suppressing membrane

扣板 Tongue and groove

扣眼 Buttonhole

块式地毯 Carpet tiles

L

拉簧 Close spring

拉丝镍 Brushed nickel

懒人沙发 Bean bag

冷藏柜 Fridge

冷冻柜 Freezer

冷热水混合龙头 Mixer tap

沥水板 Draining board

帘头 Heading

帘头布带 Heading tape

晾衣架 Airer /Drying rack

撩针 Running stitch

淋浴 Shower

淋浴房 Shower cubicle

淋浴盆 Shower tray

淋浴区 Wet room

淋浴浴缸 Show bath

淋浴柱 Shower panel

琉璃瓦 Encaustic tile

留言板 Noticeboard

柳条筐 Wicker basket

楼梯竖板 Stair riser

楼梯踏板 Tread

楼梯毯 Stair rod

炉床 Hearth

炉头 Burner

卤素灯 Halogen lamp

露台 Patio

卵石 Cobble

卵石小地毯 Pebble rug

轮廓量规 Profile gauge

罗马帘 Roman blinds

落地窗 French windows

落地窗帘 Full-length curtain

落地灯 Floor light

落地上射灯 Floor uplighter

落地式衣帽架 Coat stand

绿廊 Pergola

绿色植物墙 Green wall

M

马桶 Toilet

毛边 Raw edge

毛地板 Sub-floor

毛巾架 Towel rail

毛毯 Blanket

帽架 Hat rack

煤气灶 Gas cooker

媒体柜 Media unit

美人榻 Chaise

门头线 Architrave

门厅 Hallway

门用五金件 Door furniture

密胺 Melamine

密封胶 Sealant

面料 Fabric

面盆 Sink

棉布 Muslin

明装 Surface-mounted

磨砂玻璃 Frosled glass

抹刀 Spatula

抹灰 Plastering

抹灰墙 Rendered wall

木地板 Wooden floor

木粉填料 Wood filler

木包层 Wood paneling

木甲板 Decking

木皮门 Veneered door

木纹纸 Wood effect image

木屑 Wood chipping

N

内工字褶帘头 Inverted pleat heading

内缩窗 Recessed window

尼龙布袋 Stockinette

尼龙搭扣 Velcro

腻子 Render

牛巴革 Nubuck

牛皮纸 Brown paper

纽扣式设计 Button detailing

暖气片 Radialor

P

PVC 壁纸 Vinyl wallpaper

PVC 地砖 Vinyl tile

排气扇 Extractor fan

排烟罩 Extraction hood

攀缘植物 Climbing plants

配件 Fitting

配饰 Accessories

喷胶棉 Polyester wadding

喷漆除尘布 Tack cloth

烹饪区 Cooking area

皮革内饰 Leather upholstery

飘窗 Bay window

拼铺 Crazy paving

拼缀图 Patchwork

平缝 Flat seam

平开透气窗 Tier-on-tier shutter

平嵌安装 Flush-mounted

平织 Flat woven

平头钉 Tack

屏风 Screen

铺砌地面 Paving

Q

铅笔褶 Pencil pleat

前幅 Front panel

前开门洗衣机 Front-loading washing machine

嵌入式射灯 Recessed downlight

墙洞 Cubby hole

墙面覆盖物 Wall coverings

墙面填料 Wall-filler

墙面置物架 Wall shelves

墙艺 Wall art

墙砖 Wall tile

切菜板 Cutting board

切斯特菲尔德沙发 Chesterfield sofa

轻便小床 Cot

清漆 Lacquer

情绪板 Mood board

秋千 Swing

圈绒地毯 Loop pile

全板门 Flush door

全开透气窗 Full-height shutter

R

燃气灶 Gascooker

日式床垫 Futon

绒面革 Suede

熔岩石 Lava stone

软百叶窗 Venetian blinds

软包装饰钉 Upholstery tack

软管 Flexible hose

软木板 Cork board

软木地砖 Cork tile

软木踏板 Cork tread

S

三面镜 Triple mirror

伞架 Umbrella stand

色板 Swatch

沙发 Sofa

沙发床 Sofa bed

沙发套 Loose cover

砂石 Aggregate/Gravel

扇形气窗 Fan light

上浆乳液 Stiffening lotion

上射灯 Uplighter

射灯 Downlight

射钉枪 Staple gun

伸缩绳 Retractable line

湿区 Wet area

湿衣晾衣架 Washing rack

石板 Slab

石造壁炉 Masonry heater

食品柜 Larder

实木复合地板 Engineered wood floor

室内木器漆 Interior wood paint

室内装饰品 Soft furnishings

饰面板 Wood veneer

试用装 Tester pot

收纳柜 Wardrobe organizer

收文篮 In-tray

收尾工作 Finishing touches

手绘涂鸦墙面 Wall stencil

手抹泥刀 Hand trowel

手推车 Trolley

手纸盒 Toilet roll holder

手锥 Bradawl

书房 Home office

书柜 Bookcase

梳妆台 Dressing table

树脂浇筑地板 Poured resin flooring

竖板 Footboard

双层床 Bunk bed

双面胶带 Double-sided sticky tape

双面黏合衬 Bondaweb

双褶帘头 Double pleat heading

水槽 Sink

水景 Water feature

水疗浴缸 Spa bath

水龙头 Tap

水泥 Concrete

水泥浇筑地坪 Poured concrete flooring

水平仪 Spirit lovol

四柱床 Four-poster bed

松紧带 Thick elastic

锁边绣 Blanket stitch

T

台灯 Table lamp

台阶灯 Step light

台面 Worktop

太阳椅 Sun lounger

糖皂 Sugar soap

陶 Ceramic

套几 Nest of tables

藤条 Rattan

踢脚板 Skirting board

踢脚线 Kickboard(plinth)

田园风格 Country style

调光开关 Dimmer switch

贴花靠垫 Appliqué cushion

贴纸 Sticker

庭院 Courtyard

庭院花园 Courtyard garden

透明玻璃 Clear glass

透气窗 Shutter

凸花丝绒 Raised velvet

图纸 Graph paper

推簧 Open spring

托梁 Joist

W

挖花面板 Cutwork panel

袜袋 Stocking sack

碗柜 Cupboard

万向灯 Anglepoise lamp

围墙 Perimeter wall

卫生间 Bathroom

卫生间柜 Vanity unit

卫生洁具 Sanitaryware

文件柜 Filing cabinet

无缝地坪 Seamless flooring

卧室 Bedroom

X

洗脸毛巾 Face flannel

洗手盆 Washstand

洗碗机 Dishwasher

洗衣间 Laundry room

洗衣机 Washing machine

洗衣篮 Laundry basket

系索扣 Cleat

狭条地板 Strip floor

夏克风格门 Shaker-style door

下墙板 Wainscot panelling

下吸式吸油烟机 Downdraft extractor

线迹 Stitch

箱形框架 Box frames

箱形展示架 Box shelves

镶板 Panelling

镶板钉 Panel pin

镶木地板 Parquet floor

橡胶地板 Rubber flooring

橡木 Oak

小地毯 Rug

小方石 Setts

鞋柜 Shoe cabinet

鞋架 Shoe rack

斜角 Mitred corner

写字台 Desk

行政椅 Executive chair

休闲椅 Lounging chair

漩涡水流浴缸 Whirlpool bath

雪橇床 Sleigh bed

Y

压条 Batten

亚光表面 Matt finish

亚克力家具 Acrylic furniture

亚克力镜 Acrylic mirror

亚麻籽油 Linseed oil

烟囱 Chimney

烟道 Flue

檐口 Cornice

羊毛毡 Felt

羊眼圈 Screw eye

阳台 Balcony

野餐桌 Picnic table

衣柜 Wardrobe

衣夹 Clothes peg

衣帽钩 Coat hook

衣帽架 Coat rack

衣帽间 Cloakroom

翼状靠背椅 Wing chair

饮水机 Water cooler

英式写字台 Bureau

硬质景观 Hard landscaping

硬质纤维板 Hardboard

油布 Oil cloth

油毡 Linoleum

游戏区 Play area

柚木 Teak

浴缸 Bath

浴缸护板 Bath panel

浴帘 Bath screen

园林家具 Garden furniture

园椅 Garden chair

熨衣板 Ironing board

Z

灶具 Cooker

灶台 Hob

栅栏 Fence

展示墙 Wall display

罩面漆 Finish

照片廊 Picture gallery

遮蔽胶带 Masking tape

遮光窗帘 Blackout curtain

遮阳伞 Parasol

折叠餐桌 Drop leaf table

褶边余量 Hem allowance

整体卫生间 Ensuite bathroom

织补针 Darning needle

织物 Fabric

支架 Bracket

枝形吊灯 Chandelier

植绒壁纸 Flock wallpaper

纸胶带 Masking tape

制冰机 Ice maker

置物架 Shelving unit

中横框 Mid-rail

中密度纤维板 MDF

中心装饰品 Centerpiece

重点色 Accent colour

重点照明 Accent lighting

柱灯 Post light

铸铝 Cast aluminum

砖灯 Brick light

装饰窗帘 Dress curtain

装饰地毯 Area rug

装饰墙 Feature wall

装饰条 Decorative moulding

装饰照明 Statement lighting

桌案 Console table

自流平砂浆 Self-levelling compound

自粘背衬 Adhesive backing

组合家具 Modular furniture

组合沙发 Sectional sofa

阻尼抽屉 Soft-closing drawer

坐垫 Seat pad

坐浴桶 Bidet

致谢

作者致谢

克莱尔·斯蒂尔在此向加里（Gary）表达由衷的感谢，感谢他的支持和耐心，还要向露西·瑟尔（Lucy Searle）致以衷心感谢，感谢她始终如一的指导和建议。

出版方致谢

Dorling Kindersley（DK）对以下人士所做的贡献表示感谢：负责创作手工实践类项目的佐伊·布朗（Zoe Browne）和艾利森·史密斯（Alison Smith）；负责编写索引的简·库尔特（Jane Coulter）；负责编制建筑施工计划的巴里·科克斯（Barry Cox）和基特·乔立夫（Kit Jolliffe）；负责确定内饰风格的萨拉·埃姆斯利（Sara Emslie）；以及负责DIY项目的塞缪尔·格兰特（Samuel Grant）。

还要感谢以下提供摆拍样品的供应商

Bamboo Flooring Company——竹材地板

www.bambooflooringcompany.com

Bushboard——复合板材台面

www.bushboard.com

Churchfield sofa bed company——沙发面料

www.sofabed.co.uk

Concreations——水泥台面

www.concreations.co.uk

Decorative Aggregates——橡胶粉和石屑

www.decorativeaggregates.com

Flooringsupplies.co.uk——木地板、实木复合地板、复合地板、地毯

www.flooringsupplies.co.uk

Fritztile——水磨石地砖

www.fritztile.com

Furniture Choice——沙发面料

www.furniturechoice.co.uk

Glassact——玻璃台面

www.glassactuk.com

Granitesolutionsdirect——花岗岩和石英复合台面

www.granitesolutionsdirect.co.uk

London Stone——Yorkstone 铺砌材料

www.londonstone.com

Meadee Flooring——橡胶、PVC 和油毡地板

www.meadeeflooring.co.uk

Puur——无缝水泥和树脂地坪

www.puur.uk.com

Q Stoneworks——花岗岩和熔岩石台面

www.qstoneworks.co.uk

Sofa.com——沙发面料

www.sofa.com

Sofas&stuff——沙发面料

www.sofasandstuff.com

The Sofa Company——沙发面料

www.sofa-company.co.uk

Tong Ling Bamboo Flooring——竹材地板

www.tlflooring.co.uk

Walls and Floors——瓷砖

www.wallsandfloors.co.uk

Wallpaper direct——壁纸

www.wallpaperdirect.co.uk

Wilsons Flooring——萨克森羊毛地毯

www.wilsonsflooringdirect.co.uk

Wilton Carpets——割绒地毯

www.wiltoncarpets.com

图片出处说明

Dorling Kindersley(DK)在此感谢以下图片提供者允许我们使用图片：

（图片位置缩写说明：a——上部；b——下部/底部；c——中部；f——远端；l——左侧；r——右侧；t——顶部）

Alamy Images: Ivan Barta 51; The Garden Collection: Nicola Stocken Tomkins 357; Getty Images: Neo Vision 14tr; IPC+ Syndication: Hallie Burton / Livingetc 16bl, Ideal Home 135; Photoshot: Red Cover / Ed Reeve 16cb, 16crb, Red Cover / Ken Hayden 279, Red Cover / MaryJane Maybury 16br; www.jordicanosa.com: 205。

所有其他图片 © Dorling Kindersley。

欲了解更多信息，请移步：www.dkimages.com。

关于作者

克莱尔·斯蒂尔曾在英国多家室内家装杂志工作，例如 *Ideal Home* 和 *House Beautiful*，也定期向 channel4.com/4Homes 等房地产和建筑设计网站投稿。她的大部分职业经历都与构思、设计和创造供专业摄影使用的房间和建筑小品有关。她还帮助大量杂志读者装修改造住宅和单独的房间，并定期在杂志和网站上发表类似选择色调搭配和选择地面这样的装修技巧文章。

致
谢